KB276077

#응용력키우기
#서술형·문제해결력

응용
해결의 법칙

[응용 해결의 법칙] 초등 수학 2-1

기획총괄　　김안나
편집개발　　김정희, 김혜민, 최수정, 최경환
디자인총괄　김희정
표지디자인　윤순미, 여화경
내지디자인　박희춘, 정해림
제작　　　　황성진, 조규영

발행일　　　2023년 10월 15일 개정초판　2023년 10월 15일 1쇄
발행인　　　(주)천재교육
주소　　　　서울시 금천구 가산로9길 54
신고번호　　제2001-000018호
고객센터　　1577-0902

모든 응용을
다 푸는
해결의 법칙

수학

2·1

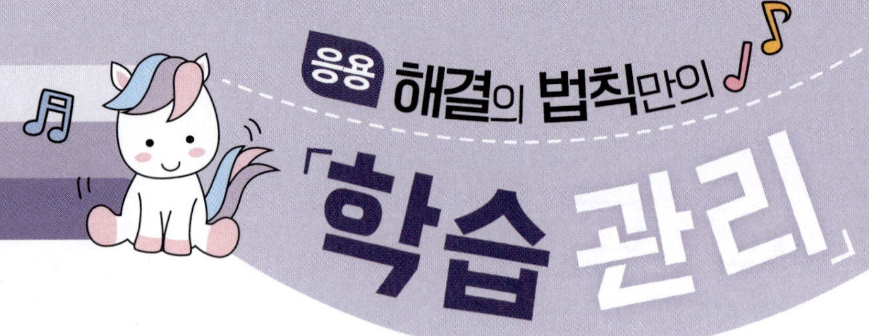

일등 비법

일등 비법에서 한 단계 더 나아간 심화 개념 설명을 익히고 일등 특강으로 기본 개념을 확인할 수 있어요.

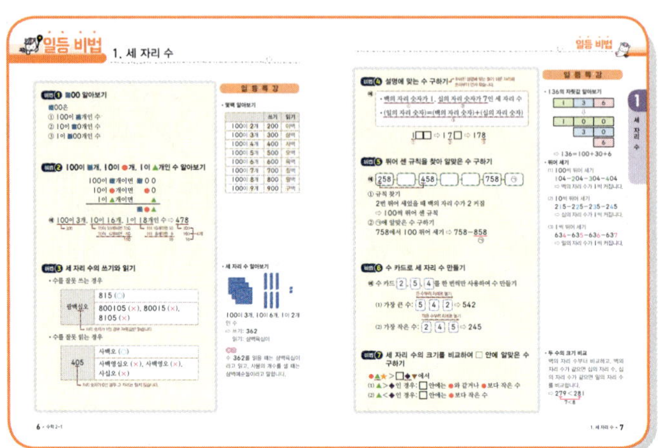

STEP 1

기본 유형 익히기

다양한 유형의 문제를 풀면서 개념을 완전히 내 것으로 만들어 보세요.

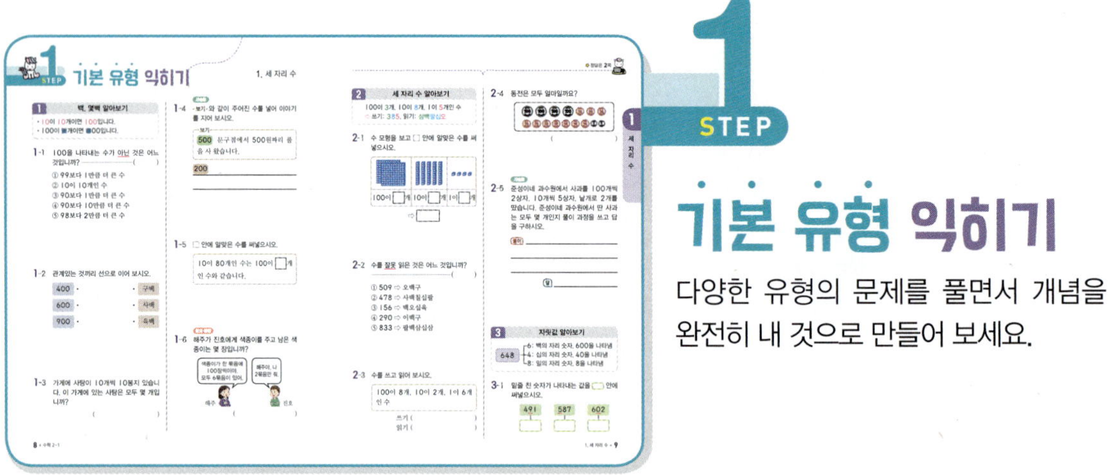

STEP 2

응용 유형 익히기

응용 유형 문제를 단계별로 푸는 연습을 통해 어려운 문제도 스스로 풀 수 있는 힘을 길러 줍니다.

동영상 강의 제공

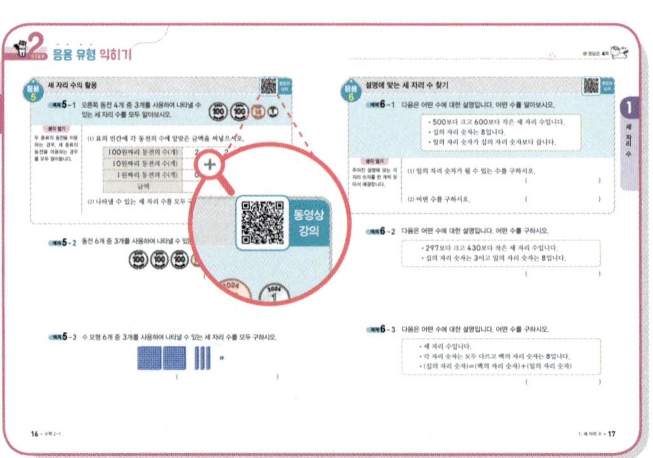

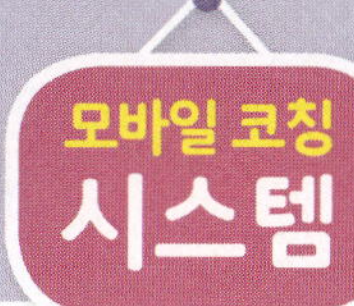

3 STEP

응용 유형 **뛰어넘기**

한 단계 더 나아간 심화 유형 문제를
풀면서 수학 실력을 다져 보세요.

- 동영상 강의 제공
- 쌍둥이 문제 제공

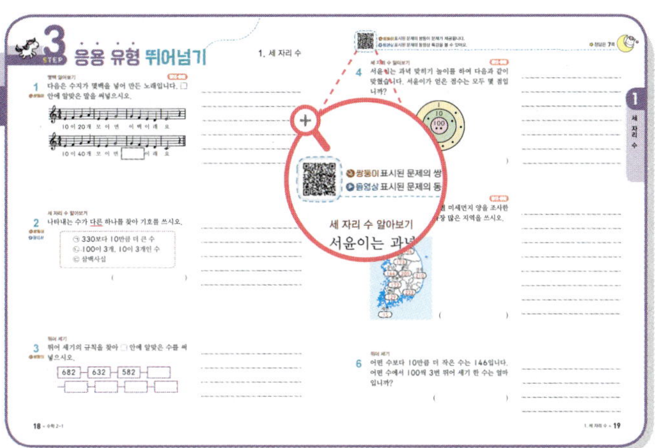

실력 평가

실력평가를 풀면서 앞에서 공부한 내용
을 정리해 보세요. 학교 시험에 잘 나오
는 유형과 좀 더 난이도가 높은 문제까
지 수록하여 확실하게 유형을 정복할
수 있어요.

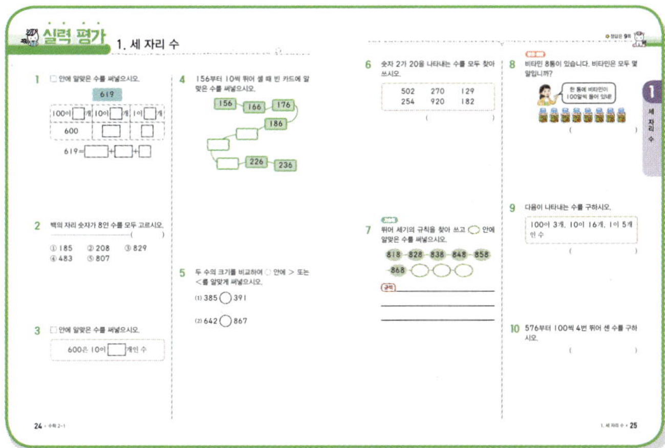

창의 사고력

창의 사고력 문제를 풀어 보면서 실력을
높여 보세요.

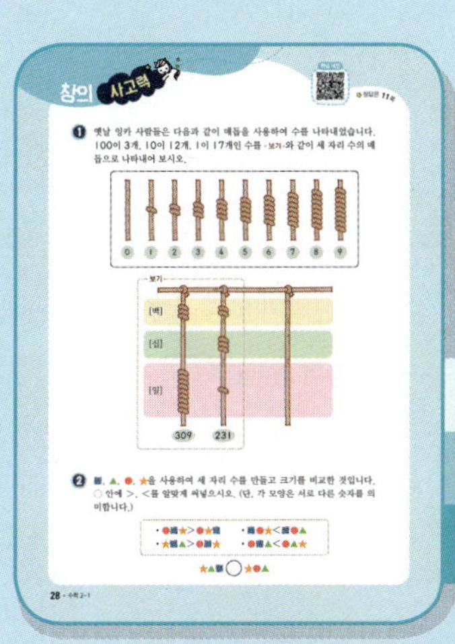

📹 동영상 강의 제공

선생님의 더 자세한 설명을 듣고 싶거나 혼자 해결하기 어려운 문제는 교재 내 QR 코드를 통해 동영상 강의를 무료로 제공하고 있어요.

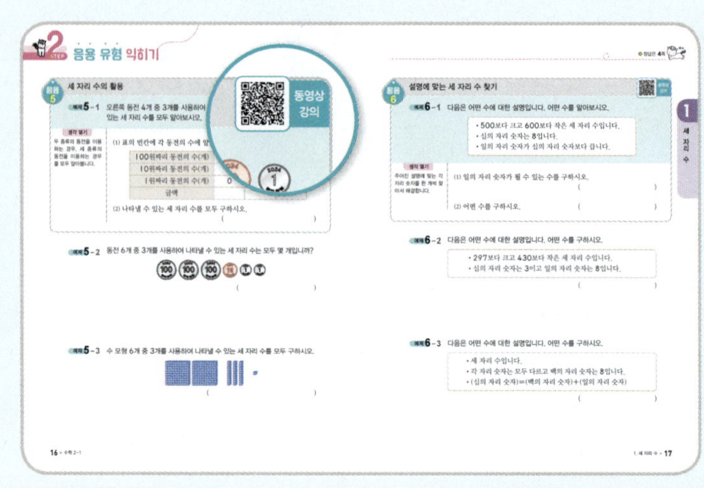

👭 쌍둥이 문제 제공

3단계에서 비슷한 유형의 문제를 더 풀어 보고 싶다면 QR 코드를 찍어 보세요. 추가로 제공되는 쌍둥이 문제를 풀면서 앞에서 공부한 내용을 정리할 수 있어요.

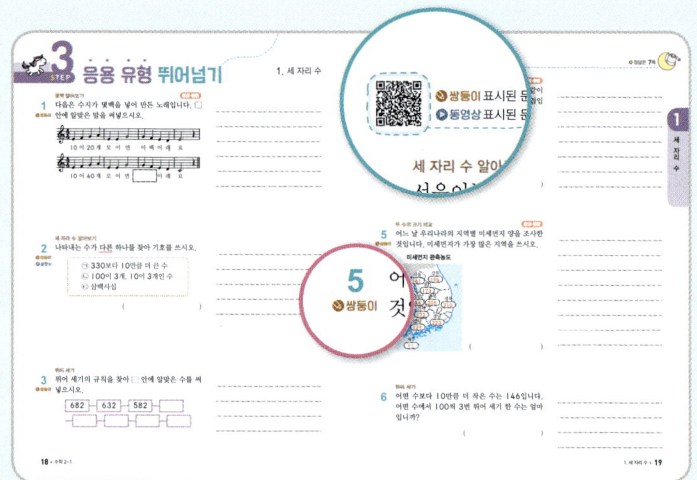

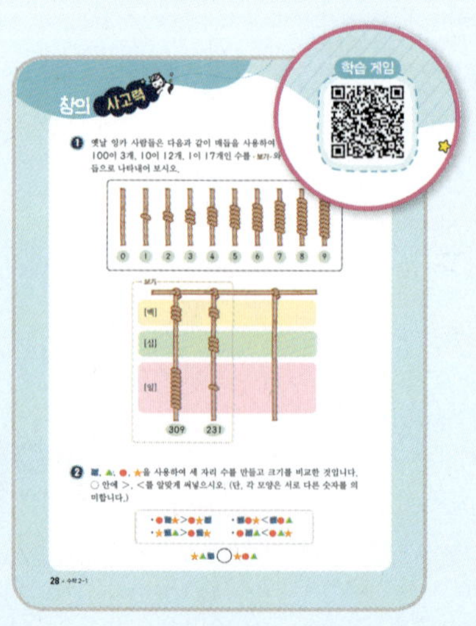

▶️ 학습 게임 제공

단원 끝에 있는 QR 코드를 찍어 보세요. 게임을 하면서 단원을 마무리할 수 있어요.

1 세 자리 수

비법 ① ■00 알아보기

■00은
① 100이 ■개인 수
② 10이 ■0개인 수
③ 1이 ■00개인 수

비법 ② 100이 ■개, 10이 ●개, 1이 ▲개인 수 알아보기

100이 ■개이면 ■ 0 0
10이 ●개이면   ● 0
1이 ▲개이면   ▲
───────────
■ ● ▲

 100이 3개, 10이 16개, 1이 18개인 수 ⇨ 478

→ 300

→ 100이 10개이면 100
   100이 6개이면 60
            160

→ 1이 10개이면 10
   1이 8개이면 8
         18

→ 300
  160 ⎫ 478
   18 ⎭

비법 ③ 세 자리 수의 쓰기와 읽기

• 수를 잘못 쓰는 경우

팔백십오	815 (○)
	800105 (✕), 80015 (✕), 8105 (✕)

→ 자리 숫자가 1인 경우 자릿값만 읽습니다.

• 수를 잘못 읽는 경우

405	사백오 (○)
	사백영십오 (✕), 사백영오 (✕), 사십오 (✕)

→ 자리 숫자가 0인 경우 그 자리는 읽지 않습니다.

• 몇백 알아보기

	쓰기	읽기
100이 2개	200	이백
100이 3개	300	삼백
100이 4개	400	사백
100이 5개	500	오백
100이 6개	600	육백
100이 7개	700	칠백
100이 8개	800	팔백
100이 9개	900	구백

• 세 자리 수 알아보기

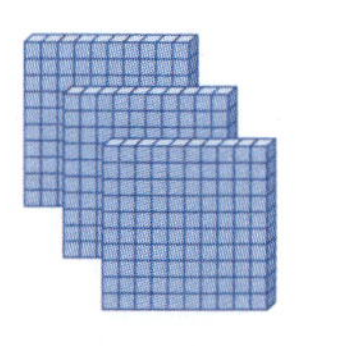
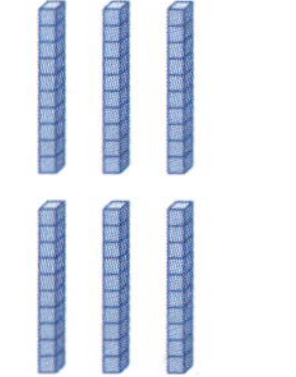

100이 3개, 10이 6개, 1이 2개인 수
⇨ 쓰기: 362
  읽기: 삼백육십이

참고

수 362를 읽을 때는 삼백육십이라고 읽고, 사물의 개수를 셀 때는 삼백예순둘이라고 말합니다.

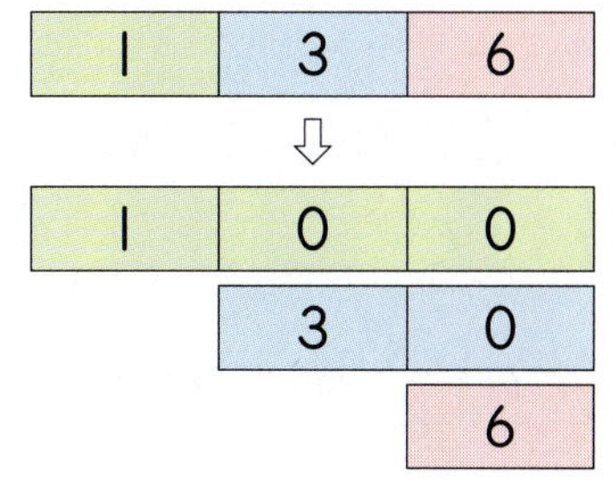

비법 ④ 설명에 맞는 수 구하기
└ 주어진 설명에 맞는 찾기 쉬운 자리의 숫자부터 먼저 찾습니다.

(예)
- 백의 자리 숫자가 **1**, 십의 자리 숫자가 **7**인 세 자리 수
  ①　　　　　　　②
- (일의 자리 숫자)＝(백의 자리 숫자)＋(십의 자리 숫자)
  ③

1□□ ⇨ 17□ ⇨ 178
①　　　②　　　③

비법 ⑤ 뛰어 센 규칙을 찾아 알맞은 수 구하기

(예) 258 □ 458 □ □ 758 ㉠

① 규칙 찾기
　2번 뛰어 세었을 때 백의 자리 수가 2 커짐
　⇨ 100씩 뛰어 센 규칙
② ㉠에 알맞은 수 구하기
　758에서 100 뛰어 세기 ⇨ 758—858
　　　　　　　　　　　　　　　　㉠

비법 ⑥ 수 카드로 세 자리 수 만들기

(예) 수 카드 2 , 5 , 4 를 한 번씩만 사용하여 수 만들기

　　　　　큰 수부터 차례로 놓기 →
(1) 가장 큰 수: 5 4 2 ⇨ 542

　　　　　작은 수부터 차례로 놓기 →
(2) 가장 작은 수: 2 4 5 ⇨ 245

비법 ⑦ 세 자리 수의 크기를 비교하여 □ 안에 알맞은 수 구하기

●▲★ > □◆▼ 에서
(1) ▲>◆인 경우: □ 안에는 ●와 같거나 ● 보다 작은 수
(2) ▲<◆인 경우: □ 안에는 ● 보다 작은 수

- **136의 자릿값 알아보기**

1	3	6

⇩

1	0	0
	3	0
		6

⇨ 136＝100+30+6

- **뛰어 세기**
(1) 100씩 뛰어 세기
　104-204-304-404
　⇨ 백의 자리 수가 1씩 커집니다.

(2) 10씩 뛰어 세기
　215-225-235-245
　⇨ 십의 자리 수가 1씩 커집니다.

(3) 1씩 뛰어 세기
　634-635-636-637
　⇨ 일의 자리 수가 1씩 커집니다.

- **두 수의 크기 비교**
백의 자리 수부터 비교하고, 백의 자리 수가 같으면 십의 자리 수, 십의 자리 수가 같으면 일의 자리 수를 비교합니다.
⇨ 279 < 281
　　7<8

1
세 자리 수

STEP 1 기본 유형 익히기

1 백, 몇백 알아보기

- 10이 10개이면 100입니다.
- 100이 ■개이면 ■00입니다.

1-1 100을 나타내는 수가 <u>아닌</u> 것은 어느 것입니까? ·····( )

① 99보다 1만큼 더 큰 수
② 10이 10개인 수
③ 90보다 1만큼 더 큰 수
④ 90보다 10만큼 더 큰 수
⑤ 98보다 2만큼 더 큰 수

1-2 관계있는 것끼리 선으로 이어 보시오.

400 ·	· 구백
600 ·	· 사백
900 ·	· 육백

1-3 가게에 사탕이 10개씩 10봉지 있습니다. 이 가게에 있는 사탕은 모두 몇 개입니까?

( )

1-4 •보기•와 같이 주어진 수를 넣어 이야기를 지어 보시오.

•보기•
500 문구점에서 500원짜리 풀을 사 왔습니다.

200
____

____

1-5 □ 안에 알맞은 수를 써넣으시오.

10이 80개인 수는 100이 □개인 수와 같습니다.

1-6 해주가 진호에게 색종이를 주고 남은 색종이는 몇 장입니까?

( )

2 세 자리 수 알아보기

100이 **3**개, 10이 **8**개, 1이 **5**개인 수
⇨ 쓰기: **385**, 읽기: **삼백팔십오**

2-1 수 모형을 보고 □ 안에 알맞은 수를 써 넣으시오.

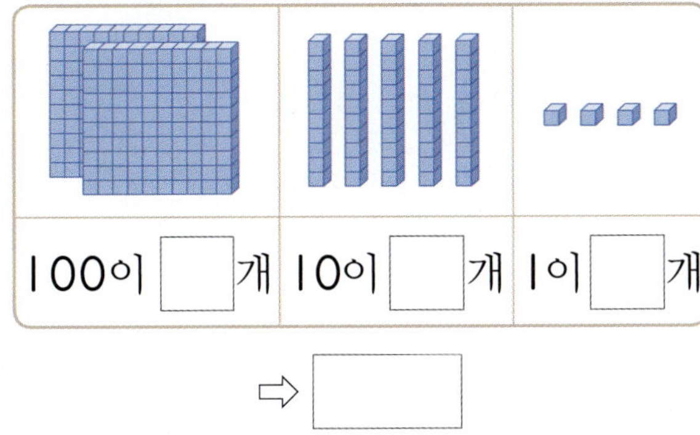

100이 ☐ 개	10이 ☐ 개	1이 ☐ 개

⇨ ☐

2-2 수를 잘못 읽은 것은 어느 것입니까?
....( )

① 509 ⇨ 오백구
② 478 ⇨ 사백칠십팔
③ 156 ⇨ 백오십육
④ 290 ⇨ 이백구
⑤ 833 ⇨ 팔백삼십삼

2-3 수를 쓰고 읽어 보시오.

> 100이 8개, 10이 2개, 1이 6개
> 인 수

쓰기 ( )
읽기 ( )

2-4 동전은 모두 얼마일까요?

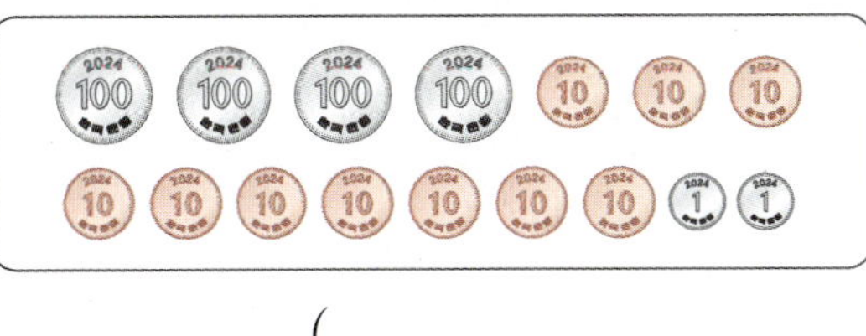

( )

2-5 준성이네 과수원에서 사과를 100개씩 2상자, 10개씩 5상자, 낱개로 2개를 땄습니다. 준성이네 과수원에서 딴 사과는 모두 몇 개인지 풀이 과정을 쓰고 답을 구하시오.

풀이 ______________________

____

답 ______________________

3 자릿값 알아보기

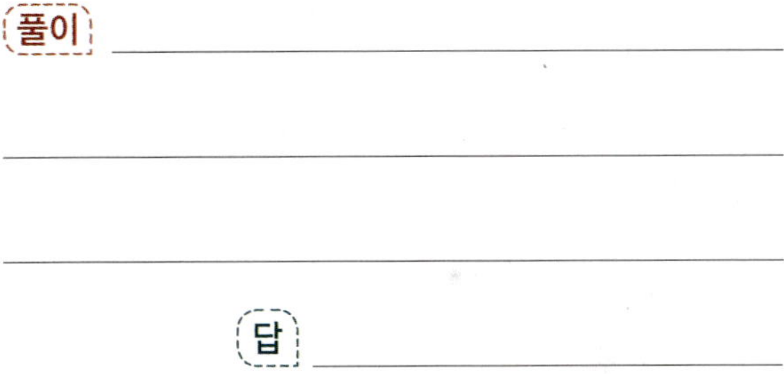

648 ┌ 6 : 백의 자리 숫자, 600을 나타냄
     ├ 4 : 십의 자리 숫자, 40을 나타냄
     └ 8 : 일의 자리 숫자, 8을 나타냄

3-1 밑줄 친 숫자가 나타내는 값을 ☐ 안에 써넣으시오.

49**1**   **5**87   6**0**2

☐   ☐   ☐

3-2 백의 자리 숫자가 3, 십의 자리 숫자가 7, 일의 자리 숫자가 1인 세 자리 수를 쓰시오.

( )

3-3 숫자 7이 나타내는 수가 가장 큰 수는 어느 것입니까? ·····( )

① 870 　② 907 　③ 457
④ 372 　⑤ 754

창의·융합

3-4 우준이네 집에 있는 책은 모두 몇 권입니까?

( )

4 　뛰어 세기

100씩 뛰어 세면 **백**의 자리 수가, 10씩 뛰어 세면 **십**의 자리 수가, 1씩 뛰어 세면 **일**의 자리 수가 각각 1씩 커집니다.

4-1 100씩 뛰어 세어 보시오.

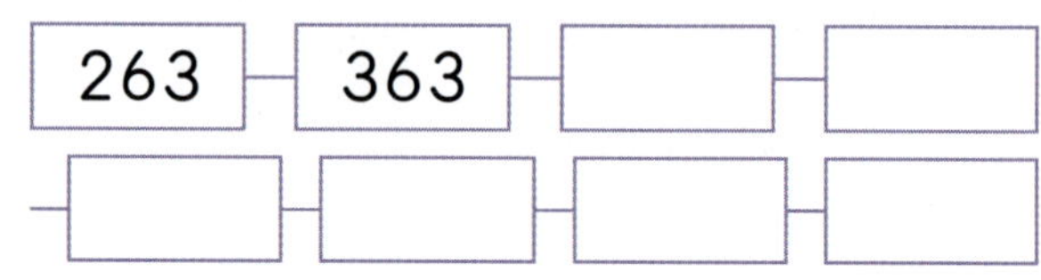

263	363		

4-2 빈칸에 알맞은 수를 써넣고, 몇씩 뛰어 세었는지 ☐ 안에 알맞은 수를 써넣으시오.

723	724	725	726
727			730
731			

⇨ ☐ 씩 뛰어 세었습니다.

4-3 800에서 출발하여 100씩 거꾸로 뛰어 세어 보시오.

800			

4-4 10씩 뛰어 셀 때, ㉠과 ㉡에 알맞은 수를 각각 구하시오.

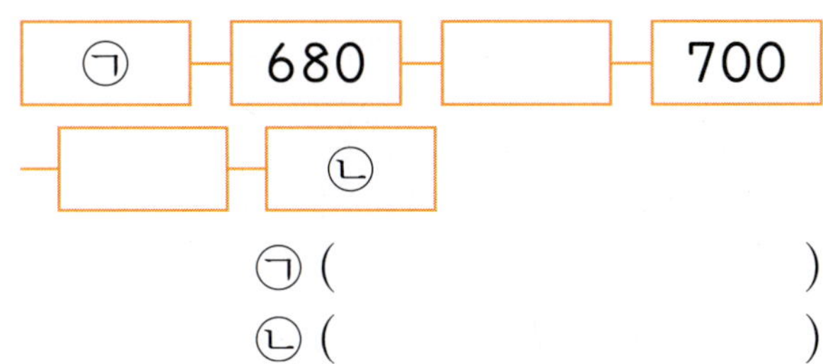

㉠ (   )

㉡ (   )

서술형

4-5 395부터 100씩 3번 뛰어 센 수를 구하는 풀이 과정을 쓰고 답을 구하시오.

풀이 ____________________

____

____

답 ____________________

5 **두 수의 크기 비교**

• 세 자리 수의 크기 비교
 ① 백의 자리 수부터 비교하고,
 ② 백의 자리 수가 같으면 십의 자리 수,
 ③ 십의 자리 수가 같으면 일의 자리 수끼리 비교합니다.

5-1 두 수의 크기를 비교하여 ○ 안에 >, <를 알맞게 써넣으시오.

(1) 204 ◯ 110

(2) 820 ◯ 802

5-2 미라네 학교는 남학생과 여학생 중 어느 학생이 더 많습니까?

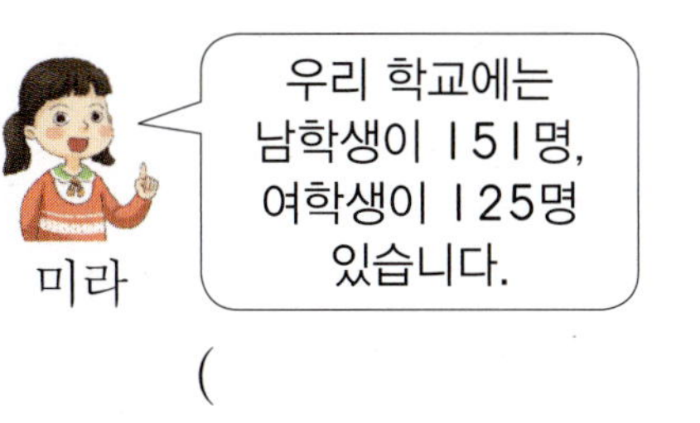

(   )

5-3 수의 크기를 비교하여 작은 수부터 차례대로 쓰시오.

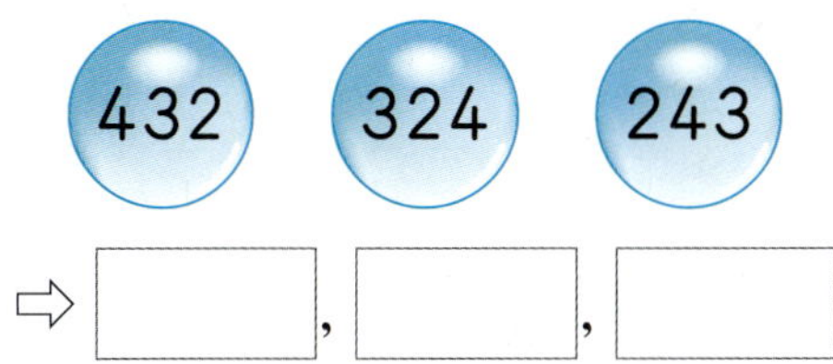

⇨ ⬜ , ⬜ , ⬜

5-4 세 자리 수를 비교하여 다음과 같이 나타냈습니다. ⬜ 안에 들어갈 수 있는 수를 모두 찾아 ◯표 하시오.

375 < 3⬜1

(5, 6, 7, 8, 9)

STEP 2 응용 유형 익히기

응용 1 세 자리 수 알아보기

예제 1-1 지호의 저금통에는 100원짜리 동전이 4개, 10원짜리 동전이 9개, 1원짜리 동전이 18개 들어 있습니다. 지호의 저금통에 들어 있는 동전은 모두 얼마인지 알아보시오.

생각 열기

100원짜리 동전, 10원짜리 동전, 1원짜리 동전은 각각 얼마씩인지 알아봅니다.

(1) 각 동전이 얼마씩 있는지 빈칸에 알맞게 써넣으시오.

100원짜리	10원짜리	1원짜리
		18원

(2) 지호의 저금통에 들어 있는 동전은 모두 얼마입니까?

( )

예제 1-2 유미는 구슬을 100개씩 2봉지, 10개씩 9봉지, 낱개로 15개를 가지고 있습니다. 유미가 가지고 있는 구슬은 모두 몇 개입니까?

( )

예제 1-3 다음이 나타내는 수는 100이 몇 개인 수와 같습니까?

> 100이 4개, 10이 50개인 수

( )

수의 크기 비교

예제 2-1 현주는 색종이를 100장씩 2묶음과 10장씩 3묶음을 가지고 있고 민서는 삼백 장을 가지고 있습니다. 현주와 민서 중 누가 색종이를 더 많이 가지고 있는지 알아보시오.

생각 열기
현주와 민서가 각각 가지고 있는 색종이 수를 알아봅니다.

(1) 현주와 민서가 각각 가지고 있는 색종이는 몇 장입니까?

현주 (   ), 민서 (   )

(2) 현주와 민서 중 누가 색종이를 더 많이 가지고 있습니까?

(   )

1

세 자 리 수

예제 2-2 인수는 100원짜리 동전 4개와 10원짜리 동전 6개를 가지고 있고 효주는 사백오 원을 가지고 있습니다. 인수와 효주 중 누가 돈을 더 많이 가지고 있습니까?

(   )

예제 2-3 나타내는 수가 가장 큰 것을 찾아 기호를 쓰시오.

> ㉠ 10이 60개인 수
> ㉡ 100이 7개인 수
> ㉢ 오백칠십

(   )

응용 3 · 뛰어 세기

예제 3 - 1 뛰어 세기의 규칙을 찾아 ㉠과 ㉡에 알맞은 수를 각각 알아보시오.

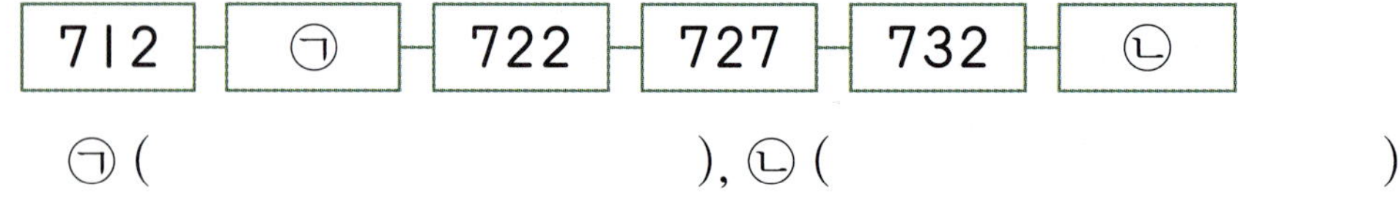

생각 열기

어느 자리 수가 바뀌는지 찾아 몇씩 뛰어 센 것인지 알아봅니다.

(1) 몇씩 뛰어 세었는지 □ 안에 알맞은 수를 써넣으시오.

　　　　　□씩 뛰어 세었습니다.

(2) ㉠과 ㉡에 알맞은 수를 각각 구하시오.

㉠ (　　　　　　　), ㉡ (　　　　　　　)

예제 3 - 2 뛰어 세기의 규칙을 찾아 ㉠과 ㉡에 알맞은 수를 각각 구하시오.

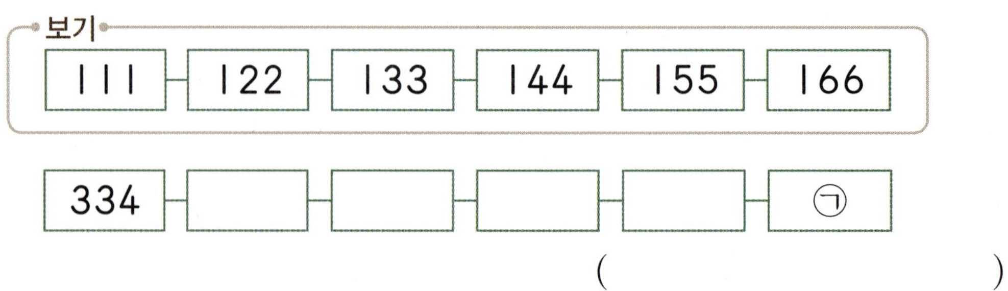

㉠ (　　　　　　　), ㉡ (　　　　　　　)

예제 3 - 3 •보기•와 같은 규칙으로 334부터 뛰어 세기를 하려고 합니다. ㉠에 알맞은 수를 구하시오.

보기

| 111 | 122 | 133 | 144 | 155 | 166 |

| 334 | | | | | ㉠ |

(　　　　　　　)

응용 4 수 카드로 세 자리 수 만들기

예제 4-1 4장의 수 카드 [2], [0], [6], [8] 중에서 3장을 골라 한 번씩만 사용하여 세 자리 수를 만들려고 합니다. 만들 수 있는 두 번째로 작은 세 자리 수를 알아보시오.

생각 열기

먼저 만들 수 있는 가장 작은 세 자리 수를 알아 봅니다.

(1) 만들 수 있는 가장 작은 세 자리 수를 구하시오.

(   )

(2) 만들 수 있는 두 번째로 작은 세 자리 수를 구하시오.

(   )

예제 4-2 4장의 수 카드 [4], [9], [0], [3] 중에서 3장을 골라 한 번씩만 사용하여 세 자리 수를 만들려고 합니다. 만들 수 있는 세 번째로 작은 세 자리 수를 구하시오.

(   )

예제 4-3 4장의 수 카드 [7], [4], [2], [0] 중에서 3장을 골라 한 번씩만 사용하여 세 자리 수를 만들려고 합니다. 만들 수 있는 수 중에서 400보다 작은 세 자리 수는 모두 몇 개입니까?

(   )

STEP 2 응용 유형 익히기

응용 5 세 자리 수의 활용

예제 5-1 오른쪽 동전 4개 중 3개를 사용하여 나타낼 수 있는 세 자리 수를 모두 알아보시오.

생각 열기

두 종류의 동전을 이용하는 경우, 세 종류의 동전을 이용하는 경우를 모두 알아봅니다.

(1) 표의 빈칸에 각 동전의 수에 알맞은 금액을 써넣으시오.

100원짜리 동전의 수(개)	2	2	1
10원짜리 동전의 수(개)	1	0	1
1원짜리 동전의 수(개)	0	1	1
금액			

(2) 나타낼 수 있는 세 자리 수를 모두 구하시오.

( )

예제 5-2 동전 6개 중 3개를 사용하여 나타낼 수 있는 세 자리 수는 모두 몇 개입니까?

( )

예제 5-3 수 모형 6개 중 3개를 사용하여 나타낼 수 있는 세 자리 수를 모두 구하시오.

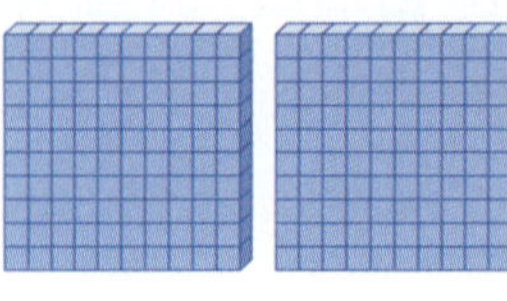 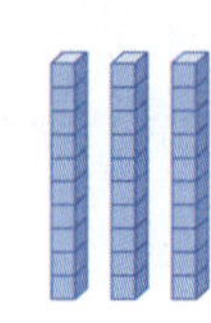

( )

응용 6

설명에 맞는 세 자리 수 찾기

예제 6-1 다음은 어떤 수에 대한 설명입니다. 어떤 수를 알아보시오.

> • 500보다 크고 600보다 작은 세 자리 수입니다.
> • 십의 자리 숫자는 8입니다.
> • 일의 자리 숫자가 십의 자리 숫자보다 큽니다.

생각 열기

주어진 설명에 맞는 각 자리 숫자를 한 개씩 찾아서 해결합니다.

(1) 일의 자리 숫자가 될 수 있는 수를 구하시오.

(   )

(2) 어떤 수를 구하시오. (   )

예제 6-2 다음은 어떤 수에 대한 설명입니다. 어떤 수를 구하시오.

> • 297보다 크고 430보다 작은 세 자리 수입니다.
> • 십의 자리 숫자는 3이고 일의 자리 숫자는 8입니다.

(   )

예제 6-3 다음은 어떤 수에 대한 설명입니다. 어떤 수를 구하시오.

> • 세 자리 수입니다.
> • 각 자리 숫자는 모두 다르고 백의 자리 숫자는 8입니다.
> • (십의 자리 숫자)＝(백의 자리 숫자)＋(일의 자리 숫자)

(   )

1

세 자리 수

STEP 3 응용 유형 뛰어넘기

몇백 알아보기

창의·융합

1 🌰쌍둥이 다음은 수지가 몇백을 넣어 만든 노래입니다. ☐ 안에 알맞은 말을 써넣으시오.

세 자리 수 알아보기

2 🌰쌍둥이 ▶동영상 나타내는 수가 다른 하나를 찾아 기호를 쓰시오.

> ㉠ 330보다 10만큼 더 큰 수
> ㉡ 100이 3개, 10이 3개인 수
> ㉢ 삼백사십

(   )

뛰어 세기

3 🌰쌍둥이 뛰어 세기의 규칙을 찾아 ☐ 안에 알맞은 수를 써넣으시오.

682	632	582	

세 자리 수 알아보기 　　　　　　　　　　　　　　　창의·융합

4 서윤이는 과녁 맞히기 놀이를 하여 다음과 같이 맞혔습니다. 서윤이가 얻은 점수는 모두 몇 점입니까?

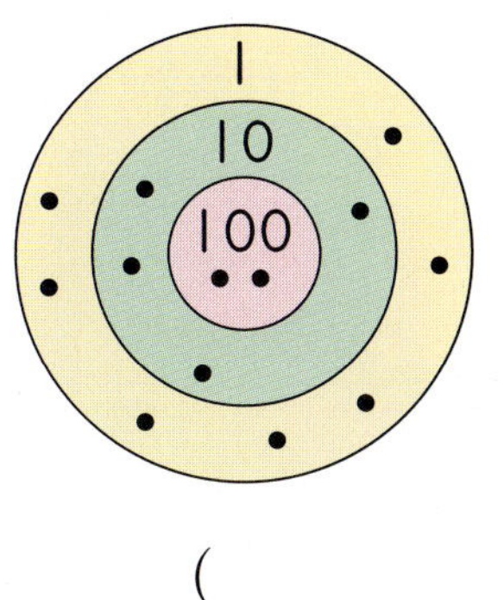

(　　　　　　　　　)

두 수의 크기 비교 　　　　　　　　　　　　　　　창의·융합

5 어느 날 우리나라의 지역별 미세먼지 양을 조사한 것입니다. 미세먼지가 가장 많은 지역을 쓰시오.

미세먼지 관측농도

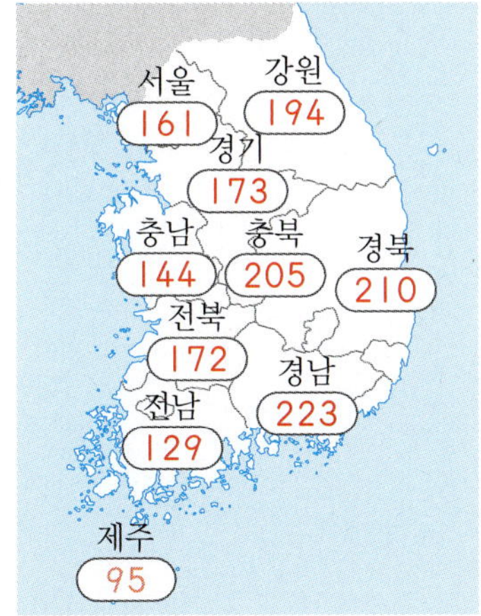

(　　　　　　　　　)

뛰어 세기

6 어떤 수보다 10만큼 더 작은 수는 146입니다. 어떤 수에서 100씩 3번 뛰어 세기 한 수는 얼마입니까?

(　　　　　　　　　)

몇백 알아보기

7 재호는 구슬을 10봉지 가지고 있었는데 형에게 20봉지를 더 받았습니다. 구슬이 한 봉지에 10개씩 들어 있다면 재호가 가지고 있는 구슬은 모두 몇 개인지 풀이 과정을 쓰고 답을 구하시오.

🔵 쌍둥이
▶ 동영상

(   )

풀이

뛰어 세기

8 381에서 100씩 3번 뛰어 세기 한 다음 10씩 4번 뛰어 세기 한 수는 얼마입니까?

(   )

자릿값 알아보기

9 100이 4개, 10이 38개, 1이 5개인 세 자리 수가 있습니다. 이 수의 백의 자리 숫자는 무엇입니까?

🔵 쌍둥이

(   )

1 세 자리 수

두 수의 크기 비교

10 다음은 은지와 친구들이 가지고 있는 구슬 수를 나타낸 표입니다. 구슬을 가장 많이 가지고 있는 사람은 누구입니까?
🔵쌍둥이
🔵동영상

은지	수완	경민	소희
294개	1□7개	25□개	2□0개

(   )

두 수의 크기 비교　　　　　　　　　　　　　서술형

11 백의 자리 숫자가 9, 십의 자리 숫자가 3인 세 자리 수 중에서 934보다 작은 수는 모두 몇 개인지 풀이 과정을 쓰고 답을 구하시오.
🔵쌍둥이

(   )

풀이

세 자리 수 알아보기

12 대화를 읽고 진호가 저금한 돈은 얼마인지 구하시오.

(   )

자릿값 알아보기

13 4장의 수 카드 6, 8, 0, 1 중에서 3장을 골라 한 번씩만 사용하여 세 자리 수를 만들려고 합니다. 만들 수 있는 수 중에서 십의 자리 숫자가 8인 수는 모두 몇 개입니까?

( )

뛰어 세기

14 수 배열표를 보고, ㉠, ㉡에 알맞은 수를 구하시오.

102	110		126	134
302		318	㉠	
		518		
		㉡		

㉠ ( ), ㉡ ( )

두 수의 크기 비교

15 1부터 9까지의 수 중에서 ㉠과 ㉡에 공통으로 들어갈 수 있는 수를 모두 구하시오.

705>㉠49   ㉡18>502

( )

세 자리 수 알아보기

16 다음 동전 여러 개를 사용하여 600원을 만드는 방법은 모두 몇 가지입니까?

(   )

뛰어 세기

창의·융합

17 다음을 읽고 □ 안에 알맞은 수를 써넣으시오.

♡쌍둥이

2 □ 4 − □ □ 4 − 3 □ □ □ − □ 5 □

자릿값 알아보기

서술형

18 다음은 어떤 수에 대한 설명입니다. 어떤 수를 구하는 풀이 과정을 쓰고 답을 구하시오.

♡쌍둥이
▶동영상

> • 300보다 크고 400보다 작습니다.
> • 각 자리 숫자는 모두 다르고 그 합은 6입니다.
> • 일의 자리 숫자가 십의 자리 숫자보다 큽니다.

(   )

풀이

1 □ 안에 알맞은 수를 써넣으시오.

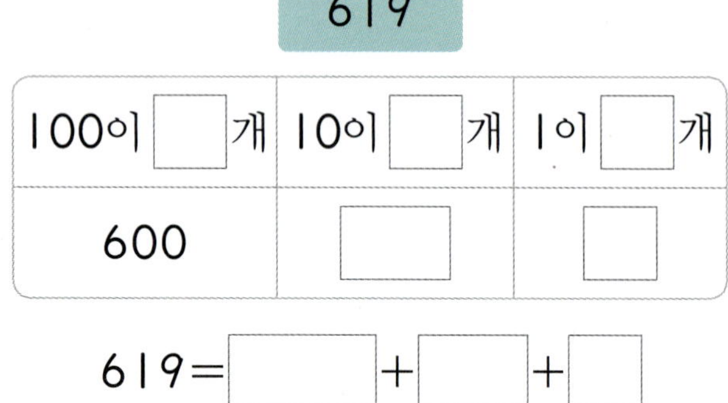

619		
100이 ☐ 개	10이 ☐ 개	1이 ☐ 개
600	☐	☐

619 = ☐ + ☐ + ☐

2 백의 자리 숫자가 8인 수를 모두 고르시오.
······························( )

① 185　　② 208　　③ 829
④ 483　　⑤ 807

3 □ 안에 알맞은 수를 써넣으시오.

600은 10이 ☐ 개인 수

4 156부터 10씩 뛰어 셀 때 빈 카드에 알맞은 수를 써넣으시오.

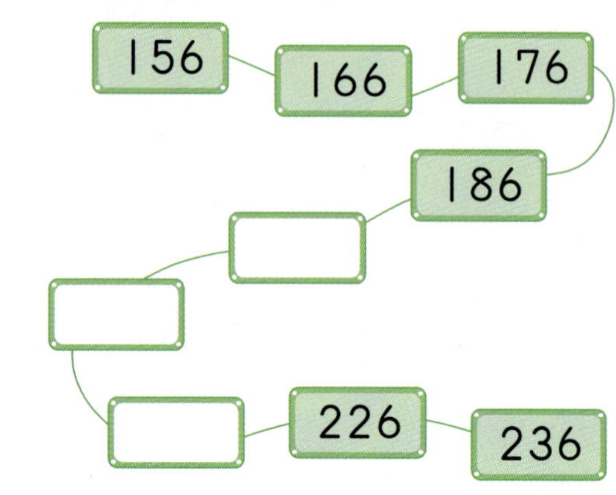

5 두 수의 크기를 비교하여 ○ 안에 > 또는 <를 알맞게 써넣으시오.

(1) 385 ○ 391

(2) 642 ○ 867

6 숫자 2가 20을 나타내는 수를 모두 찾아 쓰시오.

502	270	129
254	920	182

(   )

서술형

7 뛰어 세기의 규칙을 찾아 쓰고 ◯ 안에 알맞은 수를 써넣으시오.

818 — 828 — 838 — 848 — 858

868 — ◯ — ◯ — ◯

규칙 ________________________

____

____

창의·융합

8 비타민 8통이 있습니다. 비타민은 모두 몇 알입니까?

(   )

9 다음이 나타내는 수를 구하시오.

> 100이 3개, 10이 16개, 1이 5개
> 인 수

(   )

10 576부터 100씩 4번 뛰어 센 수를 구하시오.

(   )

11 어느 동물원에 있는 동물들이 어느 날 걸은 걸음 수를 나타낸 것입니다. 이날 가장 많이 걸은 동물은 어떤 동물입니까?

(   )

12 백의 자리 숫자가 8, 일의 자리 숫자가 3인 세 자리 수 중에서 가장 작은 수를 구하시오.

(   )

13 세 자리 수를 비교하여 다음과 같이 나타냈습니다. □ 안에 들어갈 수 있는 수를 모두 찾아 ○표 하시오.

$$2\square4 < 242$$

(1,   2,   3,   4,   5)

14 497보다 크고 503보다 작은 세 자리 수 중에서 십의 자리 숫자가 0인 수를 모두 구하려고 합니다. 풀이 과정을 쓰고 답을 구하시오.

풀이 _______________________________

____

____

____

답 _______________________________

15 주어진 수 카드를 모두 놓아 뛰어 세기를 하려고 합니다. 뛰어 세기를 완성할 수 있도록 빈 카드에 알맞은 수를 써넣으시오.

236		246
		276
306	256	286

16 수 모형 6개 중 3개를 사용하여 나타낼 수 있는 세 자리 수를 모두 구하시오.

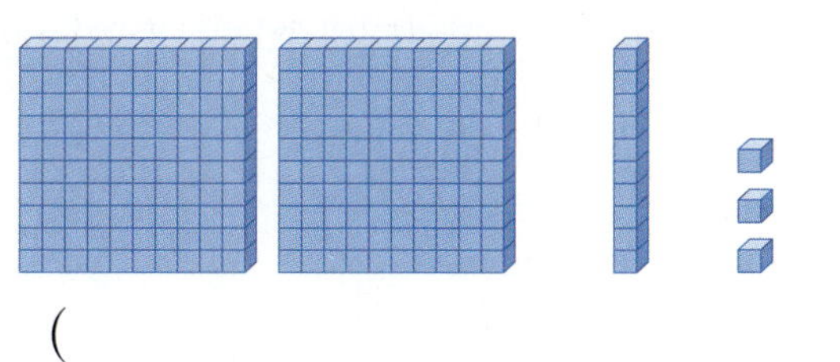

(   )

17 어떤 수에서 10 거꾸로 뛰어 세면 419 입니다. 어떤 수에서 100 뛰어 세면 얼마 입니까?

(   )

18 어떤 세 자리 수의 백의 자리 숫자와 일의 자리 숫자에 얼룩이 묻은 것입니다. 각 자리 숫자의 합이 25라면 이 수를 구하시오.

(   )

19 1부터 9까지의 수 중에서 ㉠과 ㉡에 공통으로 들어갈 수 있는 수를 구하시오.

(   )

[서술형]

20 4장의 수 카드 3 , 0 , 5 , 9 중에서 3장을 골라 한 번씩만 사용하여 300보다 크고 500보다 작은 세 자리 수를 만들려고 합니다. 만들 수 있는 가장 큰 수를 구하는 풀이 과정을 쓰고 답을 구하시오.

[풀이] ________________________________

____

____

____

[답] ________________________________

1

세
자
리
수

⭐정답은 **11**쪽

1 옛날 잉카 사람들은 다음과 같이 매듭을 사용하여 수를 나타내었습니다. 100이 3개, 10이 12개, 1이 17개인 수를 •보기•와 같이 세 자리 수의 매듭으로 나타내어 보시오.

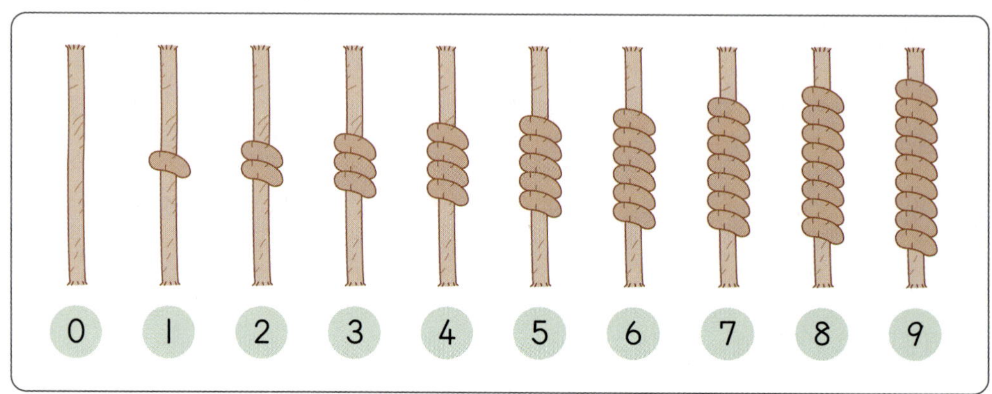

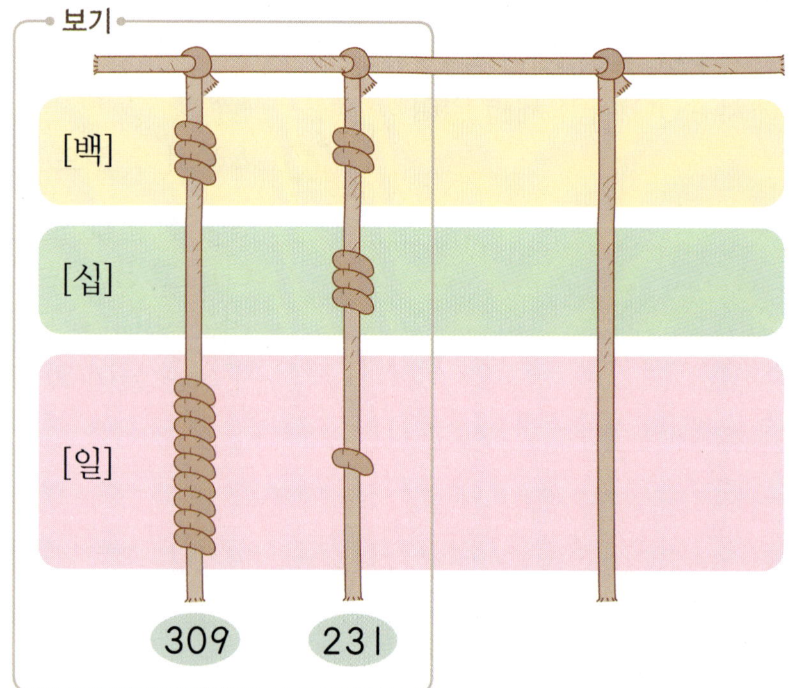

2 ■, ▲, ●, ★을 사용하여 세 자리 수를 만들고 크기를 비교한 것입니다. ○ 안에 >, <를 알맞게 써넣으시오. (단, 각 모양은 서로 다른 숫자를 의미합니다.)

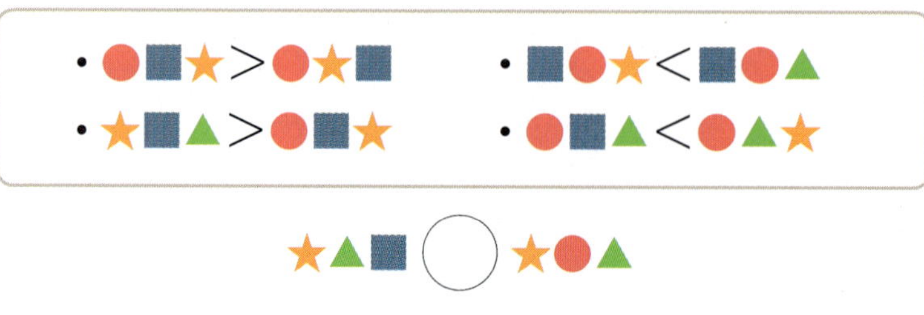

2 여러 가지 도형

2. 여러 가지 도형

비법 ① 도형의 특징

도형	이름	특징
△	삼각형	• 변이 3개, 꼭짓점이 3개입니다. • 곧은 선들로 둘러싸여 있습니다.
□	사각형	• 변이 4개, 꼭짓점이 4개입니다. • 곧은 선들로 둘러싸여 있습니다.
○	원	• 뾰족한 부분과 곧은 선이 없습니다. • 굽은 선으로 이어져 있습니다. • 길쭉하거나 찌그러진 곳 없이 어느 곳에서 보아도 완전히 둥근 모양입니다. • 크기는 다르지만 모양이 서로 같습니다.

비법 ② 원이 아닌 예

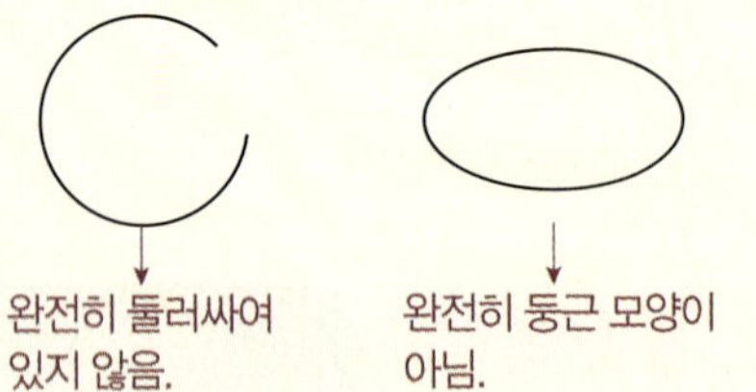

비법 ③ 도형의 이름과 변(꼭짓점)의 수 사이의 관계

●각형 ⇨ 변이 ●개, 꼭짓점이 ●개

• △(삼각형) 알아보기

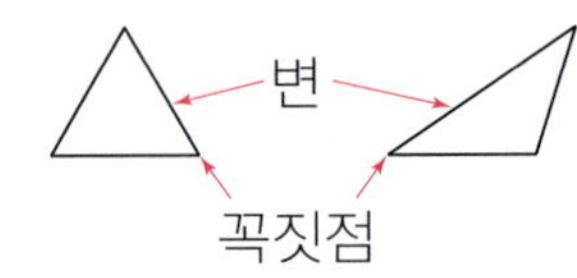

• □(사각형) 알아보기

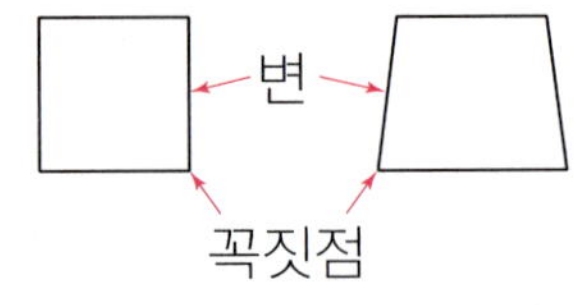

• ○(원) 알아보기

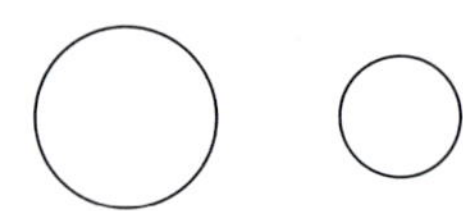

• 원 그리는 방법
  ① 주변에서 원 모양의 물건을 찾습니다.
  ② 원을 본뜨고자 하는 물체가 움직이지 않도록 합니다.
  ③ 연필과 물체의 끝을 잘 맞추어 그립니다.

비법 4 크고 작은 도형의 수 구하기

도형 1개, 2개, 3개, ...로 이루어진 도형을 각각 찾아 그 개수를 더합니다.

예  찾을 수 있는 크고 작은 사각형:
①, ②, ③, ①②, ②③ ⇨ 5개
도형 1개 　　도형 2개

비법 5 칠교판으로 모양 만들기

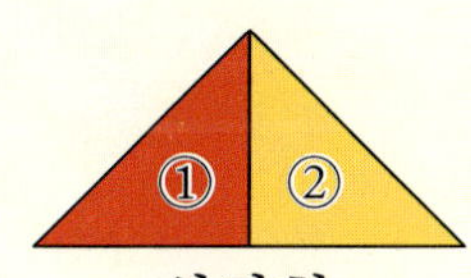
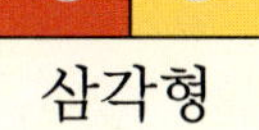

삼각형: ①, ②, ③, ⑤, ⑦
사각형: ④, ⑥

삼각형　　　사각형

비법 6 쌓기나무의 위치

예 

오른쪽
앞

• 빨간색 쌓기나무의 왼쪽에 파란색 쌓기나무
• 빨간색 쌓기나무의 위에 초록색 쌓기나무
• 빨간색 쌓기나무의 앞에 노란색 쌓기나무

비법 7 만든 모양 설명하기

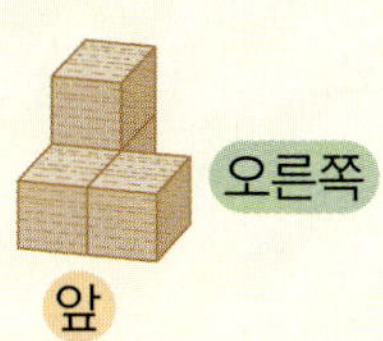

오른쪽
앞

1층에 ㄴ 모양으로 3개를 놓고,
① 1층 설명
맨 뒤쪽 쌓기나무 위에 1개를 놓아
② 2층 설명
모양을 만들었습니다.

2
여러 가지 도형

• 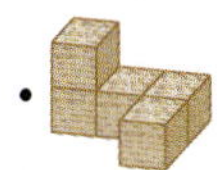 와 똑같은 모양으로 쌓기

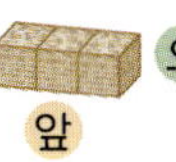
오른쪽
앞

쌓기나무 3개를 1층에 옆으로 나란히 놓습니다.

오른쪽
앞

맨 왼쪽 쌓기나무 위에 1개를 놓습니다.

오른쪽
앞

맨 오른쪽 쌓기나무 앞에 1개를 놓습니다.

• 쌓기나무 3개로 모양 만들기

① 같은 점: 1층에 2개, 2층에 1개 놓았습니다.
② 다른 점: 쌓기나무가 놓인 위치가 다릅니다.

STEP 1 기본 유형 익히기

1 삼각형, 사각형 알아보기

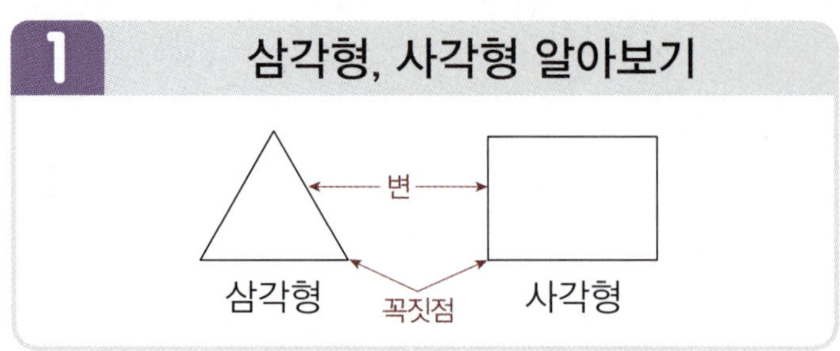

1-1 ☐ 안에 알맞은 말을 써넣으시오.

1-2 빈칸에 알맞은 수를 써넣으시오.

모양	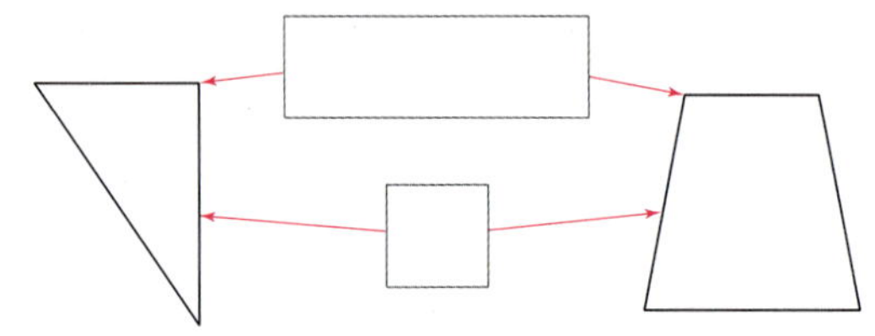	
변의 수		
꼭짓점의 수		

1-3 삼각형은 모두 몇 개입니까?

(   )

창의·융합

1-4 삼각형에 대해 <u>잘못</u> 설명한 사람의 이름을 모두 쓰시오.

(   )

서술형

1-5 사각형의 특징을 한 가지만 쓰시오.

____

____

1-6 삼각형을 완성하시오.

1-7 오른쪽 색종이를 점선을 따라 자르면 어떤 도형이 몇 개 생깁니까?

( ), ( )

1-8 삼각형은 사각형보다 몇 개 더 많습니까?

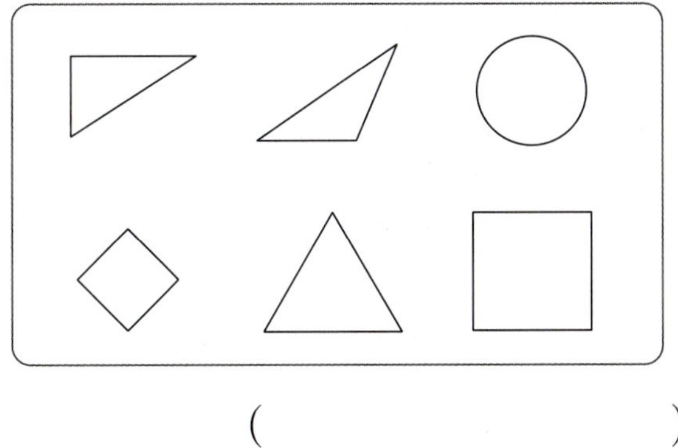

( )

2	**원 알아보기**

• 원: 어느 곳에서 보아도 완전히 둥근 모양

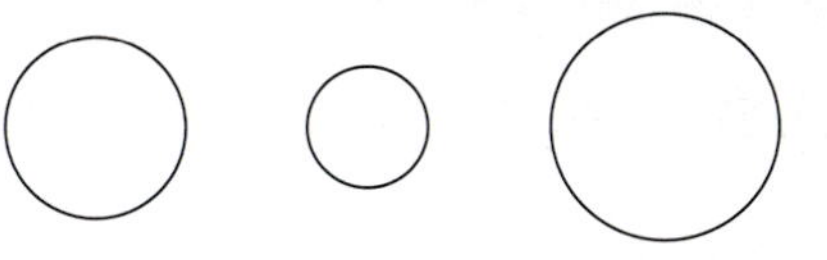

2-1 원을 찾아 기호를 쓰시오.

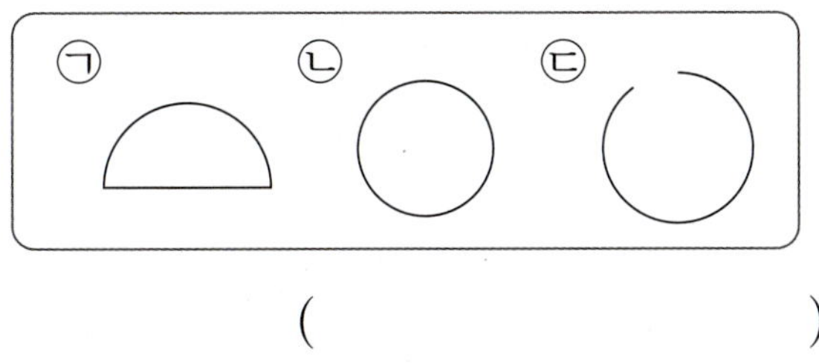

( )

2-2 주변에 있는 물건이나 모양 자를 이용하여 크기가 서로 다른 원 3개를 그려 보시오.

2-3 원에 대한 설명으로 <u>틀린</u> 것을 모두 고르시오. ⋯⋯⋯⋯⋯⋯⋯⋯⋯⋯ ( )

① 원은 완전히 둥근 모양입니다.
② 원은 변이 **3**개입니다.
③ 원은 꼭짓점이 없습니다.
④ 모든 원은 크기와 모양이 같습니다.
⑤ 원은 뾰족한 부분이 없습니다.

서술형

2-4 오른쪽 도형이 원이 <u>아닌</u> 까닭을 설명하시오.

까닭 ______________________

____

2-5 원을 모두 찾아 색칠하시오.

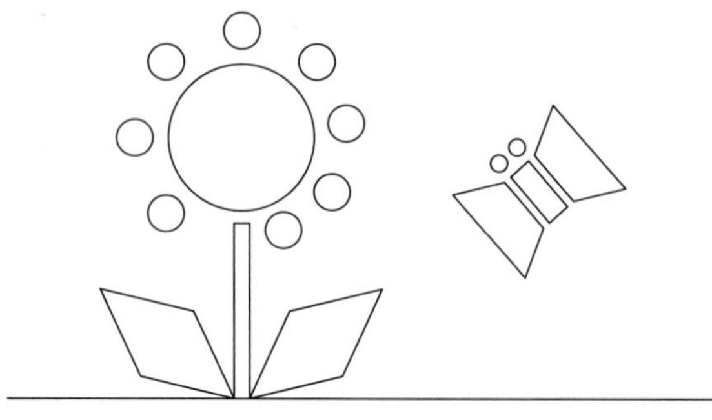

2-6 원은 모두 몇 개입니까?

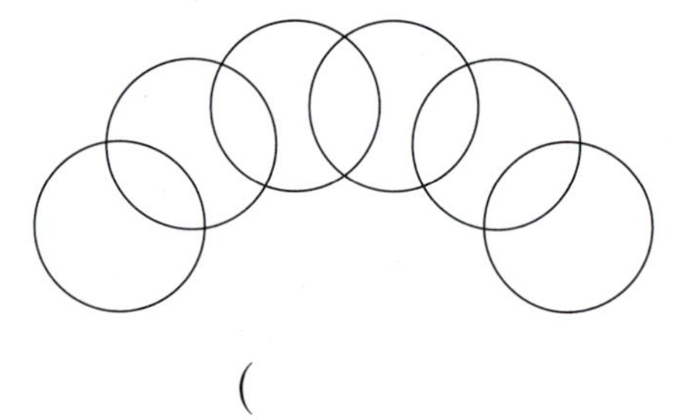

( )

---

3 칠교판으로 모양 만들기

• 칠교 조각에서 찾을 수 있는 도형

삼각형	①, ②, ③, ⑤, ⑦
사각형	④, ⑥

3-1 칠교 조각에서 삼각형은 모두 몇 개입니까?

( )

3-2 •보기•의 칠교 조각을 이용하여 모양을 만들어 보시오.

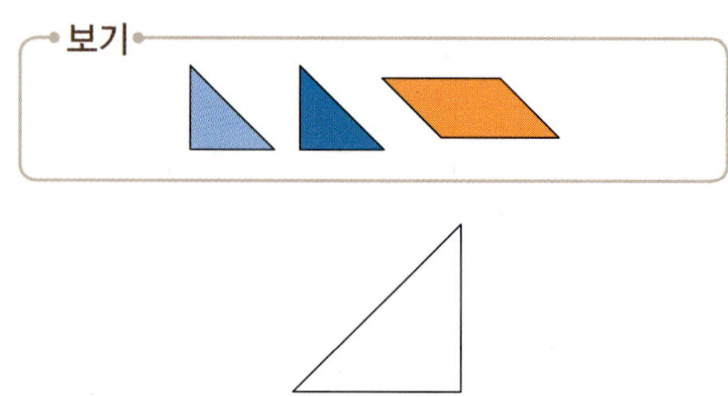

3-3 칠교 조각을 이용하여 만든 것입니다. 사용한 삼각형과 사각형 조각의 수를 각각 구하시오.

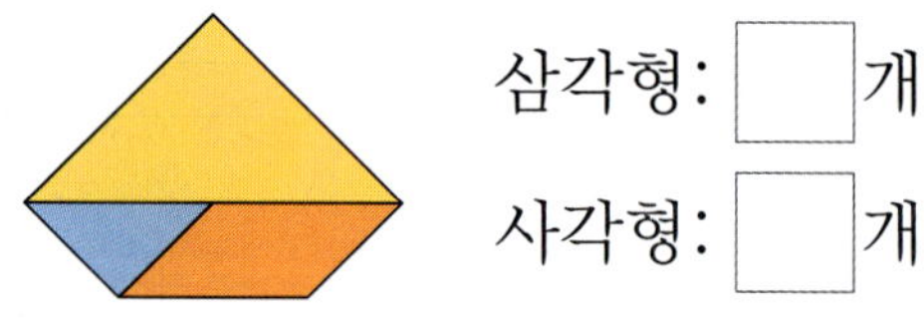

삼각형: ☐ 개

사각형: ☐ 개

3-4 •보기•의 네 조각을 모두 이용하여 집 모양을 만들어 보시오.

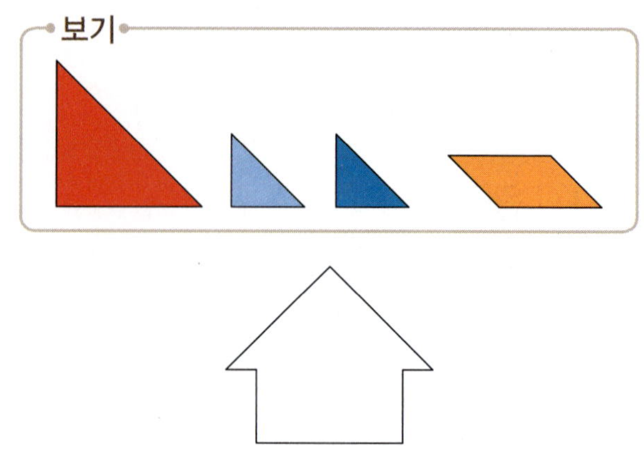

4 여러 가지 모양으로 쌓기

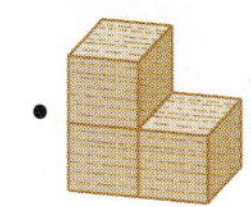 와 똑같은 모양으로 쌓기

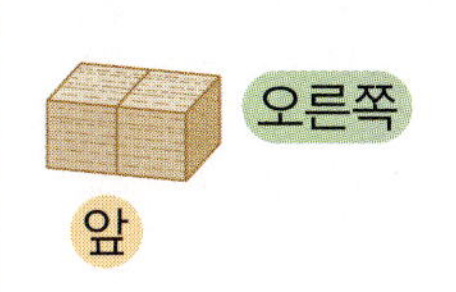

쌓기나무 2개를 1층에 옆으로 나란히 놓습니다.

왼쪽 쌓기나무 위에 쌓기나무를 1개 놓습니다.

4-1 똑같은 모양으로 쌓으려면 쌓기나무가 몇 개 필요합니까?

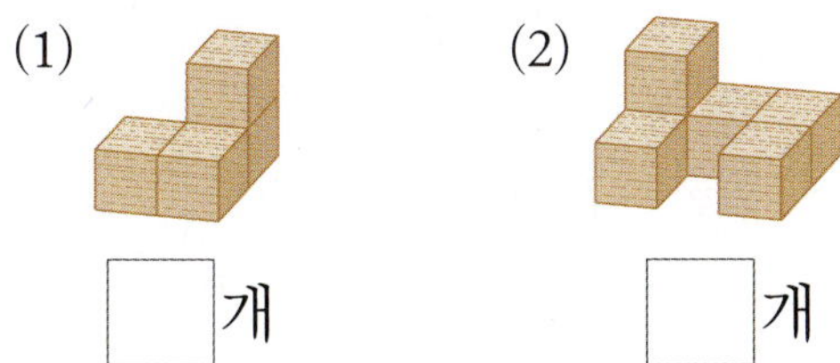

(1) ☐ 개 (2) ☐ 개

4-2 빨간색 쌓기나무의 왼쪽에 있는 쌓기나무를 찾아 ◯표 하시오.

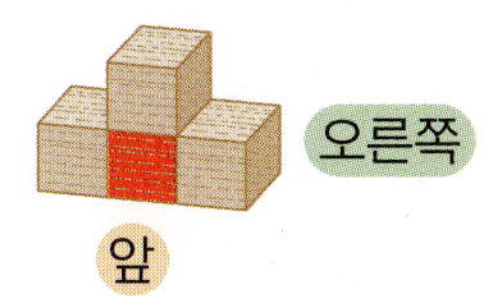

4-3 쌓기나무 5개로 만든 모양은 모두 몇 개입니까?

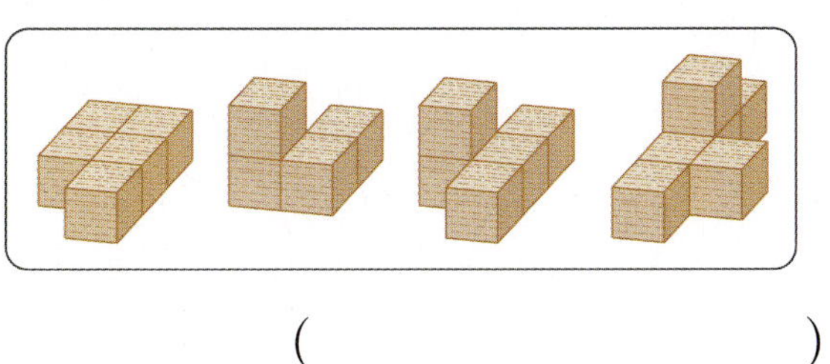

( )

4-4 모양을 주어진 조건에 맞게 색칠하시오.

- 빨간색 쌓기나무의 위에 노란색 쌓기나무
- 초록색 쌓기나무의 앞에 보라색 쌓기나무

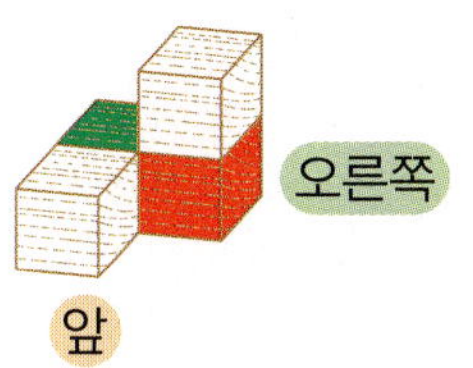

창의·융합

4-5 오른쪽 모양에 대한 설명입니다. ☐ 안에 알맞은 말을 한 사람의 이름을 쓰시오.

쌓기나무 3개를 1층에 옆으로 나란히 놓고, 맨 오른쪽 쌓기나무 ☐ 에 쌓기나무 1개를 놓습니다.

( )

4-6 왼쪽 모양에서 쌓기나무 1개를 옮겨 오른쪽과 똑같은 모양을 만들려고 합니다. 옮겨야 할 쌓기나무에 ◯표 하시오.

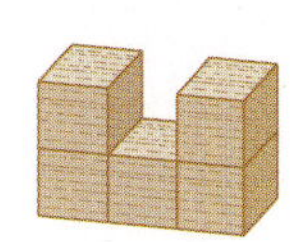  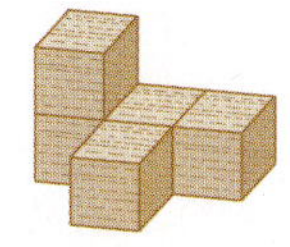

STEP 2 응용 유형 익히기

응용 1 변과 꼭짓점의 수 알아보기

예제 1-1 하준이는 스케치북에 원을 2개, 삼각형을 2개 그렸습니다. 하준이가 그린 도형의 변은 모두 몇 개인지 알아보시오.

생각 열기
각 도형에서 곧은 선 2개가 만나는 점인 꼭짓점의 수를 알아봅니다.

(1) 원과 삼각형 1개의 변은 각각 몇 개입니까?

원 (   )

삼각형 (   )

(2) 하준이가 그린 도형의 변은 모두 몇 개입니까?

(   )

예제 1-2 지아는 스케치북에 삼각형 4개, 사각형 2개를 그렸습니다. 지아가 그린 도형의 변은 모두 몇 개입니까?

(   )

예제 1-3 도윤이는 스케치북에 원 1개, 삼각형 3개, 사각형 3개를 그렸습니다. 도윤이가 그린 도형의 꼭짓점은 모두 몇 개입니까?

(   )

삼각형과 사각형 알아보기

예제 2-1 오른쪽 색종이를 점선을 따라 잘랐을 때 생기는 삼각형과 사각형의 수의 차를 알아보시오.

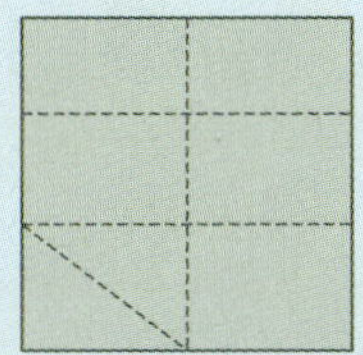

생각 열기

색종이를 점선을 따라 잘랐을 때 생기는 삼각형과 사각형의 수를 각각 알아봅니다.

(1) 잘랐을 때 생기는 삼각형과 사각형은 각각 몇 개입니까?

삼각형 (   ), 사각형 (   )

(2) 삼각형과 사각형의 수의 차를 구하시오.

(   )

예제 2-2 오른쪽 색종이를 점선을 따라 잘랐을 때 생기는 삼각형과 사각형의 수의 차를 구하시오.

(   )

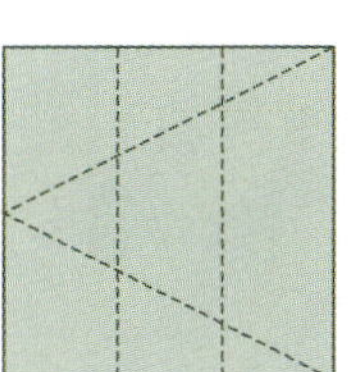

예제 2-3 오른쪽 색종이를 점선을 따라 잘랐을 때 생기는 모든 사각형의 변의 수의 합을 구하시오.

(   )

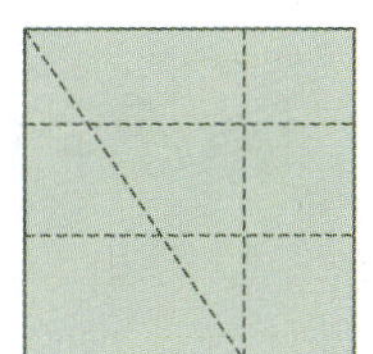

응용 3 필요한 쌓기나무의 수

예제 3-1 똑같은 모양으로 쌓을 때 쌓기나무가 가장 많이 필요한 것의 기호를 알아보시오.

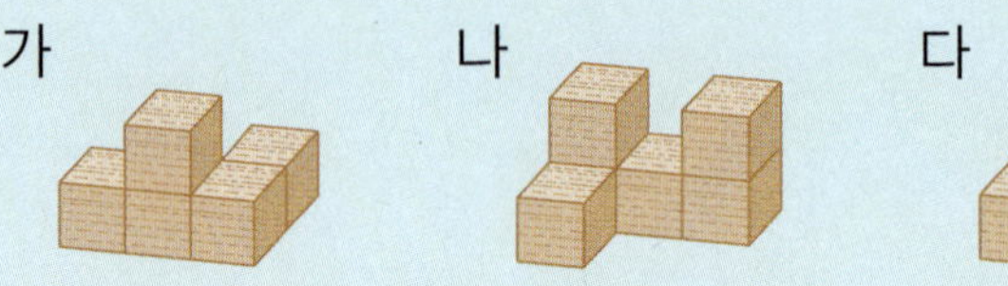

생각 열기

각 모양을 쌓는 데 필요한 쌓기나무의 수를 각각 알아봅니다.

(1) 필요한 쌓기나무는 각각 몇 개입니까?

　　가 (　　　　　　), 나 (　　　　　　), 다 (　　　　　　)

(2) 똑같은 모양으로 쌓을 때 쌓기나무가 가장 많이 필요한 것을 찾아 기호를 쓰시오.　　　　　　　(　　　　　　)

예제 3-2 똑같은 모양으로 쌓을 때 쌓기나무가 가장 적게 필요한 것을 찾아 기호를 쓰시오.

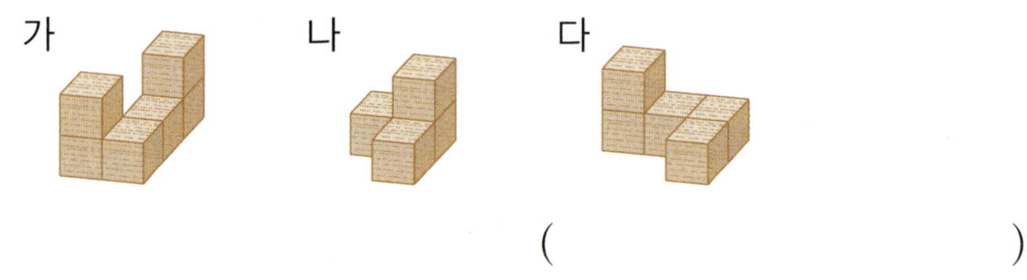

(　　　　　　)

예제 3-3 똑같은 모양으로 쌓을 때 쌓기나무가 많이 필요한 것부터 차례로 기호를 쓰시오.

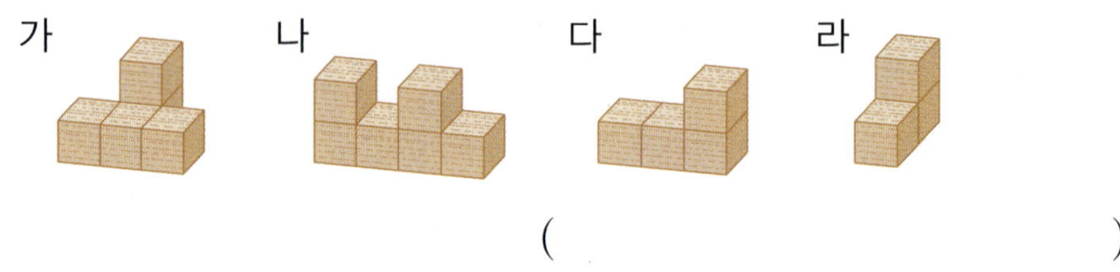

(　　　　　　)

응용 4   쌓은 모양 바르게 설명하기

예제 4 –1   쌓기나무로 쌓은 모양에 대한 설명입니다. 틀린 부분을 모두 알아보시오.

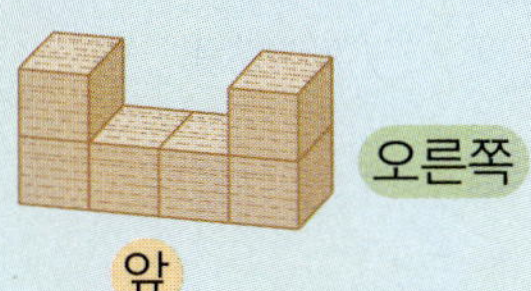

> 쌓기나무 **4**개가 **1**층에 옆으로 나란히 있고,
>
> 가운데 쌓기나무 위에 **2**개씩 있습니다.

생각 열기

쌓기나무의 위치나 방향, 층수 등을 알아봅니다.

(1) 틀린 부분은 모두 몇 군데입니까?   (   )

(2) 틀린 부분을 모두 찾아 밑줄을 긋고 바르게 고치시오.

예제 4 –2   쌓기나무로 쌓은 모양에 대한 설명입니다. 틀린 부분을 모두 찾아 밑줄을 긋고 바르게 고치시오.

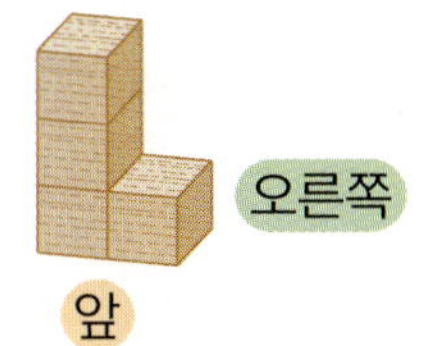

> 쌓기나무 **3**개가 **1**층에 옆으로 나란히 있고,
>
> 오른쪽 쌓기나무 위에 **2**개가 있습니다.

예제 4 –3   해주가 만든 모양을 찾아 기호를 쓰고, 어떻게 만들었는지 설명하시오.

> 동생이 밖에서 놀 때 햇빛을 가릴 것이 필요해. 쌓기나무 **4**개로 동생이 쓸 모자 모양을 생각하여 만들었어.

답 _______________________

설명 _______________________

____

응용 5 칠교 조각으로 모양 만들기

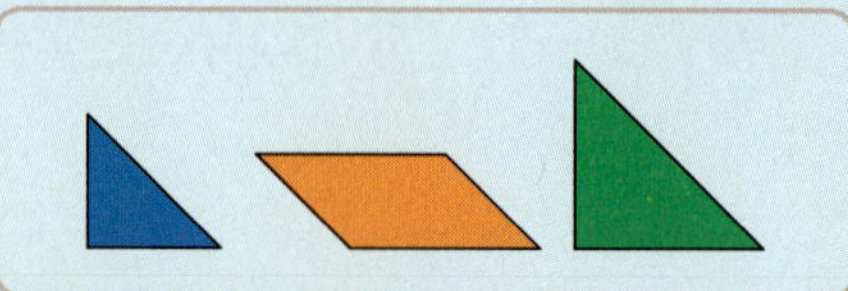

예제 5-1 오른쪽 세 조각을 모두 이용하여 만들 수 <u>없는</u> 모양의 기호를 알아보시오.

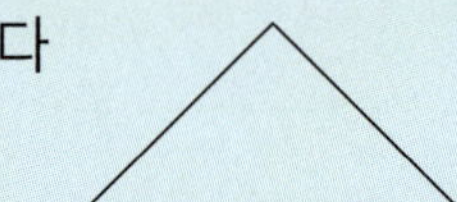

가   나   다

생각 열기

주어진 조각을 모두 이용하여 모양이 채워지는지 주어진 모양 안에 선을 그어 봅니다.

(1) 만들 수 있는 모양에 만든 방법을 선을 그어 나타내어 보시오.

(2) 세 조각을 모두 이용하여 만들 수 <u>없는</u> 모양을 찾아 기호를 쓰시오.

(   )

예제 5-2 오른쪽 세 조각을 모두 이용하여 만들 수 <u>없는</u> 모양을 찾아 기호를 쓰시오.

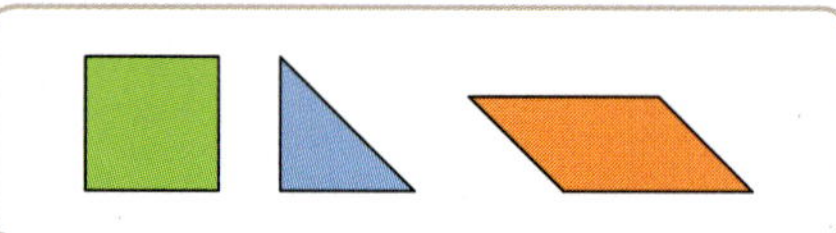

가   나   다   라

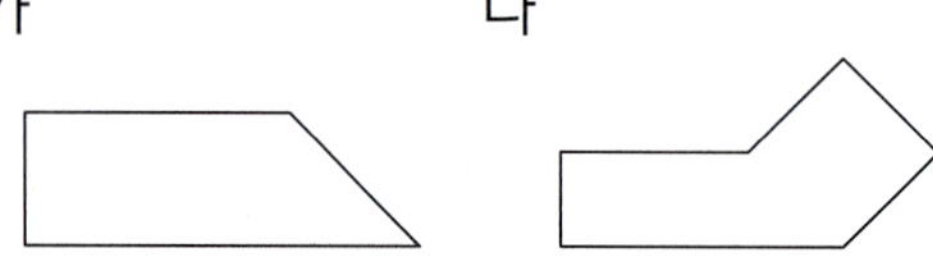

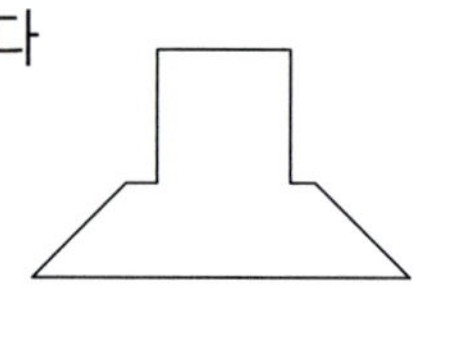

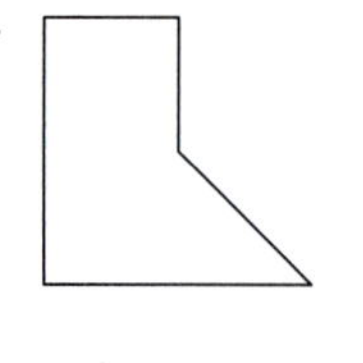

(   )

예제 5-3 세 조각을 모두 이용하여 만들 수 있는 서로 다른 사각형은 모두 몇 가지입니까? (단, 뒤집거나 돌렸을 때 같은 모양은 한 가지로 생각합니다.)

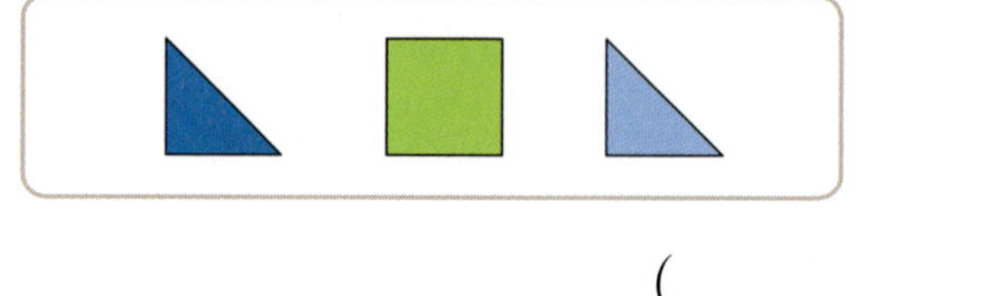

(   )

응용 6 — 크고 작은 도형의 수 알아보기

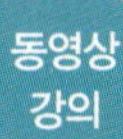
동영상 강의

예제 6-1 그림에서 찾을 수 있는 크고 작은 삼각형은 모두 몇 개인지 알아보시오.

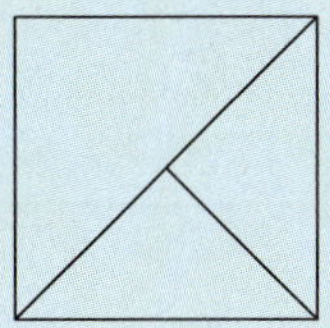

생각 열기

도형 1개로 이루어진 삼각형, 도형 2개로 이루어진 삼각형을 각각 찾아봅니다.

(1) 도형 2개로 이루어진 삼각형은 몇 개입니까?

(　　　　　　)

(2) 찾을 수 있는 크고 작은 삼각형은 모두 몇 개입니까?

(　　　　　　)

예제 6-2 그림에서 찾을 수 있는 크고 작은 사각형은 모두 몇 개입니까?

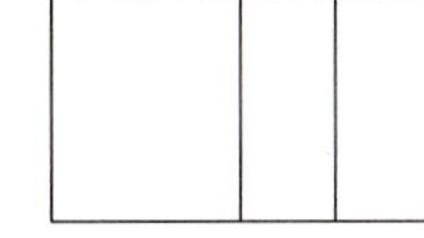

(　　　　　　)

예제 6-3 그림에서 찾을 수 있는 크고 작은 삼각형과 사각형은 각각 몇 개입니까?

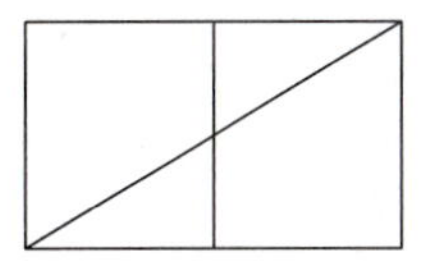

삼각형 (　　　　　　)

사각형 (　　　　　　)

3 STEP 응용 유형 뛰어넘기

변의 수 알아보기

1 변의 수가 많은 것부터 차례로 기호를 쓰시오.

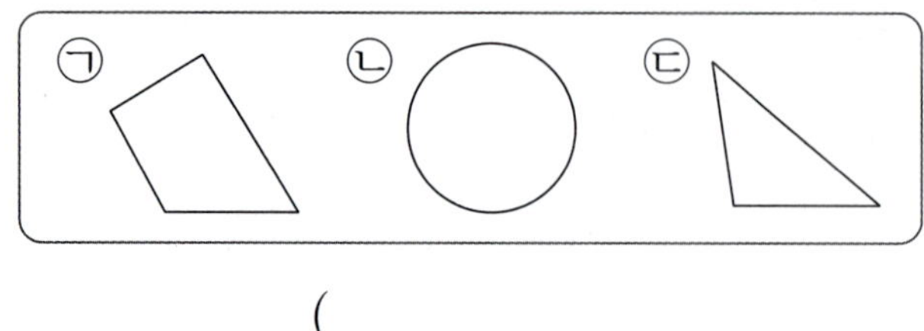

(   )

사각형 알아보기

2 다음 도형이 사각형이 아닌 까닭을 쓰고 사각형이 되도록 그려 보시오.

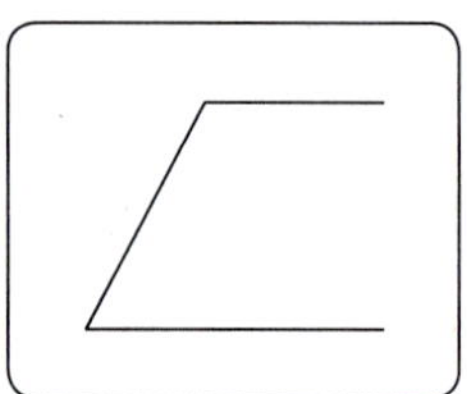

까닭

삼각형, 사각형 알아보기

3 다음 사각형 모양의 종이에 곧은 선 1개를 그은 후 자르려고 합니다. 자른 조각이 삼각형 1개와 사각형 1개가 되도록 선을 그어 보시오.

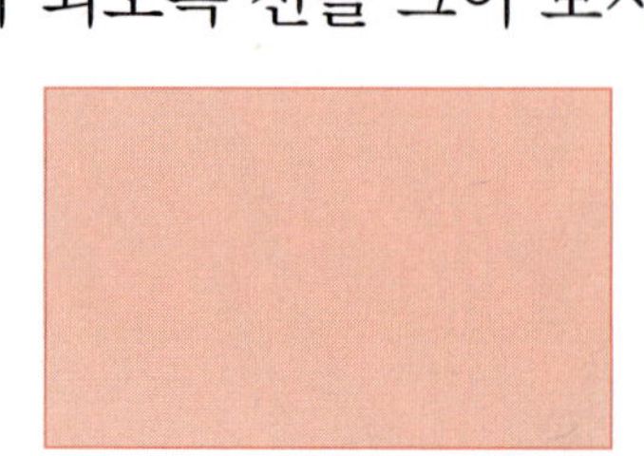

똑같은 모양으로 쌓기

4 왼쪽 모양을 오른쪽과 똑같은 모양으로 만들려면 쌓기나무 몇 개를 빼야 합니까?

쌍둥이
동영상

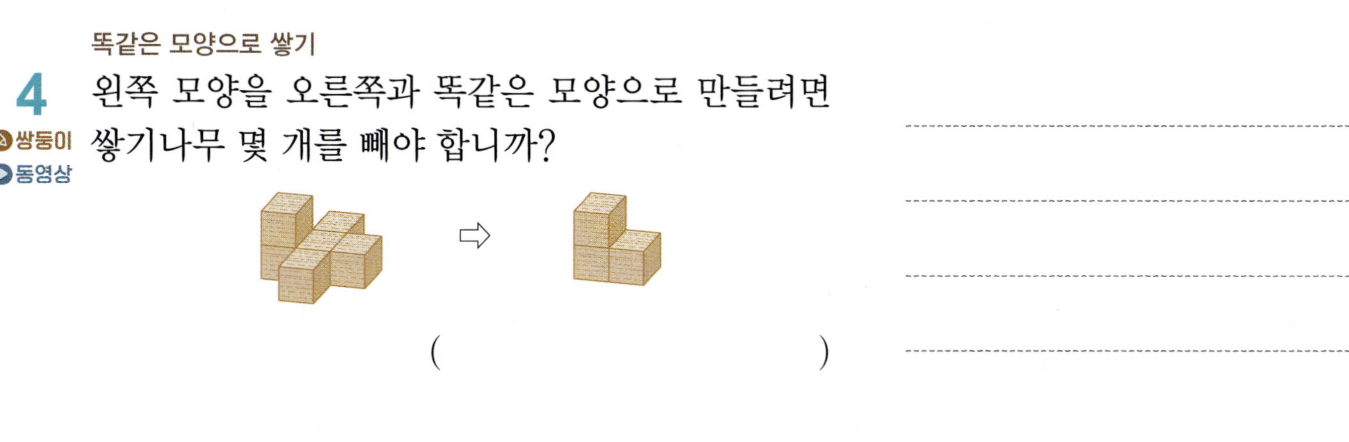

(   )

변과 꼭짓점의 수 알아보기　　　　창의·융합

5 잘못 말한 사람의 이름을 쓰시오.

(   )

삼각형 알아보기

6 다음 점을 꼭짓점으로 하여 그릴 수 있는 삼각형은 모두 몇 개입니까?

(   )

삼각형, 사각형, 원 알아보기

7 여러 가지 도형으로 만든 모양입니다. 가장 많이 사용한 도형과 가장 적게 사용한 도형의 개수의 차를 구하시오.

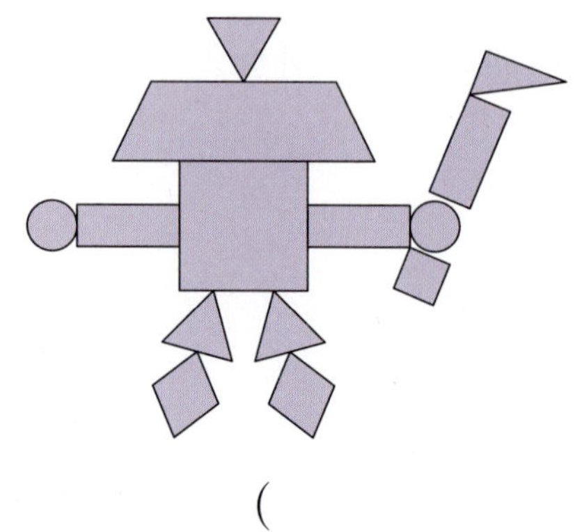

(   )

여러 가지 모양으로 쌓기

8 모양에 대한 설명을 보고 쌓은 모양이 <u>아닌</u> 것을 찾아 기호를 쓰시오.

🐴쌍둥이

> 쌓기나무 5개로 1층에 4개, 2층에 1개가 있습니다.

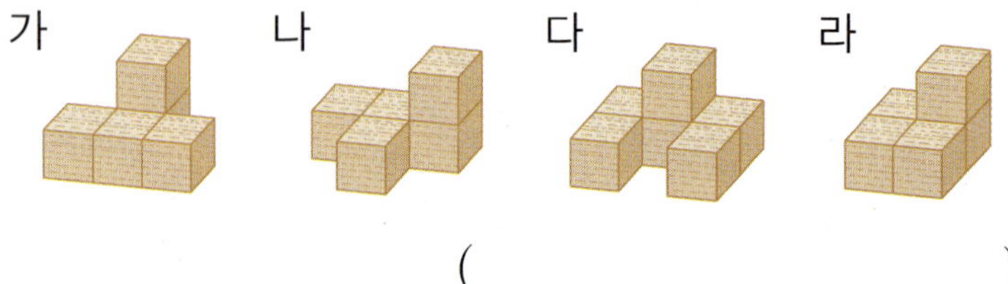

가   나   다   라

(   )

변과 꼭짓점의 수 알아보기

9 ㉠+㉡−㉢을 구하시오.

> • 삼각형의 꼭짓점은 ㉠개입니다.
> • 사각형의 변은 ㉡개입니다.
> • 원의 꼭짓점은 ㉢개입니다.

(   )

칠교판으로 모양 만들기

10 다섯 조각을 모두 이용하여 삼각형과 사각형을 각 각 만들어 보시오.

삼각형	사각형

필요한 쌓기나무의 수　　　　　　　　　　　서술형

11 똑같은 모양으로 쌓을 때 필요한 쌓기나무의 수 중 가장 큰 수와 가장 작은 수의 차를 구하려고 합 니다. 풀이 과정을 쓰고 답을 구하시오.

◆ 쌍둥이
▶ 동영상

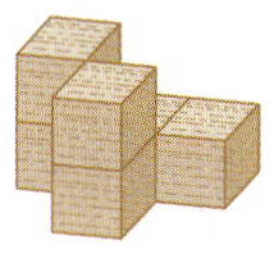  

(　　　　　　　　　　　)

풀이

12 다음 모양을 주어진 ∘조건∘에 맞게 색칠하시오.

조건
- 초록색 쌓기나무는 노란색 쌓기나무 위에 있습니다.
- 파란색 쌓기나무는 노란색 쌓기나무 오른쪽에 있습니다.

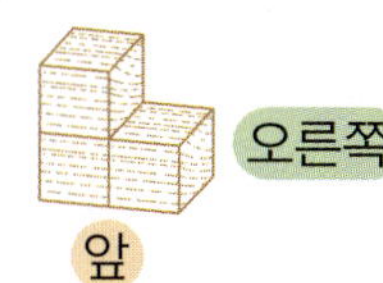

13 다음 •조건•에 맞는 모양을 찾아 기호를 쓰시오.

> **조건**
> • 사각형 안에 삼각형이 있습니다.
> • 원 안에 사각형이 있습니다.

ㄱ 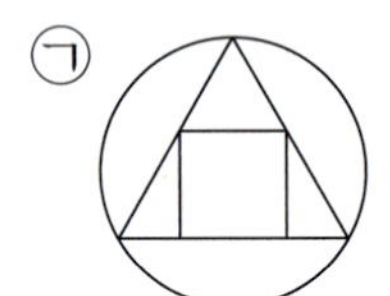 ㄴ 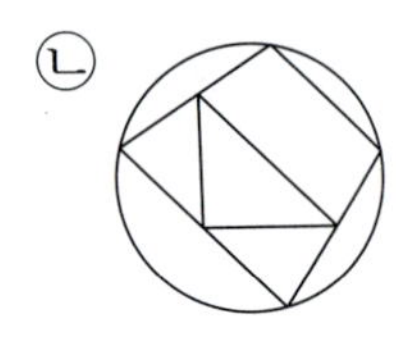 ㄷ 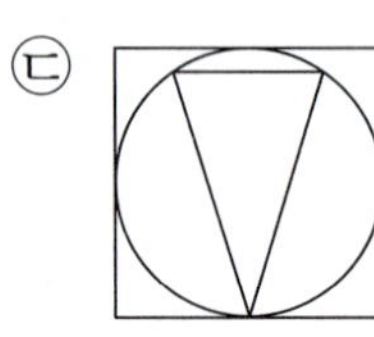

(   )

칠교판으로 모양 만들기

14 칠교 7조각을 모두 이용하여 오른쪽 모양을 완성
🔸쌍둥이 하시오.

삼각형, 사각형 알아보기

15 색종이를 점선을 따라 잘랐을 때 생기는 도형의 꼭짓점의 수의 합을 구하시오.

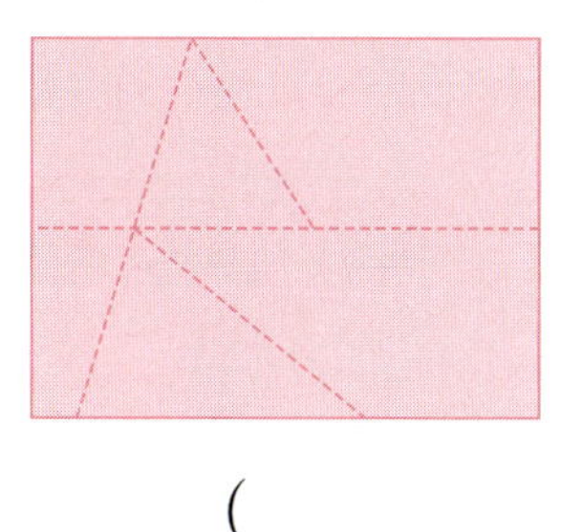

(   )

2

여 러 가 지 도 형

사각형 알아보기

서술형

16 그림에서 찾을 수 있는 크고 작은 사각형은 모두 몇 개인지 풀이 과정을 쓰고 답을 구하시오.

쌍둥이
동영상

(   )

풀이

도형 알아보기

창의·융합

17 다음과 같이 종이를 접었다 펼친 후, 접은 선을 따라 자르면 어떤 도형이 몇 개 생깁니까?

쌍둥이
동영상

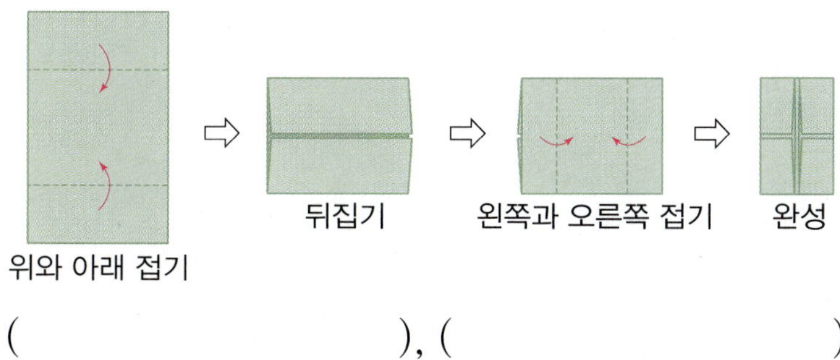

(   ), (   )

2. 여러 가지 도형

[1~2] 도형을 보고 물음에 답하시오.

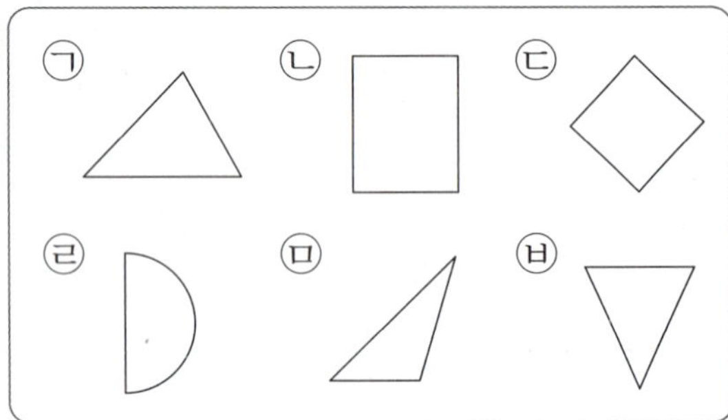

1 삼각형을 모두 찾아 기호를 쓰시오.

(   )

2 사각형을 모두 찾아 기호를 쓰시오.

(   )

3 똑같은 모양으로 쌓으려면 쌓기나무가 몇 개 필요합니까?

(   )

4 설명이 맞으면 □ 안에 ○표, 틀리면 ×표 하시오.

(1) 원은 굽은 선으로 이어져 있습니다.

(2) 삼각형은 변의 수가 꼭짓점의 수보다 많습니다.

5 원에 대하여 바르게 설명한 것을 모두 고르시오. ·······························( )

① 동전을 본떠 그릴 수 있습니다.
② 변이 1개입니다.
③ 어느 곳에서 보더라도 완전히 둥근 모양입니다.
④ 꼭짓점이 2개입니다.
⑤ 크기와 모양이 항상 같습니다.

6 꼭짓점의 수가 가장 많은 것을 찾아 기호를 쓰시오.

> ㉠ 사각형　　㉡ 원　　㉢ 삼각형

(　　　　　　　)

7 삼각형에 적힌 두 수의 차를 구하시오.

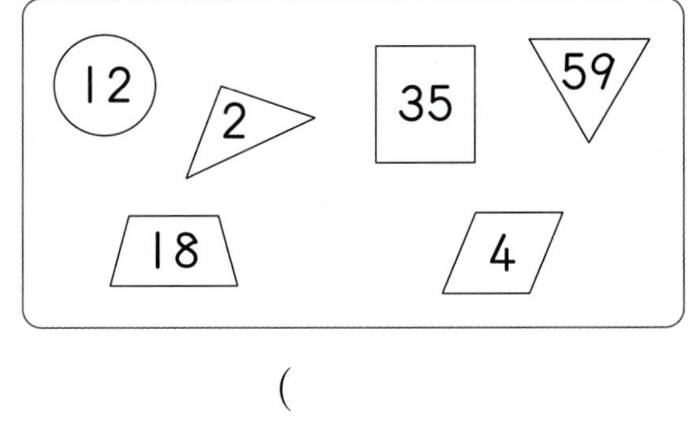

(　　　　　　　)

8 똑같은 모양으로 쌓을 때 필요한 쌓기나무의 수가 <u>다른</u> 하나를 찾아 기호를 쓰시오.

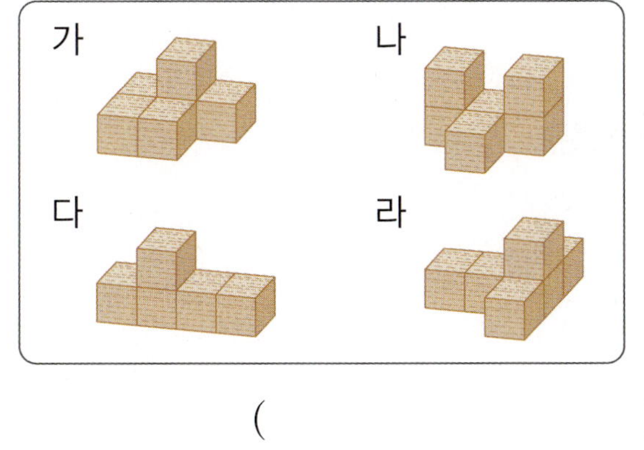

(　　　　　　　)

9 다음 도형이 원이 <u>아닌</u> 까닭을 설명하시오.

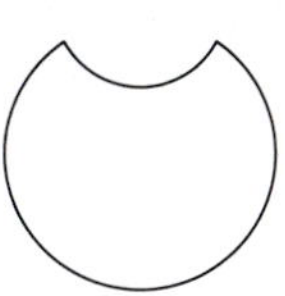

까닭 ＿＿＿＿＿＿＿＿＿＿＿＿＿＿＿

＿＿＿＿＿＿＿＿＿＿＿＿＿＿＿＿＿＿

＿＿＿＿＿＿＿＿＿＿＿＿＿＿＿＿＿＿

10 칠교 조각 중에서 삼각형과 사각형의 수의 차를 구하시오.

(　　　　　　　)

11 왼쪽 모양에서 쌓기나무 1개를 옮겨 오른쪽과 똑같은 모양을 만들려고 합니다. 옮겨야 할 쌓기나무는 어느 것입니까?

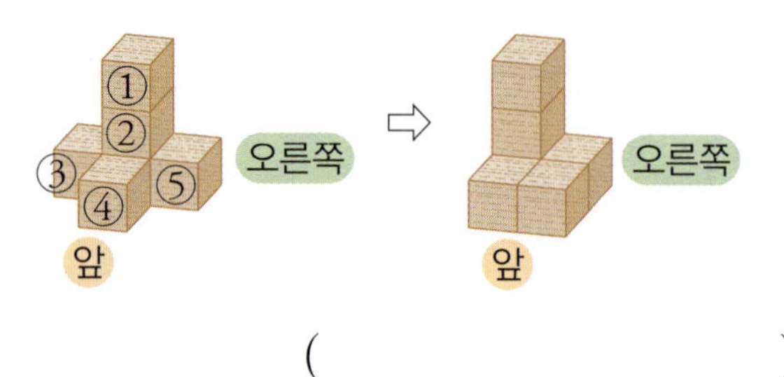

(   )

12 도형의 안쪽에 점이 4개 있는 사각형을 그리시오.

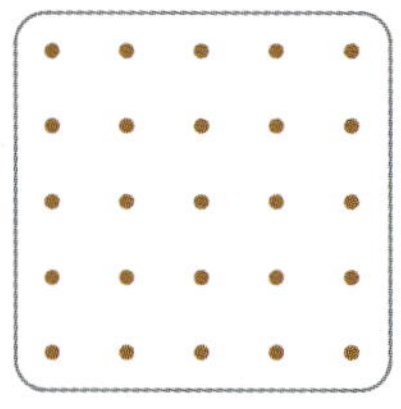

13 다음에서 설명하는 도형의 이름은 무엇입니까?

> • 변으로 둘러싸여 있습니다.
> • 변과 꼭짓점의 개수가 같고, 변과 꼭짓점의 개수의 합은 6개입니다.

(   )

[14~15] 칠교판을 보고 물음에 답하시오.

14 ①, ③, ⑤, ⑥ 네 조각을 모두 이용하여 사각형을 만들어 보시오.

15 ③, ⑤, ⑥, ⑦ 네 조각을 모두 이용하여 다음 도형을 만들어 보시오.

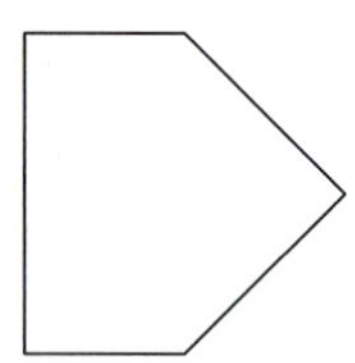

16 쌓기나무로 쌓은 모양에 대한 설명입니다. <u>틀린</u> 부분을 모두 찾아 밑줄을 긋고 바르게 고치시오.

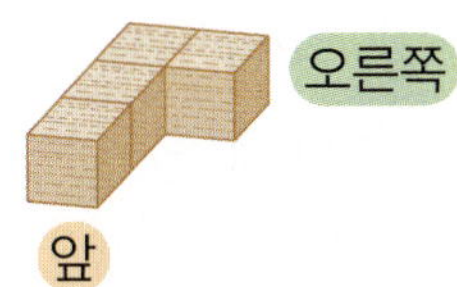

> 쌓기나무 **2**개가 옆으로 나란히 있고 오른쪽 쌓기나무의 앞에 **1**개가 있습니다.

17 ㉠+㉡−㉢을 구하시오.

> • 삼각형의 변은 ㉠개입니다.
> • 사각형의 꼭짓점은 ㉡개입니다.
> • 원의 변은 ㉢개입니다.

(   )

18 삼각형과 사각형의 같은 점과 다른 점을 **1**가지씩 쓰시오.

같은 점 _______________________

____

다른 점 _______________________

____

19 세 조각을 모두 이용하여 만들 수 있는 서로 다른 사각형은 모두 몇 가지입니까? (단, 뒤집거나 돌렸을 때 같은 모양은 한 가지로 생각합니다.)

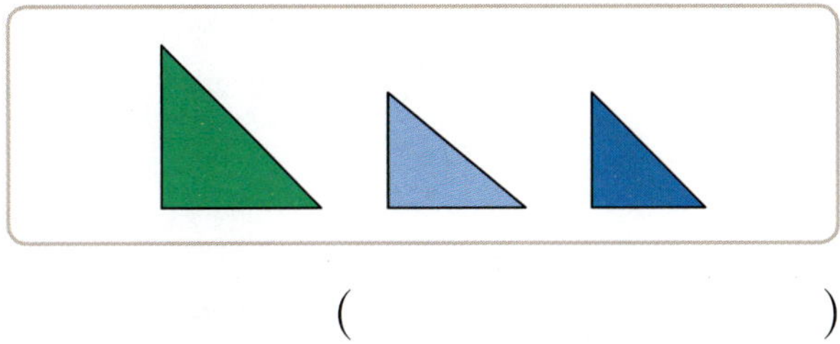

(   )

20 도형에서 찾을 수 있는 크고 작은 삼각형은 모두 몇 개입니까?

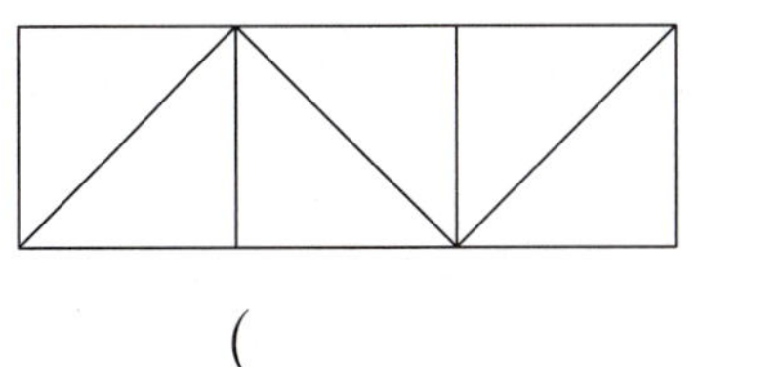

(   )

정답은 **19**쪽

1 다음 •조건•에 맞게 쌓기나무를 쌓은 것을 찾아 기호를 쓰시오.

┌─조건─
- 빨간색 쌓기나무 오른쪽에 노란색 쌓기나무가 있습니다.
- 파란색 쌓기나무 위에 초록색 쌓기나무가 있습니다.
- 노란색 쌓기나무 앞에 보라색 쌓기나무가 있습니다.

(   )

2 그은 선을 따라 잘랐을 때 삼각형 4개와 사각형 2개가 생기도록 곧은 선을 3개 그어 보시오.

3 덧셈과 뺄셈

● 학습계획표

계획표대로 공부했으면 ○표, 못했으면 △표 하세요.

내용	쪽수	날짜		확인
일등 비법	54~55쪽	월	일	
STEP 1 기본 유형 익히기	56~59쪽	월	일	
STEP 2 응용 유형 익히기	60~65쪽	월	일	
STEP 1 기본 유형 익히기	66~69쪽	월	일	
STEP 2 응용 유형 익히기	70~75쪽	월	일	
STEP 3 응용 유형 뛰어넘기	76~81쪽	월	일	
실력 평가	82~85쪽	월	일	
창의 사고력	86쪽	월	일	

일등 비법

3. 덧셈과 뺄셈

비법 1 여러 가지 방법으로 덧셈하기

• 68+14의 계산

| 14를 몇십과 몇으로 가르기하여 계산하기 |
$68+14 \Rightarrow 68+14=68+10+4$
$\qquad\qquad\qquad\quad =78+4=82$

| 14에서 2를 옮겨 68을 몇십으로 바꾸어 계산하기 |
$68+14 \Rightarrow 68+14=70+12$
$\qquad\qquad\qquad\quad =82$

| 68과 14를 각각 몇십과 몇으로 가르기하여 계산하기 |
$68 + 14 \Rightarrow 60+10=70,$
$\qquad\qquad\qquad 8+4=12$
$\qquad\qquad \Rightarrow 68+14=70+12$
$\qquad\qquad\qquad\qquad =82$

비법 2 여러 가지 방법으로 뺄셈하기

• 40−29의 계산

| 29가 몇십이 되도록 각각 1만큼 큰 수로 바꿔 계산하기 |
$40-29 \Rightarrow 41-30=11$

| 40과 29를 각각 가르기하여 계산하기 |
$40 - 29 \Rightarrow 30-20=10,$
$\qquad\qquad\qquad 10-9=1$
$\qquad\qquad \Rightarrow 10+1=11$

비법 3 세 수의 계산식 만들기

• 세 수 ●, ▲, ■의 합 ⇨ ●+▲+■
• ●에서 ▲를 빼고 ■를 빼었더니 ⇨ ●−▲−■
• ●에 ▲만큼 얻고 ■만큼 주었더니 ⇨ ●+▲−■
• ●에서 ▲만큼 잃고 ■만큼 얻었더니 ⇨ ●−▲+■

• 받아올림이 있는
 (두 자리 수)+(두 자리 수)의 세로셈
① 일의 자리, 십의 자리 순서로 계산합니다.
② 각 자리 수끼리의 합이 10이거나 10보다 크면 바로 윗자리로 받아올림합니다.

$$\begin{array}{r} 87 \\ +45 \\ \hline 2 \end{array} \Rightarrow \begin{array}{r} 87 \\ +45 \\ \hline 132 \end{array}$$

• 받아내림이 있는
 (두 자리 수)−(두 자리 수)의 세로셈
① 일의 자리, 십의 자리 순서로 계산합니다.
② 일의 자리 수끼리 뺄 수 없을 때에는 십의 자리에서 받아내림합니다.

$$\begin{array}{r} 31 \\ -12 \\ \hline 9 \end{array} \Rightarrow \begin{array}{r} 31 \\ -12 \\ \hline 19 \end{array}$$

• 세 수(●, ▲, ■)의 계산
(1) ●+▲+■
 ⇨ 순서를 바꾸어 계산하여도 결과가 같습니다.
(2) ●−▲−■, ●+▲−■,
 ●−▲+■
 ⇨ 앞에서부터 두 수씩 차례로 계산합니다.

비법 4 □의 값 구하기

$6+□=17$
$17-6=□$

① 덧셈식을 □를 구하는 뺄셈식으로 바꿉니다.
② $17-6=11$이므로 □는 11입니다.

$□-14=12$
$14+12=□$

① 뺄셈식을 □를 구하는 덧셈식으로 바꿉니다.
② $14+12=26$이므로 □는 26입니다.

비법 5 뺄셈식에서 모르는 수 구하기

ㄱ$-9=5$를 만족하는 ㄱ은 없으므로 십의 자리에서 받아내림합니다.

$$\begin{array}{r} 6\,Ⓐ \\ -\ 2\ 9 \\ \hline Ⓑ\ 5 \end{array}$$

• 일의 자리: $10+$ㄱ$-9=5 \Rightarrow$ ㄱ$=4$
• 십의 자리: $6-1-2=$ㄴ $\Rightarrow$ ㄴ$=3$

비법 6 ④>③>②>①인 숫자로 덧셈식 만들기

• 합이 가장 큰 덧셈식

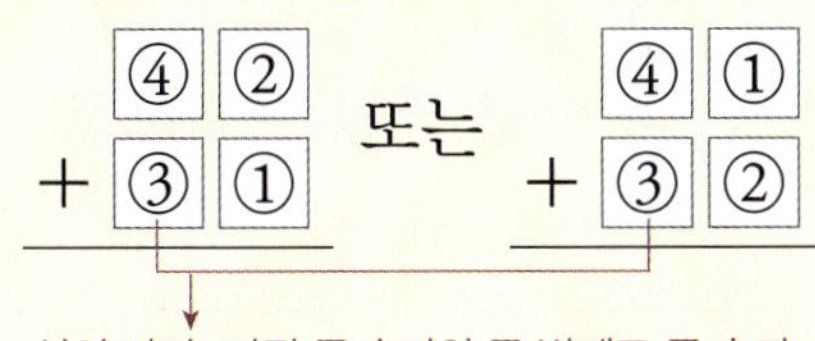

또는

십의 자리: 가장 큰 숫자와 두 번째로 큰 숫자

• 합이 가장 작은 덧셈식

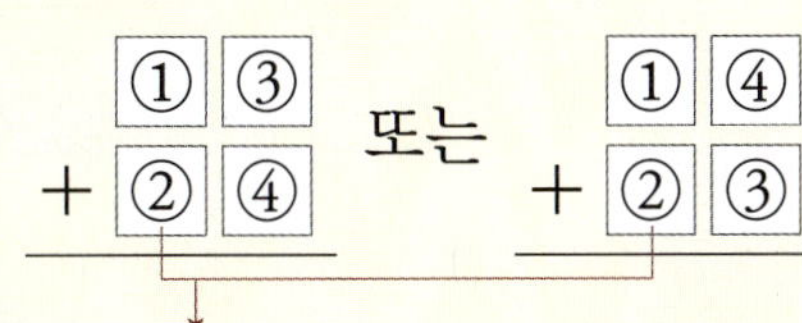

또는

십의 자리: 가장 작은 숫자와 두 번째로 작은 숫자

비법 7 바르게 계산한 값 구하기

예 어떤 수에 8을 더해야 할 것을 잘못하여 뺐더니 16이 되었을 때 바르게 계산한 값 구하기

어떤 수를 □로 나타내어 잘못 계산한 식 만들기	⇨	덧셈과 뺄셈의 관계를 이용하여 □의 값 구하기	⇨	바르게 계산한 값 구하기
$□-8=16$		$16+8=□,$ $□=24$		$□+8=24+8$ $=32$

• 덧셈식을 보고 2개의 뺄셈식으로 나타내기

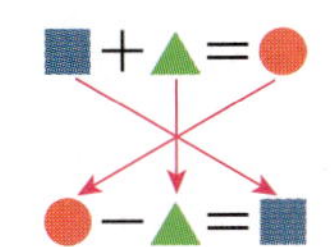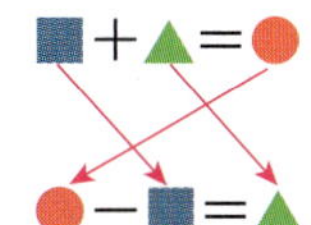

• 뺄셈식을 보고 2개의 덧셈식으로 나타내기

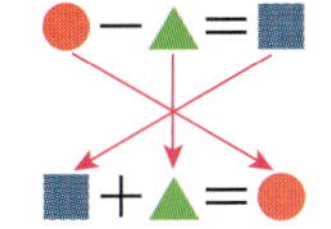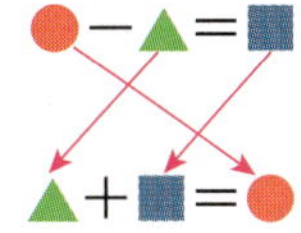

3 덧셈과 뺄셈

• 바르게 계산한 값 구하는 순서
① 잘못 계산한 식 만들기
② 어떤 수 구하기
③ 바르게 계산한 값 구하기

STEP 1 기본 유형 익히기

1 여러 가지 방법으로 덧셈하기

- $79+15$를 여러 가지 방법으로 계산하기

㉲ 15를 10과 5로 가르기하여 구합니다.
$$79+15 \Rightarrow 79+15=79+10+5$$
$$=89+5=94$$
(10 5)

㉲ 15에서 1을 옮겨 79를 80으로 만들어 더합니다.

1만큼 작아지게
$$79+15=80+14=94$$
1만큼 커지게

1-1
·보기·와 같은 방법으로 $76+19$를 계산하시오.

보기
$$34+29$$
$$=34+20+9$$
$$=54+9$$
$$=63$$

$$76+19$$

1-2
·보기·와 같은 방법으로 28을 가까운 몇십으로 바꾸어 $28+17$을 계산하시오.

보기
47에서 1을 옮겨 29를 30으로 만들어 계산합니다.
$$29+47=30+46=76$$

$$28+17$$

1-3
수를 가르기하여 덧셈을 하려고 합니다. □ 안에 알맞은 수를 써넣으시오.

(1)
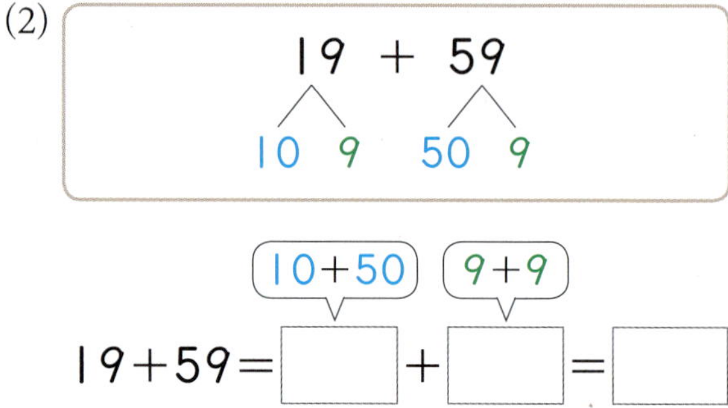

$47+17$
$\begin{matrix} \\ 10 \quad 7 \end{matrix}$

$$47+17$$
$$=47+\boxed{}+7$$
$$=\boxed{}+7=\boxed{}$$

(2)
$$19 \;+\; 59$$
$\begin{matrix} 10 \quad 9 \quad\quad 50 \quad 9 \end{matrix}$

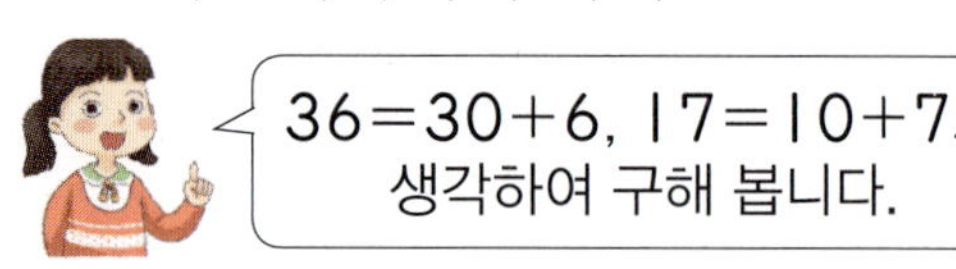

(10+50) (9+9)
$$19+59=\boxed{}+\boxed{}=\boxed{}$$

서술형

1-4
$36+17$을 다음과 같이 여러 가지 방법으로 구하시오.

방법 1 두 자리 수를 몇십과 몇으로 가르기하여 구하기

____

____

방법 2 36을 가까운 40으로 바꾸어 계산하기

____

____

2 두 자리 수의 덧셈

- $59+68$ 계산하기

일의 자리의 계산   십의 자리의 계산

$9+8=17$이므로 $1+5+6=12$
10을 받아올림합니다.

2-1 덧셈을 하시오.

(1)　　 2 4
　　＋　 7

(2)　　 2 9
　　＋ 8 5

2-2 □ 안에 알맞은 수를 써넣으시오.

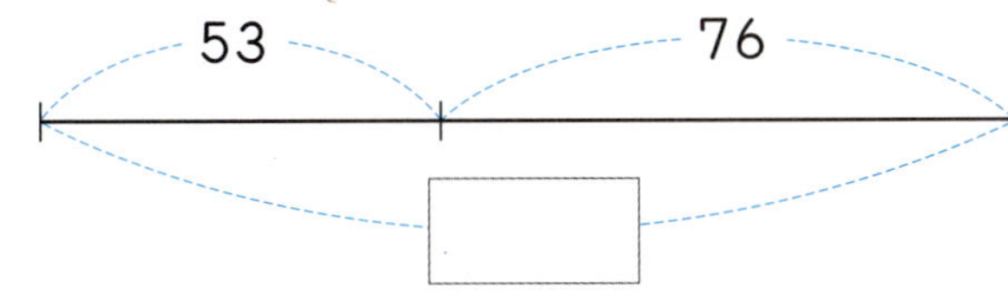

2-3 계산 결과를 찾아 선으로 이어 보시오.

35＋7 ・

23＋8 ・

・ 31

・ 32

・ 42

2-4 두 수의 합을 구하시오.

69　　4

(　　　　　　　　　)

2-5 계산이 <u>잘못된</u> 곳을 찾아 바르게 계산하시오.

　 6 8
＋ 2 5　⇨
　 8 3

2-6 계산 결과가 큰 순서대로 기호를 쓰시오.

| ㉠ $36+77$ | ㉡ $52+65$ |
| ㉢ $64+59$ | ㉣ $81+38$ |

(　　　　　　　　　)

서술형

2-7 경석이는 종이학을 어제는 **59**개 접었고, 오늘은 **23**개 접었습니다. 경석이가 어제와 오늘 접은 종이학은 모두 몇 개인지 식을 쓰고 답을 구하시오.

식 ________________

답 ________________

3 여러 가지 방법으로 뺄셈하기

- $70-19$를 여러 가지 방법으로 계산하기

예 19를 10과 9로 가르기하여 구합니다.

$$70-19 \Rightarrow 70-19=70-10-9$$
$$=60-9=51$$

(10 9)

예 70과 19에 1을 더하여 각각 71과 20으로 만들어 뺍니다.

$$70-19=71-20=51$$

(+1)

3-1 •보기•와 같은 방법으로 $53-27$을 계산하시오.

┌ 보기 ┐
$$75-56$$
$$=75-50-6$$
$$=25-6$$
$$=19$$
└────┘

$$53-27$$

3-2 •보기•와 같은 방법으로 19가 가까운 몇십이 되도록 바꾸어 $78-19$를 계산하시오.

┌ 보기 ┐
17이 가까운 몇십이 되도록 35와 17에 각각 3을 더하여 계산합니다.
$$35-17=38-20=18$$
└────┘

$$78-19$$

3-3 수를 가르기하여 뺄셈을 하려고 합니다. □ 안에 알맞은 수를 써넣으시오.

(1)
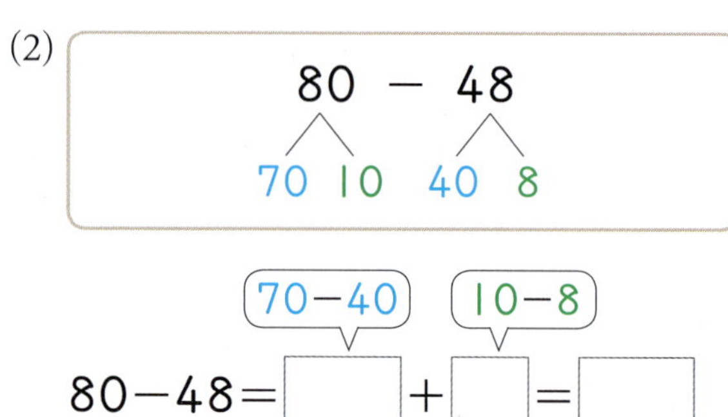

$$68-39$$
(30 9)

$$68-39$$
$$=68-\boxed{}-9$$
$$=\boxed{}-9=\boxed{}$$

(2)
$$80 \ - \ 48$$
(70 10) (40 8)

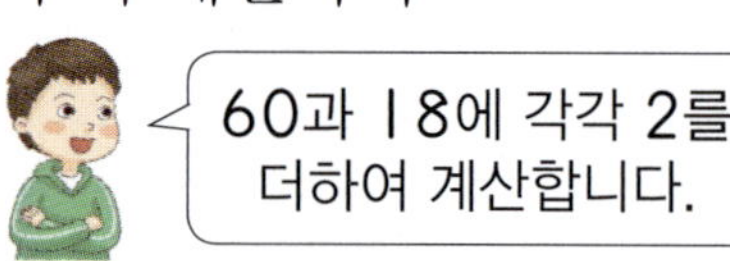

$$80-48=\boxed{}+\boxed{}=\boxed{}$$

(서술형)

3-4 $60-18$을 다음과 같이 여러 가지 방법으로 구하시오.

(방법 1) 18을 가까운 몇십인 20으로 바꾸어 계산하기

____

____

(방법 2) 18을 몇십과 몇으로 가르기하여 구하기

____

____

4   두 자리 수의 뺄셈

• 51−16 계산하기

일의 자리의 계산	십의 자리의 계산

받아내림
하고
남은 수 → 4 10 ← 받아내림 한 수

$$\begin{array}{r} \cancel{5}\ 1 \\ -\ 1\ 6 \\ \hline 5 \end{array} \Rightarrow \begin{array}{r} \cancel{5}\ 1 \\ -\ 1\ 6 \\ \hline 3\ 5 \end{array} \leftarrow 51-16 =35$$

1에서 6을 뺄 수 없으 $4-1=3$
므로 받아내림합니다.

$$10+1-6=5$$

4-1 뺄셈을 하시오.

(1)
$$\begin{array}{r} 4\ 5 \\ -\ \ 8 \\ \hline \end{array}$$

(2)
$$\begin{array}{r} 7\ 1 \\ -\ \ 6 \\ \hline \end{array}$$

(3)
$$\begin{array}{r} 6\ 0 \\ -\ 3\ 5 \\ \hline \end{array}$$

(4)
$$\begin{array}{r} 7\ 3 \\ -\ 2\ 4 \\ \hline \end{array}$$

4-2 ◯ 안에 >, =, <를 알맞게 써넣으시오.

$$63-9 \ \bigcirc \ 77-19$$

4-3 계산 결과를 찾아 선으로 이어 보시오.

63−26 •	• 37
	• 47
90−38 •	• 52

4-4 계산이 <u>잘못된</u> 부분을 찾아 바르게 계산하시오.

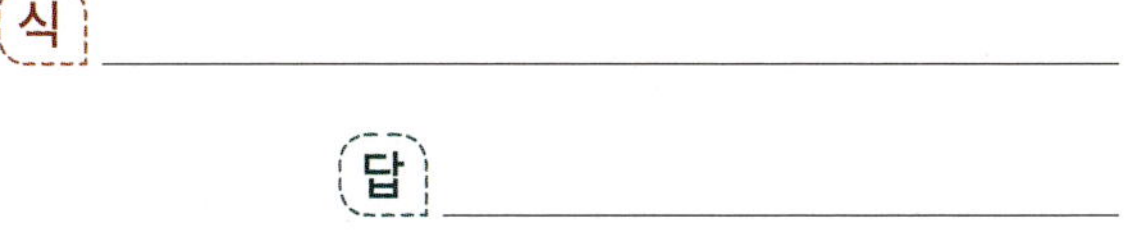

$$\begin{array}{r} 5\ 4 \\ -\ 1\ 9 \\ \hline 4\ 5 \end{array} \Rightarrow$$

4-5 은수는 사탕을 80개 가지고 있습니다. 지섭이는 은수보다 24개 적게 가지고 있습니다. 지섭이가 가지고 있는 사탕은 몇 개인지 식을 쓰고 답을 구하시오.

식 _______________________

답 _______________________

4-6 소담이의 일기입니다. 소담이가 오늘 딴 고추는 몇 개입니까?

(   )

3

덧셈과 뺄셈

STEP 2 응용 유형 익히기

응용 1 덧셈과 뺄셈의 활용 (1)

예제 1-1 ㉠+㉡의 값은 얼마인지 알아보시오.

> ㉠ 35보다 8만큼 더 큰 수
> ㉡ 43보다 5만큼 더 작은 수

생각 열기

■보다 ▲만큼 더 큰 수는 ■+▲이고, ●보다 ★만큼 더 작은 수는 ●−★입니다.

(1) ㉠과 ㉡은 각각 얼마입니까?

㉠ (   ), ㉡ (   )

(2) ㉠+㉡의 값은 얼마입니까?   (   )

예제 1-2 ㉠−㉡의 값을 구하시오.

> ㉠ 46보다 15만큼 더 큰 수
> ㉡ 54보다 26만큼 더 작은 수

(   )

예제 1-3 ㉠+㉡의 값을 구하시오.

> ㉠ 10이 6개, 1이 17개인 수보다 8만큼 더 큰 수
> ㉡ 10이 4개, 1이 21개인 수보다 5만큼 더 작은 수

(   )

응용 2 　덧셈식, 뺄셈식에서 모르는 수 구하기

예제 2 – 1 　오른쪽 뺄셈식에서 ㉠과 ㉡에 알맞은 숫자의 합은 얼마인지 알아보시오.

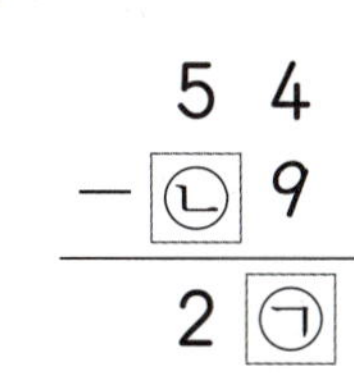

생각 열기

먼저 ㉠과 ㉡에 알맞은 숫자를 각각 구합니다.

(1) ㉠과 ㉡에 알맞은 숫자를 각각 구하시오.

㉠ (　　　　　　　　　　), ㉡ (　　　　　　　　　　)

(2) ㉠과 ㉡에 알맞은 숫자의 합을 구하시오.

(　　　　　　　　　　)

예제 2 – 2 　오른쪽 덧셈식에서 ㉠과 ㉡에 알맞은 숫자의 차를 구하시오.

$$\begin{array}{r} 4\ 8 \\ +\ ㉡\ 7 \\ \hline 1\ 1\ ㉠ \end{array}$$

(　　　　　　　　　　)

예제 2 – 3 　오른쪽 덧셈식에서 🔴는 같은 수를 나타냅니다. 🔴를 구하시오.

$$\begin{array}{r} 3\ 🔴 \\ +\ 1\ 🔴 \\ \hline 5\ 4 \end{array}$$

(　　　　　　　　　　)

3

덧셈과 뺄셈

응용 3 덧셈과 뺄셈의 활용 (2)

예제 3-1 색종이를 진호는 미라보다 19장 더 많이 가지고 있고, 윤호는 미라보다 27장 더 많이 가지고 있습니다. 미라가 색종이를 18장 가지고 있다면 진호와 윤호가 가지고 있는 색종이는 모두 몇 장인지 알아보시오.

생각 열기

먼저 진호와 윤호가 가지고 있는 색종이 수를 각각 구합니다.

(1) 진호가 가지고 있는 색종이는 몇 장입니까?

( )

(2) 윤호가 가지고 있는 색종이는 몇 장입니까?

( )

(3) 진호와 윤호가 가지고 있는 색종이는 모두 몇 장입니까?

( )

예제 3-2 수수깡을 우빈이는 수연이보다 15개 더 많이 가지고 있고, 윤설이는 수연이보다 9개 더 적게 가지고 있습니다. 수연이가 수수깡을 28개 가지고 있다면 우빈이와 윤설이가 가지고 있는 수수깡은 모두 몇 개입니까?

( )

예제 3-3 정민이는 민서보다 줄넘기를 16번 더 많이 넘었고, 주성이는 정민이보다 8번 더 적게 넘었고, 다은이는 주성이보다 26번 더 많이 넘었습니다. 민서가 줄넘기를 75번 넘었다면 다은이는 줄넘기를 몇 번 넘었습니까?

( )

응용 4 | 조건에 맞는 덧셈식이나 뺄셈식 만들기

동영상 강의

예제 4 – 1 4장의 수 카드 6, 1, 3, 7 을 한 번씩 모두 사용하여 만들 수 있는 (두 자리 수)+(두 자리 수) 중 합이 가장 큰 식을 쓰고 계산하시오.

생각 열기
합이 가장 클 때에는 두 자리 수의 십의 자리에 어떤 숫자가 들어가는지 알아봅니다.

(1) 합이 가장 큰 (두 자리 수)+(두 자리 수)를 만들 때 두 자리 수의 십의 자리에 들어갈 수 있는 두 숫자를 쓰시오.

( )

(2) 두 자리 수의 일의 자리에 들어갈 수 있는 두 숫자를 쓰시오.

( )

(3) 합이 가장 큰 두 자리 수의 덧셈식을 쓰고 계산하시오.

( )

예제 4 – 2 4장의 수 카드 4, 2, 9, 5 를 한 번씩 모두 사용하여 만들 수 있는 (두 자리 수)+(두 자리 수) 중 합이 가장 작은 식을 쓰고 계산하시오.

( )

예제 4 – 3 4장의 수 카드를 한 번씩 모두 사용하여 차가 가장 작은 (두 자리 수)−(두 자리 수)를 쓰고 계산하시오.

8 2 5 6

( )

3

덧셈과 뺄셈

응용 5 □ 안에 들어갈 수 구하기 (1)

동영상 강의

예제 5-1 0부터 9까지의 수 중 □ 안에 들어갈 수 있는 가장 작은 수를 알아보시오.

$$54 + 2\square > 81$$

생각 열기

먼저 □ 안에 들어갈 수 있는 수를 모두 알아 본 다음 그중에서 가장 작은 수를 알아봅니다.

(1) □ 안에 들어갈 수 있는 수를 모두 구하시오.

( )

(2) □ 안에 들어갈 수 있는 가장 작은 수를 구하시오.

( )

예제 5-2 0부터 9까지의 수 중 □ 안에 들어갈 수 있는 가장 작은 수를 구하시오.

$$65 - 3\square < 29$$

( )

예제 5-3 0부터 9까지의 수 중 □ 안에 공통으로 들어갈 수 있는 수를 모두 구하시오.

$$56 + 1\square > 71, \quad 70 - 2\square < 46$$

( )

응용 6 결과가 주어진 식 만들기

동영상 강의

예제 6-1 카드 3장을 골라 **47**이 되는 덧셈식을 완성하시오.

| 1 | 2 | 3 | 5 | 6 | 8 | 9 |

$$4\ 7 = ㉠㉡ + ㉢$$

생각 열기

받아올림이 있는지, 없는지 알아본 다음 두 수의 합의 일의 자리 숫자가 7이 되는 두 수를 찾아봅니다.

(1) ㉠, ㉡, ㉢에 알맞은 수를 각각 구하시오.

　㉠ (　　　　　), ㉡ (　　　　　), ㉢ (　　　　　)

(2) 만들 수 있는 식을 모두 쓰시오.

$$4\ 7 = \square\square + \square, \quad 4\ 7 = \square\square + \square$$

예제 6-2 카드 3장을 골라 **53**이 되는 뺄셈식을 모두 만들어 보시오.

| 1 | 2 | 4 | 6 | 7 | 8 | 9 |

$$5\ 3 = \square\square - \square, \quad 5\ 3 = \square\square - \square$$

예제 6-3  부터  까지의 수 카드 9장 중 4 와 5 를 뽑아서 45를 만들었습니다. 남은 카드 중 4장을 골라 다음 식을 완성하시오.

$$\square\square + \square\square = 4\ 5$$

5 세 수의 계산

세 수의 계산은 앞에서부터 두 수씩 차례로
계산합니다.

$$50-19+23=54$$

$$
\begin{array}{c}
5\,0 \\
-\,1\,9 \\
\hline
3\,1
\end{array}
\qquad
\begin{array}{c}
3\,1 \\
+\,2\,3 \\
\hline
5\,4
\end{array}
$$

5-1 □ 안에 알맞은 수를 써넣으시오.

$$19+37-29=\boxed{}$$

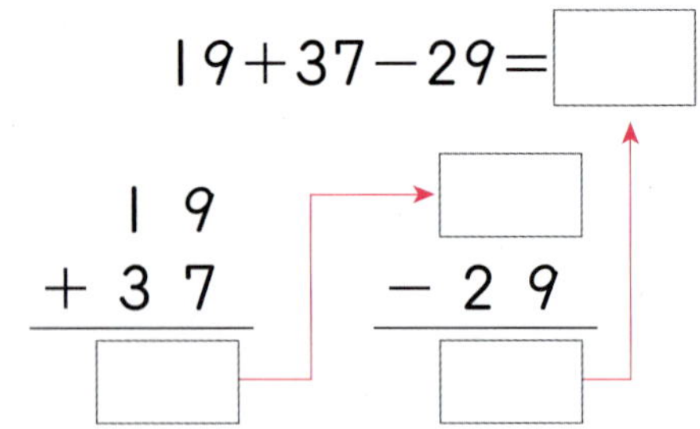

$$
\begin{array}{c}
1\,9 \\
+\,3\,7 \\
\hline
\end{array}
\qquad
\begin{array}{c}
\\
-\,2\,9 \\
\hline
\end{array}
$$

5-2 계산을 하시오.

(1) $54+32-48$

(2) $45-19+55$

5-3 ▲+■를 구하시오.

$$91-67+24=▲$$
$$37+17-12=■$$

(   )

5-4 크기를 비교하여 ○ 안에 >, =, <를
알맞게 써넣으시오.

(1) $16+39-26$ ◯ 27

(2) $75-19+38$ ◯ 99

참의·융합

5-5 오늘 해주네 반 학급 문고에 있는 동화책
은 몇 권입니까?

(   )

서술형

5-6 지후는 가지고 있던 구슬 31개 중에서
5개를 동생에게 주고, 친구에게서 구슬
16개를 받았습니다. 지금 지후가 가지고
있는 구슬은 몇 개인지 식을 쓰고 답을
구하시오.

식 ____________________

답 ____________________

6 덧셈과 뺄셈의 관계

- 덧셈식을 뺄셈식으로 나타내기

    $13+7=20$

    ⇨ $20-13=7$　　가장 큰 수인 20을
    $20-7=13$　　빼어지는 수로 합니다.

- 뺄셈식을 덧셈식으로 나타내기

    $20-13=7$

    ⇨ $13+7=20$　　가장 큰 수인 20이
    $7+13=20$　　두 수의 합이 됩니다.

6-1 그림을 보고 덧셈식을 완성하고 뺄셈식 2개로 나타내어 보시오.

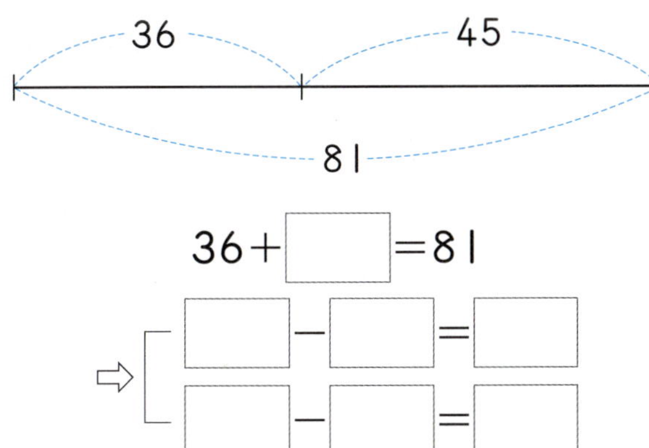

$36+\boxed{}=81$

⇨ $\boxed{}-\boxed{}=\boxed{}$

$\boxed{}-\boxed{}=\boxed{}$

6-2 덧셈식을 보고 뺄셈식 2개로 나타내어 보시오.

$33+57=90$

⇨ ____________________

6-3 뺄셈식을 보고 덧셈식 2개로 나타내어 보시오.

$72-28=44$

⇨ ____________________

6-4 □ 안에 알맞은 수를 써넣으시오.

(1) $\boxed{}+19=57$

⇨ $57-\boxed{}=38$

(2) $82-\boxed{}=28$

⇨ $28+54=\boxed{}$

6-5 다음 수 카드 중 세 장을 사용하여 덧셈식을 만들고, 만든 덧셈식을 뺄셈식 2개로 나타내어 보시오.

덧셈식 ____________________

⇨ 뺄셈식 ____________________

뺄셈식 ____________________

STEP 1 기본 유형 익히기

7 □가 사용된 덧셈식 만들고 □의 값 구하기

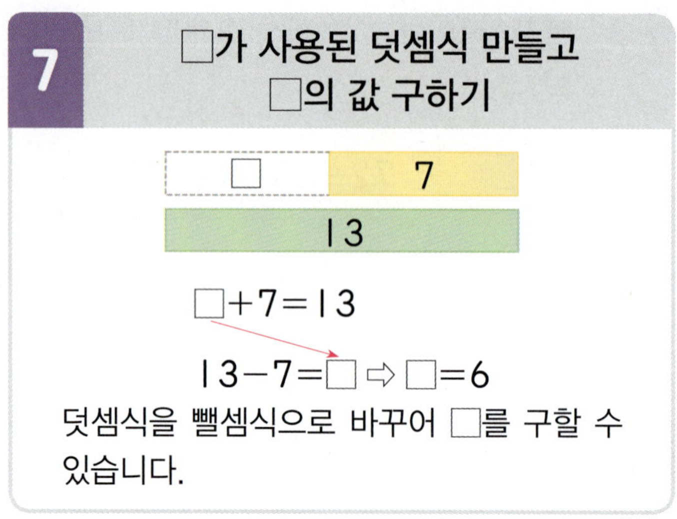

$$\square + 7 = 13$$

$$13 - 7 = \square \Rightarrow \square = 6$$

덧셈식을 뺄셈식으로 바꾸어 □를 구할 수 있습니다.

7-1 빈 곳에 알맞은 수만큼 ◯를 그리고, □ 안에 알맞은 수를 써넣으시오.

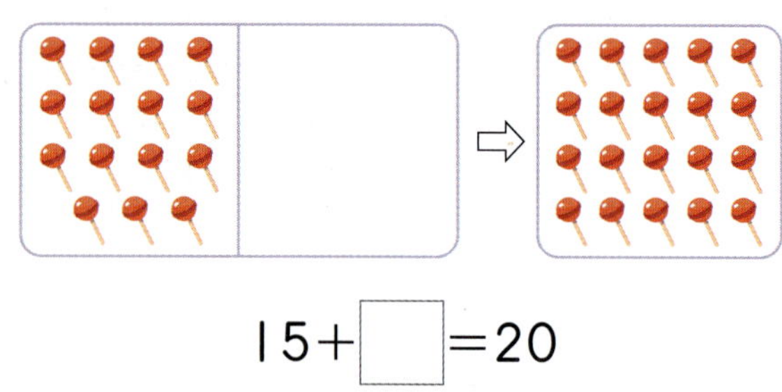

$$15 + \square = 20$$

7-2 □ 안에 알맞은 수를 써넣으시오.

(1) $29 + \square = 35$

(2) $\square + 8 = 33$

7-3 □ 안에 알맞은 수를 써넣으시오.

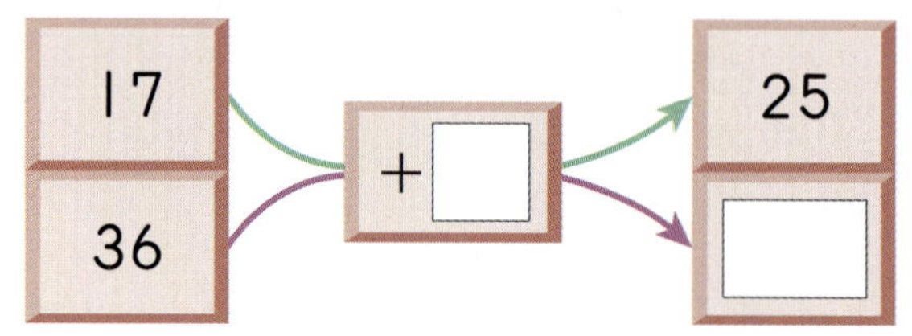

7-4 □ 안에 들어갈 수가 같은 것끼리 이어 보시오.

$$8 + \square = 19$$

$$\square + 17 = 26 \qquad \square + 4 = 13$$

$$28 + \square = 39 \qquad \square + 8 = 24$$

7-5 그림을 보고 □를 사용하여 알맞은 덧셈식을 만들고, □의 값을 구하시오.

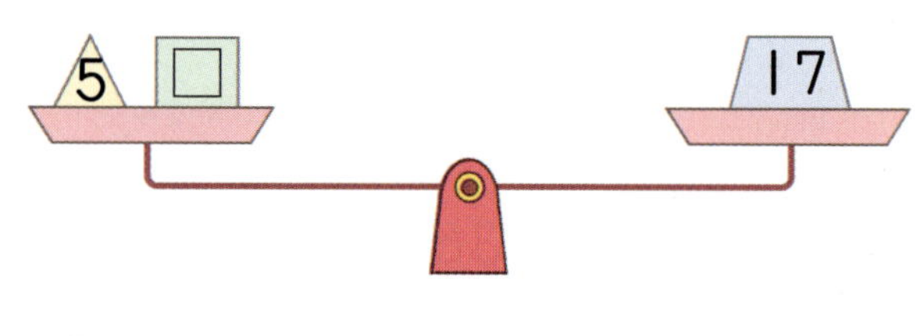

덧셈식 _______________________

□의 값 _______________________

7-6 색연필 몇 자루가 있었는데 선생님께 3자루를 더 받아서 모두 16자루가 되었습니다. 처음 가지고 있던 색연필의 수를 □로 하여 덧셈식을 만들고, □의 값을 구하시오.

덧셈식 _______________________

□의 값 _______________________

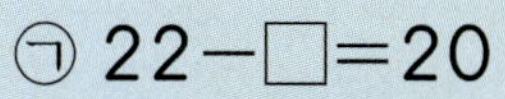

8 □가 사용된 뺄셈식 만들고 □의 값 구하기

$$13$$

$$□ \quad 5$$

$$13-□=5$$

$$13-5=□ \Rightarrow □=8$$

뺄셈식을 □를 구할 수 있는 다른 뺄셈식으로 만들어 □를 구합니다.

8-1 뺄셈식의 □ 안에 알맞은 수를 써넣으시오.

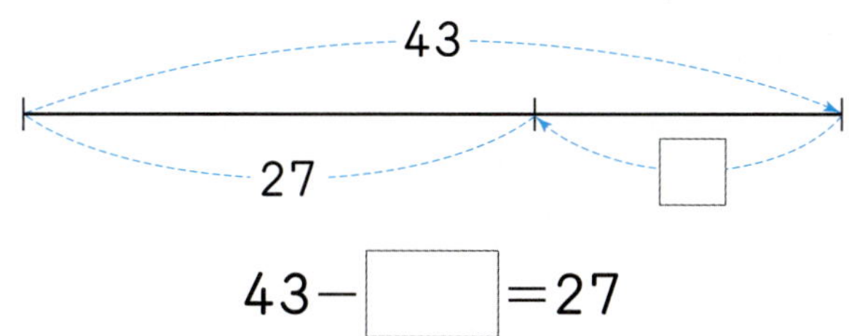

$$43-\boxed{}=27$$

8-2 도넛 12개가 있었는데 몇 개를 먹었더니 8개가 남았습니다. 먹은 도넛의 수를 □로 하여 뺄셈식을 만들고, □의 값을 구하시오.

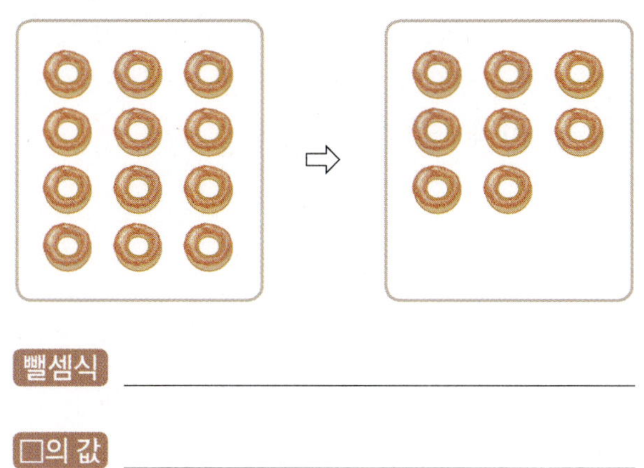

뺄셈식 ________________________

□의 값 ________________________

8-3 □의 값이 큰 순서대로 기호를 쓰시오.

⊙ $22-□=20$

⊙ $□-9=52$

⊙ $28-□=19$

(   )

8-4 도윤이는 9살입니다. 도윤이는 어머니보다 32살 더 적습니다. 어머니의 나이를 □로 하여 뺄셈식을 만들고, □의 값을 구하시오.

뺄셈식 ________________________

□의 값 ________________________

8-5 현아는 지우개를 12개 가지고 있었습니다. 몇 개를 동생에게 주었더니 9개가 남았습니다. 동생에게 준 지우개는 몇 개입니까?

(   )

3

덧셈과 뺄셈

2 STEP 응용 유형 익히기

응용 7

덧셈과 뺄셈의 관계

예제 7-1 ㉠과 ㉡의 합은 얼마인지 알아보시오.

$$㉠+44=71 \qquad ㉡-44=19$$

생각 열기

덧셈과 뺄셈의 관계를 이용하여 ㉠과 ㉡을 각각 구합니다.

(1) ㉠과 ㉡은 각각 얼마입니까?

㉠ (   ), ㉡ (   )

(2) ㉠과 ㉡의 합을 구하시오. (   )

예제 7-2 ㉠과 ㉡의 차를 구하시오.

$$66+㉠=95 \qquad ㉡-18=35$$

(   )

예제 7-3 ㉠과 ㉡의 합을 구하시오.

$$㉠-37=25 \qquad 14+㉡=㉠$$

(   )

응용 8 세 수의 계산

예제 8-1 ■가 18일 때, ▲+▲−●의 값은 얼마인지 알아보시오.

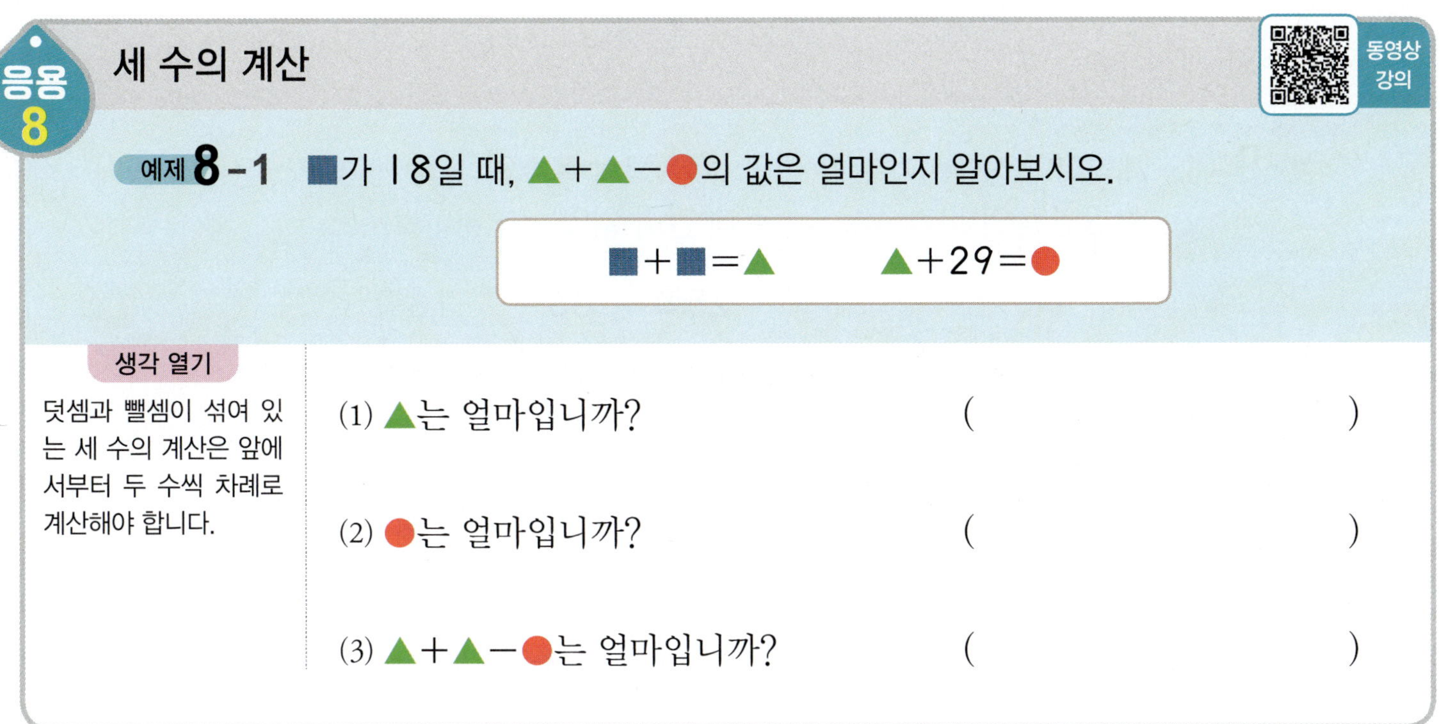

생각 열기

덧셈과 뺄셈이 섞여 있는 세 수의 계산은 앞에서부터 두 수씩 차례로 계산해야 합니다.

(1) ▲는 얼마입니까?　　　　　　　（　　　　　　　）

(2) ●는 얼마입니까?　　　　　　　（　　　　　　　）

(3) ▲+▲−●는 얼마입니까?　　　（　　　　　　　）

예제 8-2 ■가 27일 때, ◆의 값을 구하시오.

■+■=▲   ▲−19=●   ●+●−▲=◆

（　　　　　　　）

예제 8-3 ■가 5일 때, ★의 값을 구하시오.

■+■+■=▲   ▲−6=●
●+●=◆   ◆+■+■−●=★

（　　　　　　　）

응용 9 세 수의 계산 활용

예제 9-1 세연이와 정환이가 3일 동안 읽은 책의 쪽수입니다. 세연이와 정환이 중에서 3일 동안 누가 책을 몇 쪽 더 많이 읽었는지 알아보시오.

세연	25쪽	36쪽	18쪽
정환	39쪽	19쪽	23쪽

생각 열기

세연이와 정환이가 3일 동안 읽은 책의 쪽수를 각각 알아봅니다.

(1) 세연이와 정환이가 3일 동안 읽은 책은 각각 몇 쪽입니까?

세연 (   ), 정환 (   )

(2) 세연이와 정환이 중에서 3일 동안 누가 책을 몇 쪽 더 많이 읽었습니까? (   ), (   )

예제 9-2 수연이와 민석이가 오늘 윗몸 일으키기를 각각 3회씩 한 기록입니다. 수연이와 민석이 중에서 누가 오늘 윗몸 일으키기를 몇 번 더 많이 했습니까?

수연	16번	23번	18번
민석	28번	19번	15번

(   ), (   )

예제 9-3 누리는 딱지 60개를 가지고 있었는데 25개를 잃고 38개를 땄습니다. 민수는 딱지 77개를 가지고 있었는데 14개를 따고 22개를 잃었습니다. 누리와 민수 중에서 누가 딱지를 몇 개 더 많이 가지고 있습니까?

(   ), (   )

응용 10 모르는 수 구하기 · 동영상 강의

예제 10 - 1 준서와 가현이가 각각 가지고 있는 두 카드의 수의 합은 같습니다. 가현이의 카드 중에서 수가 무엇인지 모르는 카드의 수를 알아보시오.

준서: 25 48   가현: 36 ?

생각 열기

먼저 준서가 가지고 있는 두 카드의 수의 합을 알아봅니다.

(1) 준서가 가지고 있는 두 카드의 수의 합은 얼마입니까?

( )

(2) 가현이의 카드 중에서 수가 무엇인지 모르는 카드의 수를 □라 놓고 두 카드의 수의 합을 구하는 덧셈식을 쓰고 □를 구하시오.

식 ________________   답 ________________

예제 10 - 2 희수와 규하가 각각 가지고 있는 두 카드의 수의 합은 같습니다. 규하의 카드 중에서 수가 무엇인지 모르는 카드의 수를 구하시오.

희수: 39 26   규하: 47 ?

( )

예제 10 - 3 하은이네 학교 2학년과 3학년 학생 수를 나타낸 것입니다. 3학년 학생 수가 2학년 학생 수보다 15명 적을 때 3학년 여학생은 몇 명입니까?

2학년		3학년	
남학생	여학생	남학생	여학생
48	49	46	

( )

응용 11 □ 안에 들어갈 수 구하기 (2)

동영상 강의

예제 **11 – 1** 1부터 9까지의 수 중 □ 안에 들어갈 수 있는 수를 모두 알아보시오.

$$55+19+\square > 80$$

생각 열기

$55+19+\square=80$이 되는 □를 먼저 알아봅니다.

(1) $55+19$는 얼마입니까? ( )

(2) 위 (1)에서 구한 값과 □의 합이 80이 되는 □는 얼마입니까? ( )

(3) □ 안에 들어갈 수 있는 수를 모두 쓰시오. ( )

예제 **11 – 2** 1부터 9까지의 수 중 □ 안에 들어갈 수 있는 수를 모두 구하시오.

$$73-28-\square < 40$$

( )

예제 **11 – 3** □ 안에 들어갈 수 있는 두 자리 수는 모두 몇 개입니까?

$$28+\square < 16+35$$

( )

응용 12 · 어떤 수를 □로 나타내어 구하기

동영상 강의

예제 12 – 1 어떤 수에 17을 더해야 하는데 잘못하여 뺐더니 28이 되었습니다. 바르게 계산한 값은 얼마인지 알아보시오.

생각 열기

어떤 수를 □라 하여 먼저 잘못 계산한 식을 세워 어떤 수를 구합니다.

(1) 어떤 수를 □라 하여 잘못 계산한 식을 써 보시오.

식 ________________________

(2) 어떤 수는 얼마입니까?　　　　　(　　　　　　)

(3) 바르게 계산한 값은 얼마입니까?　　　　　(　　　　　　)

예제 12 – 2 어떤 수에서 37을 빼야 하는데 잘못하여 더했더니 91이 되었습니다. 바르게 계산한 값을 구하시오.

(　　　　　　)

예제 12 – 3 어떤 수에 17을 더하고 26을 빼야 할 것을 잘못하여 어떤 수에 26을 더하고 17을 뺐더니 54가 되었습니다. 바르게 계산한 값을 구하시오.

(　　　　　　)

3 STEP 응용 유형 뛰어넘기

(두 자리 수)−(두 자리 수)

1 ㉠−㉡의 값을 구하시오.
🐎쌍둥이

> ㉠ 10이 4개, 1이 25개인 수
> ㉡ 57보다 9만큼 더 작은 수

(   )

덧셈과 뺄셈의 관계

2 세 수를 이용하여 뺄셈식을 완성하고, 덧셈식으로
🐎쌍둥이 나타내어 보시오.

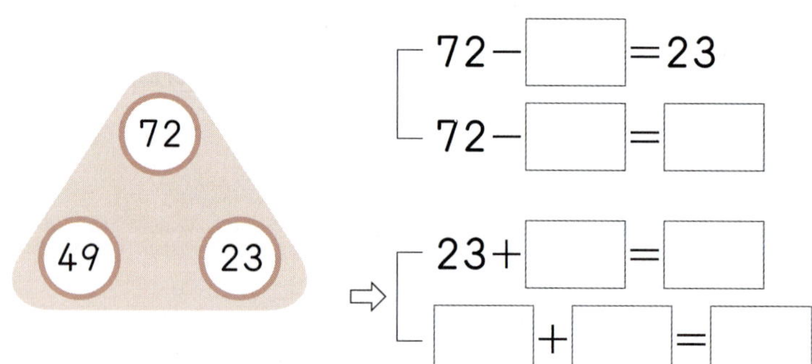

$$72 - \boxed{} = 23$$
$$72 - \boxed{} = \boxed{}$$

⇨
$$23 + \boxed{} = \boxed{}$$
$$\boxed{} + \boxed{} = \boxed{}$$

세 수의 계산

3 세 수를 이용하여 계산 결과가 가장 큰 세 수의 계
산식을 만들려고 합니다. ○ 안에 알맞은 수를 써
넣고 답을 구하시오.

15   42   33   50

식 ◯ − ◯ + ◯

답

(두 자리 수)−(두 자리 수)

4 화살이 꽂힌 곳의 수의 차가 가운데에 있는 수가 되도록 화살 두 개를 던지려고 합니다. 화살을 던져 맞혀야 하는 곳에 있는 두 수에 ◯표 하시오.

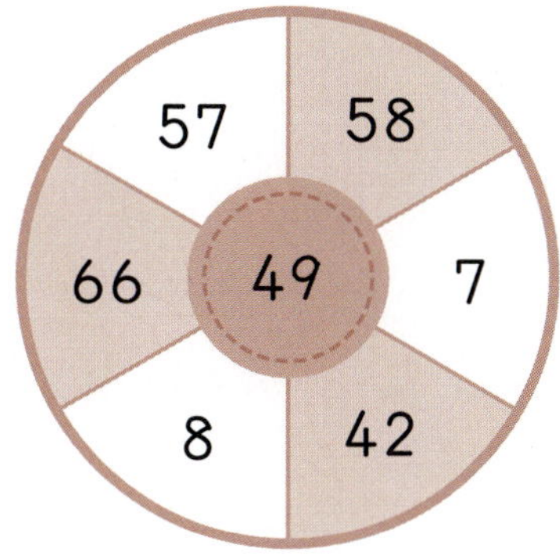

(두 자리 수)+(두 자리 수)

5 🔵쌍둥이 🔵동영상 오른쪽 덧셈식에서 같은 모양은 같은 수를 나타냅니다. ★에 알맞은 수는 얼마입니까?

(   )

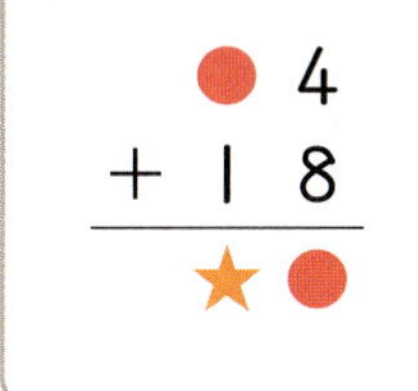

(두 자리 수)−(두 자리 수)   서술형

6 가장 큰 수와 가장 작은 수의 차를 구하는 풀이 과정을 쓰고 답을 구하시오.

| 75   60   16   28   49 |

(   )

풀이

3

덧셈과 뺄셈

7 □ 안에 알맞은 수를 구하시오.

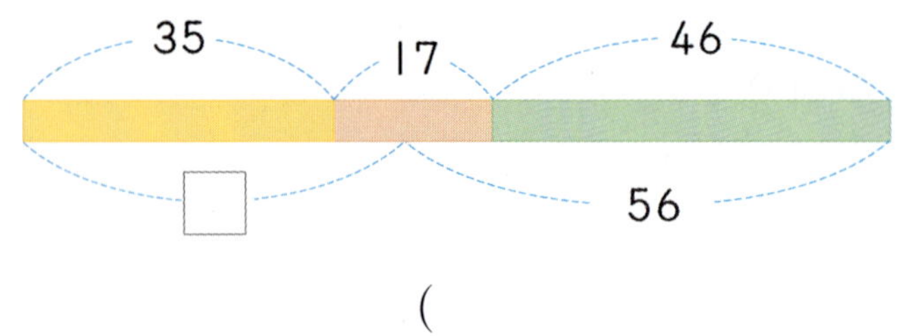

( )

(두 자리 수)+(한 자리 수)

8 성냥개비를 사용하여 덧셈식을 만들었습니다. 계산이 맞도록 성냥개비 한 개를 지워 보시오.

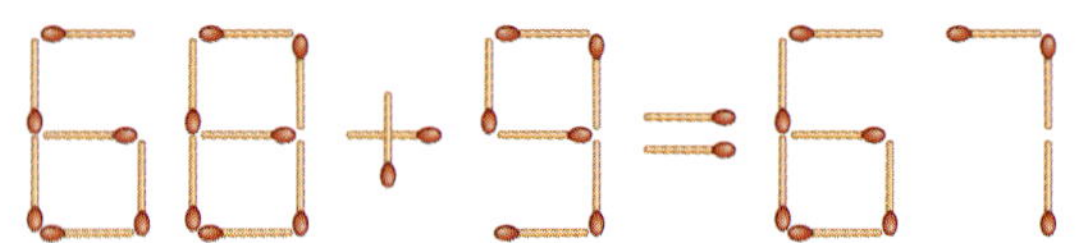

(두 자리 수)−(한 자리 수)　　　창의·융합

9 대화를 읽고 해진이가 가지고 있는 연필은 몇 자루인지 구하시오.

쌍둥이

( )

(두 자리 수)+(한 자리 수)　　　　창의·융합

10 Ⅰ부터 6까지의 눈이 있는 주사위를 3번 던져 나오는 눈의 수를 한 번씩 사용하여 덧셈식을 만들려고 합니다. 가장 큰 ㉠의 값을 구하시오.

👆쌍둥이

$$\square\square + \square = ㉠$$

(　　　　　　　　)

(두 자리 수)+(두 자리 수)

11 수를 규칙에 따라 늘어놓았습니다. ■와 ▲에 알맞은 수의 합을 구하시오.

24, 39, 54, 69, ■, ▲

(　　　　　　　　)

(두 자리 수)+(두 자리 수)　　　　서술형

12 5장의 수 카드 중에서 2장을 뽑아 두 자리 수를 만들려고 합니다. 만들 수 있는 두 자리 수 중 가장 큰 수와 둘째로 작은 수의 합은 얼마인지 풀이 과정을 쓰고 답을 구하시오.

👆쌍둥이
▶동영상

8　0　7　5　3

(　　　　　　　　)

풀이

3

덧셈과 뺄셈

3 STEP 응용 유형 뛰어넘기

세 수의 계산

13 합이 100이 되는 세 수를 찾아 쓰시오.

쌍둥이

43 19 29 18 28

(　　　　　　　　　　　　　　)

□의 값 구하기

14 연속하는 세 카드의 수의 합이 순서대로 31부터 36이 되게 수 카드를 놓으려고 합니다. 나머지 카드의 수를 구하여 빈칸에 써넣으시오.

쌍둥이

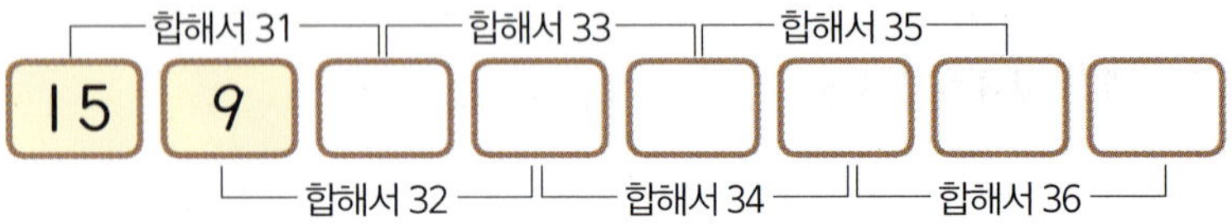

합해서 31
합해서 33
합해서 35
15
9
합해서 32
합해서 34
합해서 36

세 수의 계산

서술형

15 한 원 안에 있는 네 수의 합은 같습니다. ㉠과 ㉡은 각각 얼마인지 풀이 과정을 쓰고 답을 구하시오.

쌍둥이
동영상

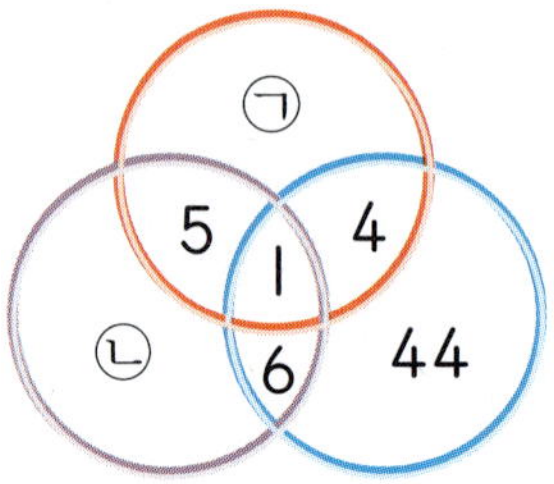

㉠
5
4
1
㉡
6
44

㉠ (　　　　　　　　　　　　　　)

㉡ (　　　　　　　　　　　　　　)

풀이

(두 자리 수)−(한 자리 수)　　　창의·융합

16 양팔저울이 어느 한쪽으로 기울지 않고 수평이 되려면 양쪽의 무게가 같아야 합니다. ㉠ 접시에는 못이 50개, ㉡ 접시에는 못이 34개 놓여 있습니다. 저울이 수평이 되게 하려면 ㉠ 접시에 있는 못을 ㉡ 접시로 몇 개 옮겨야 합니까?

쌍둥이
동영상

(　　　　　　　)

□의 값 구하기　　　서술형

17 어떤 수에서 15를 빼야 하는데 잘못하여 어떤 수에 28을 더했더니 60이 되었습니다. 바르게 계산한 값은 얼마인지 풀이 과정을 쓰고 답을 구하시오.

쌍둥이
동영상

(　　　　　　　)

풀이

세 수의 계산

18 1부터 9까지의 수 중에서 □ 안에 공통으로 들어갈 수 있는 가장 큰 수를 구하시오.

쌍둥이
동영상

$$16 + \square + 8 < 32 - \square$$

(　　　　　　　)

3

덧셈과 뺄셈

3. 덧셈과 뺄셈

1 두 수의 합을 구하시오.

| 61 47 |

( )

2 계산 결과를 찾아 선으로 이어 보시오.

29+53 ·

85−18 ·

· 67

· 72

· 82

3 빈칸에 알맞은 수를 써넣으시오.

57 → −38 → +16 → ☐

4 계산 결과의 크기를 비교하여 ○ 안에 >, =, <를 알맞게 써넣으시오.

58+45 ○ 92+27

5 ☐ 안에 알맞은 수를 써넣으시오.

☐+25=53

6 뺄셈식을 보고 덧셈식을 2개 만들어 보시오.

92−58=34

⇨

7 아래 두 수를 더해서 위의 빈칸에 써넣으시오.

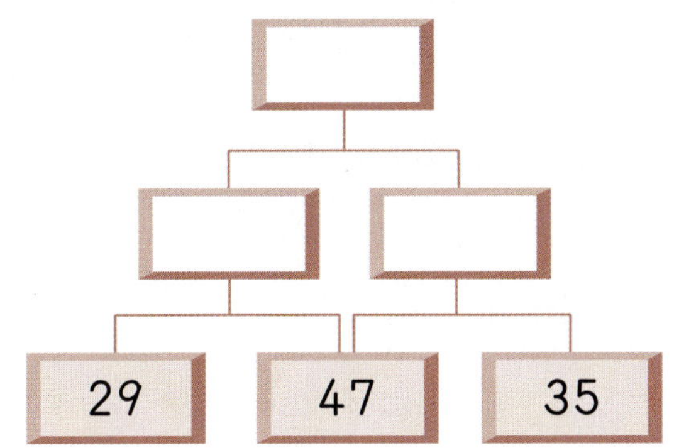

8 계산 결과가 작은 것부터 차례로 기호를 쓰시오.

> ㉠ $33+8$ ㉡ $46+46$
> ㉢ $83-9$ ㉣ $43-27$

( )

9 ☐ 안에 알맞은 수를 써넣으시오.

(1)
$$\begin{array}{r} 2\ \square \\ +\ \square\ 8 \\ \hline 9\ 5 \end{array}$$

(2)
$$\begin{array}{r} \square\ 3 \\ -\ 4\ \square \\ \hline 1\ 6 \end{array}$$

10 ㉠, ㉡, ㉢ 중에서 가장 큰 수와 가장 작은 수의 합을 구하시오.

> ㉠ 92보다 33만큼 더 작은 수
> ㉡ ☐+24=50에서 ☐의 값
> ㉢ 60-☐=17에서 ☐의 값

( )

11 혜지네 농장에는 소 27마리와 염소 8마리가 있습니다. 혜지네 농장에 있는 소와 염소는 모두 몇 마리인지 식을 쓰고 답을 구하시오.

식 ________________________

답 ________________________

3 덧셈과 뺄셈

12 반별로 봉사 활동에 참가한 학생 수를 나타낸 표입니다. 가장 많은 학생들이 참가한 반은 가장 적은 학생들이 참가한 반보다 몇 명 더 참가했습니까?

1반	2반	3반	4반
22명	19명	24명	15명

(   )

창의·융합

13 우리나라 전통 악기의 줄의 수를 알아보면 가야금은 12줄, 거문고는 6줄, 아쟁은 7줄입니다. 가야금과 거문고의 줄 수의 합에서 아쟁의 줄 수를 뺀 수를 구하시오.

(   )

14 20보다 크고 57보다 작은 두 자리 수 중에서 일의 자리 수가 9인 모든 수들의 합을 구하시오.

(   )

15 오른쪽과 같이 상자에 수 카드 4장이 들어 있습니다. 이 상자에서 3장의 수 카드를 꺼내어 만들 수 있는 덧셈식과 뺄셈식을 2개씩 써 보시오.

덧셈식 ______________________

뺄셈식 ______________________

16 어떤 수에 26을 더해야 하는데 잘못하여 빼었더니 19가 되었습니다. 바르게 계산한 값을 구하시오.

(   )

17 0부터 9까지의 수 중에서 □ 안에 들어갈 수 있는 모든 수들의 합을 구하시오.

$$47+28+1\boxed{} > 92$$

(   )

서술형

18 종현이는 빨간색 색종이를 51장, 파란색 색종이를 40장 가지고 있습니다. 그중에서 종이접기를 하는 데 빨간색 색종이를 19장, 파란색 색종이를 25장 사용했습니다. 어떤 색종이가 몇 장 더 많이 남았는지 풀이 과정을 쓰고 답을 구하시오.

풀이 ___________________________

____

____

____

답 _____________ , _____________

19 0부터 9까지의 수 카드 중 ③ 과 ⑥ 을 뽑아서 36을 만들었습니다. 남은 카드 중 3장을 골라 다음 식을 완성하시오.

$$\boxed{}\boxed{} - \boxed{} = \boxed{3}\boxed{6}$$

20 다음 덧셈에서 같은 모양은 같은 수를 나타내고 ●, ▲는 서로 다른 수입니다. 한 자리 수인 ●, ▲를 각각 구하시오.

● (   )

▲ (   )

☆정답은 **33**쪽

1 삼각형 모양으로 규칙적으로 놓은 구슬의 수는 1부터 수를 차례로 더한 합과 같습니다. 여기서 삼각형 모양을 만들 수 있는 1, 3, 6, 10, …을 삼각수라고 합니다. 삼각수 중에서 가장 큰 두 자리 수를 구하시오.

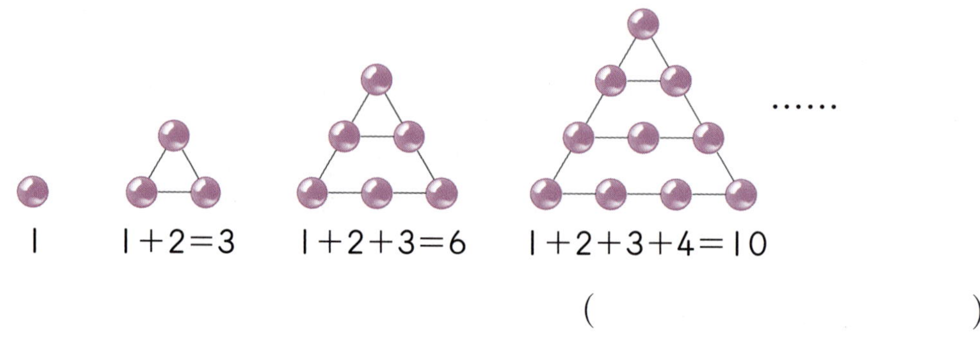

1 1+2=3 1+2+3=6 1+2+3+4=10 ……

( )

2 다음은 고대 이집트 사람들이 수를 나타낼 때 사용하던 기호입니다. 아래의 계산에서 □ 안에 알맞은 수를 아라비아 수로 쓰시오.

(단, 「⫴∩ ⇨ 27」과 같이 고대 이집트에서는 수를 오른쪽에서 왼쪽으로 썼습니다.)

이집트 수	│	∥	⫴	⫼	⫴∥	⫼∥	⫴⫴	⫼⫴	⫴⫴∥	∩	♀
아라비아 수	1	2	3	4	5	6	7	8	9	10	100

$$\text{⫴∩∩∩} + \text{⫼∩} - \boxed{} = \text{⫴∩∩∩∩}$$

( )

4

길이 재기

4. 길이 재기

비법 ① 여러 가지 단위로 길이를 잴 때 길이 비교하는 방법

- 같은 단위로 잰 횟수가 다를 때 길이 비교하기

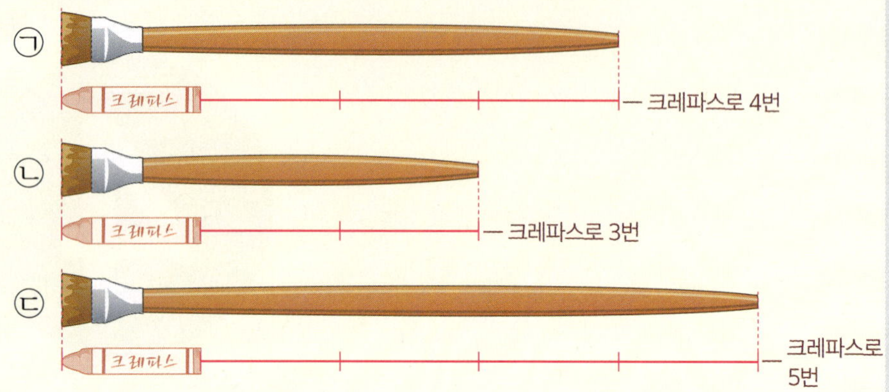

⇨ 잰 횟수를 비교하면 5 > 4 > 3으로 ㄷ 붓의 잰 횟수가 가장 많으므로 ㄷ 붓이 가장 깁니다.

- 잰 횟수는 같고 단위가 다를 때 길이 비교하기

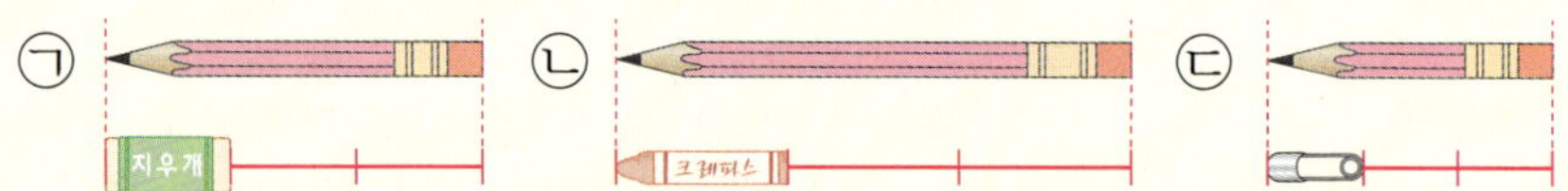

⇨ 길이를 잴 때 사용한 단위의 길이를 비교해 봅니다. 지우개, 크레파스, 옷핀 중에서 크레파스가 가장 길므로 ㄴ 연필이 가장 깁니다.

비법 ② 1 cm 알아보기

뼘이나 지우개, 연필과 같은 단위를 사용하여 길이를 재면 사람마다 길이가 다르므로 불편합니다. cm를 단위로 사용하면 정확한 길이를 알 수 있습니다.

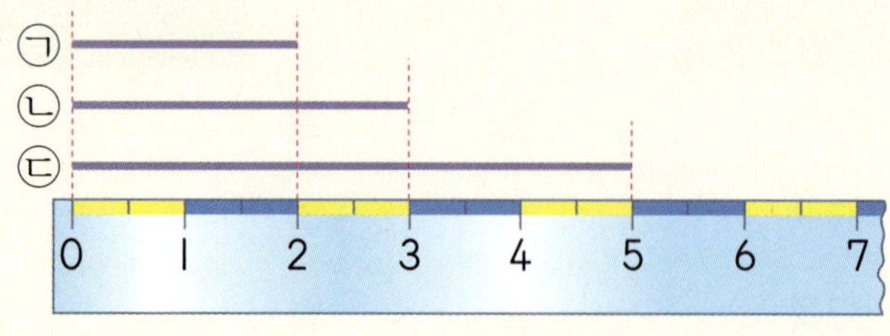

ㄱ 1 cm 2번 ⇨ 2 cm　　ㄴ 1 cm 3번 ⇨ 3 cm
ㄷ 1 cm 5번 ⇨ 5 cm
⇨ 1 cm가 ■번이면 ■ cm입니다.

- 길이를 잴 때 사용할 수 있는 여러 가지 단위

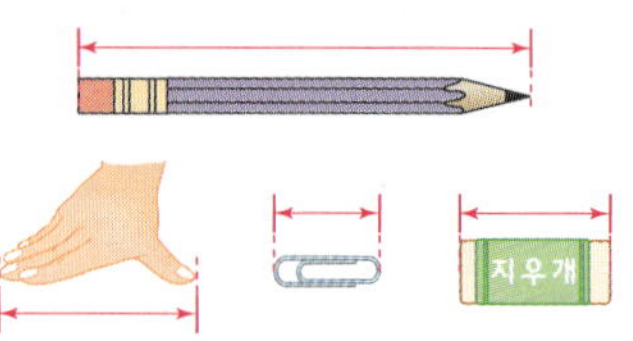

- **여러 가지 단위로 길이 재어 보기**
① 몸을 이용하여 길이 재기
　예 뼘, 발, 팔, 엄지손가락

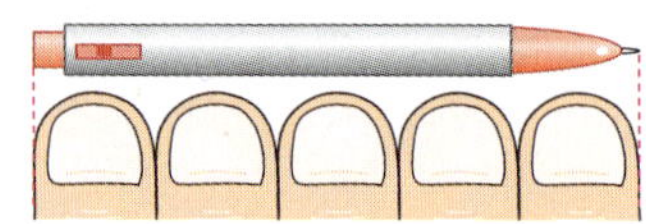

볼펜의 길이는 엄지손가락의 너비로 5번입니다.

② 물건을 이용하여 길이 재기
　예 연필, 클립, 지우개

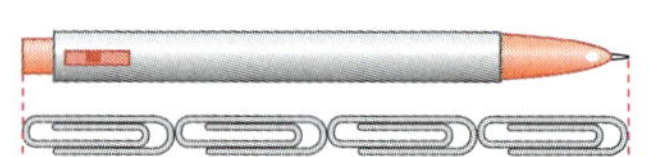

볼펜의 길이는 클립으로 4번입니다.

- 1 cm 알아보기

의 길이를

1cm 라 쓰고

1 센티미터라고 읽습니다.

비법 ③ 길이 재기가 잘못된 이유 찾기

① 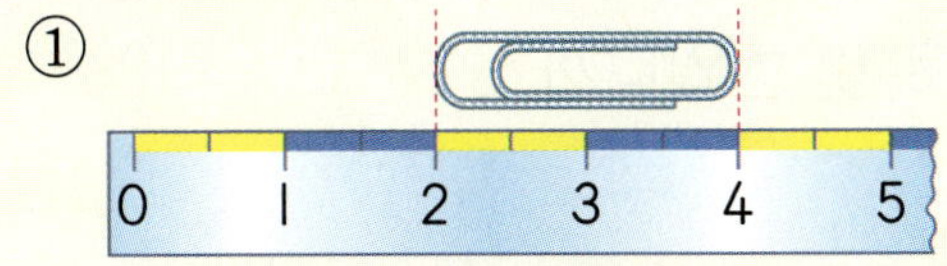

⇨ 2부터 4까지는 1 cm가 2번이므로 2 cm입니다.

② 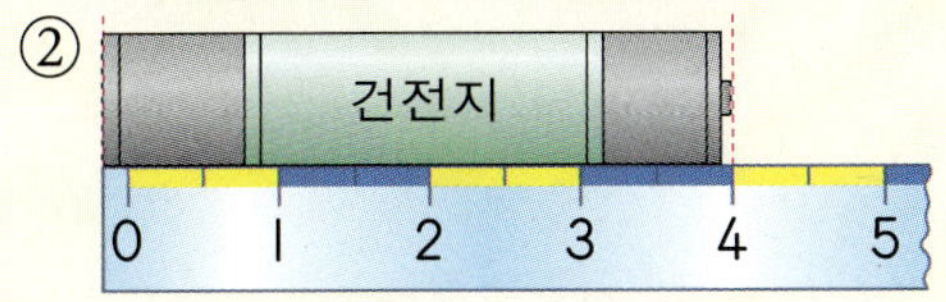

⇨ 건전지의 한쪽 끝을 0에 정확하게 맞추지 않아 4 cm라고 할 수 없습니다.

비법 ④ 길이를 재어 약 몇 cm인지 알아보기

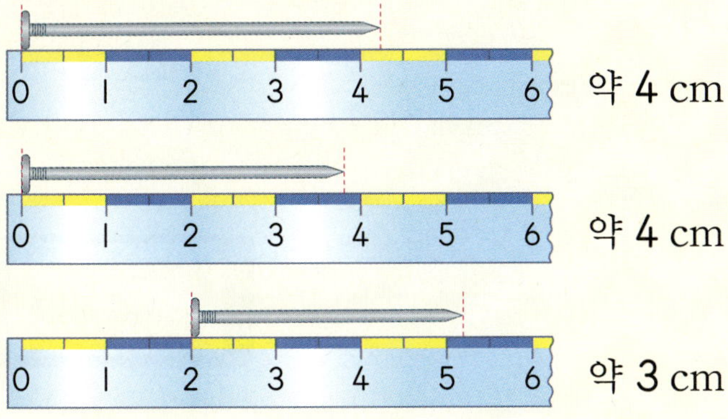

비법 ⑤ 더 가깝게 어림한 사람 찾기

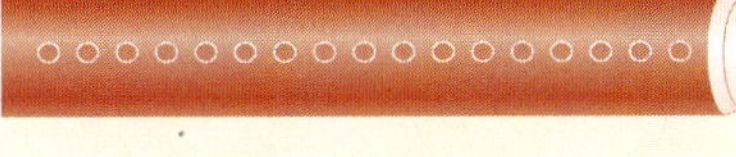

색연필의 길이는 6 cm입니다.
어림한 길이와 자로 잰 길이의 차가 미라는 1 cm이고, 진호는 2 cm입니다. 따라서 미라가 더 가깝게 어림했습니다.
└ 물건의 실제 길이와의 차가 미라가 더 작습니다.

4

길이 재기

• 자를 사용하여 길이 재는 방법 (1)

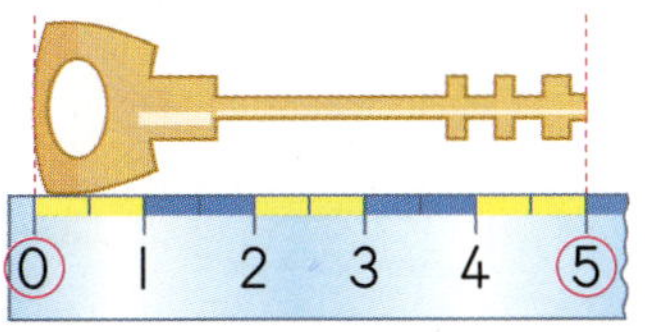

① 열쇠의 한쪽 끝을 자의 눈금 0에 맞춥니다.
② 열쇠의 다른 쪽 끝에 있는 자의 눈금을 읽습니다.
⇨ 열쇠의 길이는 5 cm입니다.

• 자를 사용하여 길이 재는 방법 (2)

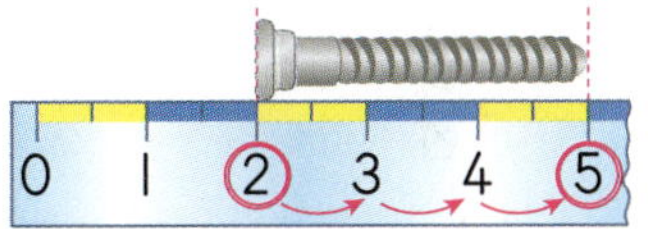

① 나사의 한쪽 끝을 자의 한 눈금에 맞춥니다.
② 그 눈금에서 다른 쪽 끝까지 1 cm가 몇 번 들어가는지 셉니다.
⇨ 나사의 길이는 3 cm입니다.

• 약 몇 cm인지 알아보기

길이가 자의 눈금 사이에 있을 때는 눈금과 가까운 쪽에 있는 숫자를 읽으며, 숫자 앞에 약을 붙여 말합니다.

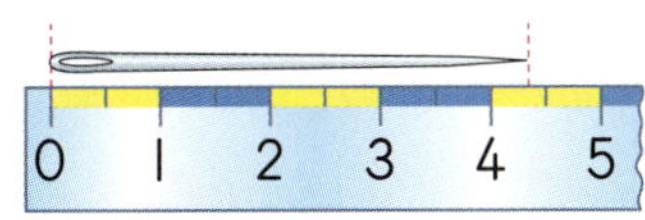

⇨ 바늘의 길이는 4 cm에 가깝기 때문에 약 4 cm입니다.

• 길이를 어림하기

자를 사용하지 않고 길이를 어림할 때에는 1 cm가 몇 번 있는지 생각하여 어림합니다.
어림한 길이를 말할 때는 '약 □ cm'라고 합니다.

1 여러 가지 단위로 길이 재기

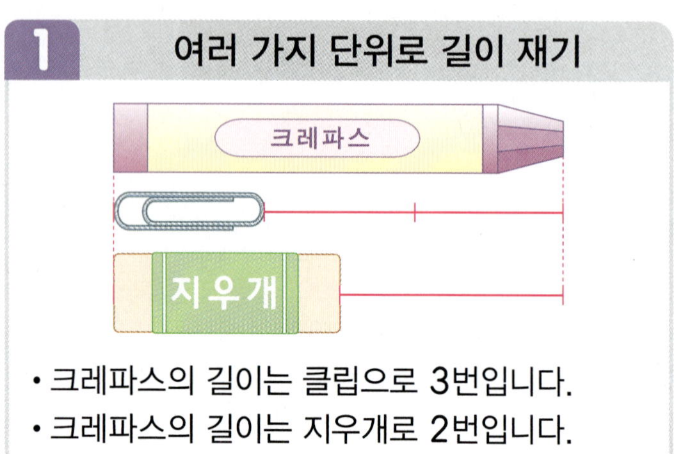

- 크레파스의 길이는 클립으로 **3**번입니다.
- 크레파스의 길이는 지우개로 **2**번입니다.

1-1 우산의 길이는 몇 뼘입니까?

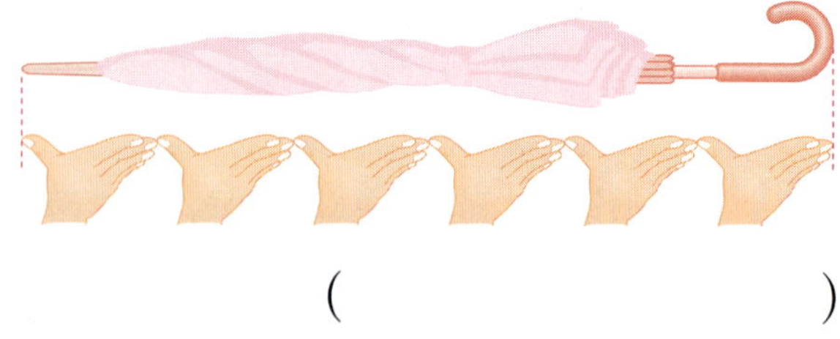

(   )

1-2 리코더의 길이는 풀로 몇 번입니까?

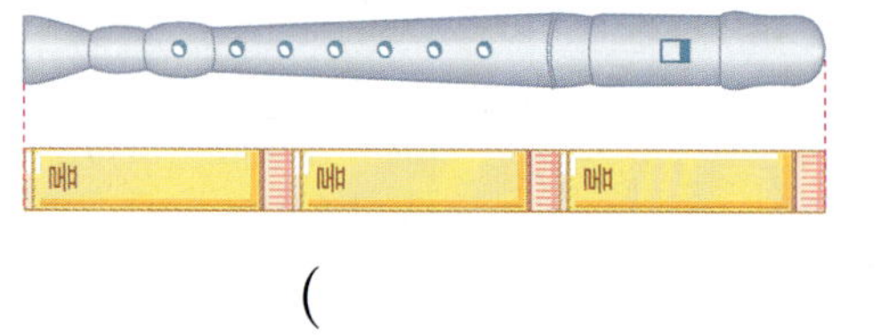

(   )

1-3 연필의 길이는 지우개와 클립으로 각각 몇 번입니까?

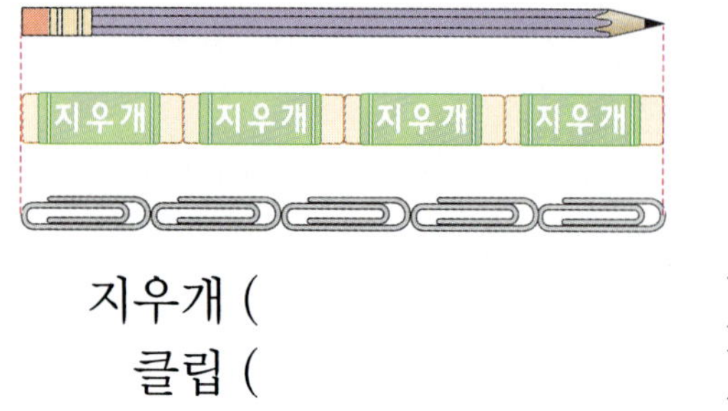

지우개 (   )

클립 (   )

1-4 우표의 짧은 쪽의 길이는 엄지손가락 너비로 몇 번입니까?

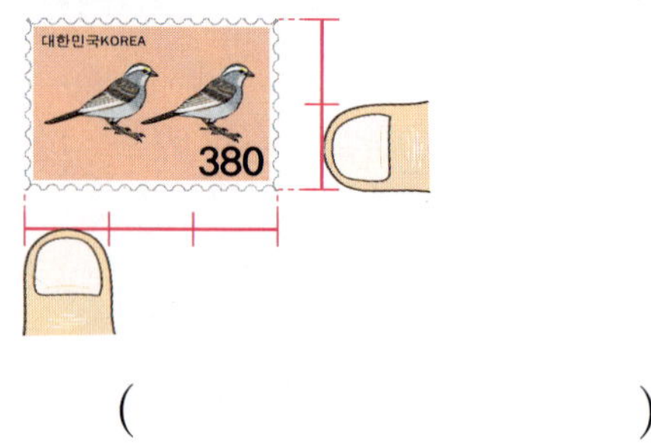

(   )

1-5 길이를 잴 때 사용할 수 있는 단위 중 가장 긴 것에 ○표, 가장 짧은 것에 △표 하시오.

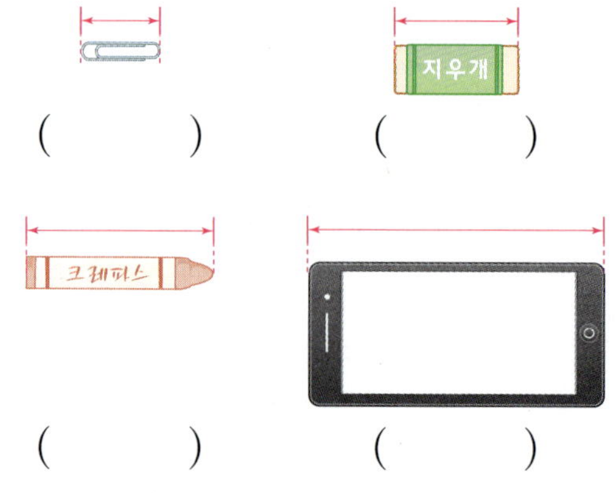

(   )   (   )

(   )   (   )

참의·융합

1-6 선우, 재희, 지숙, 효민이는 모형으로 모양 만들기를 하였습니다. 가장 길게 연결한 사람은 누구입니까?

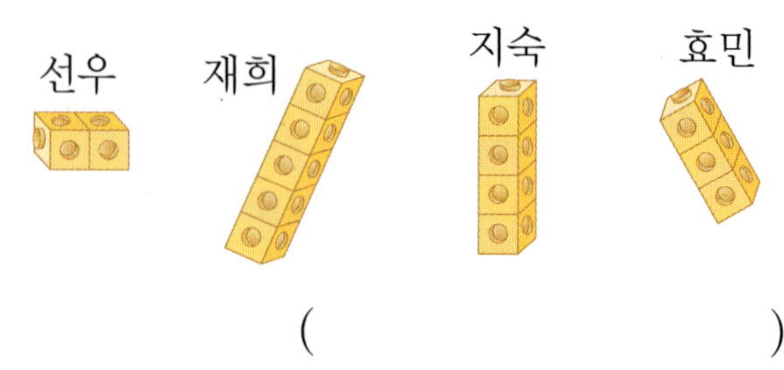

(   )

4

2 · 1 cm 알아보기

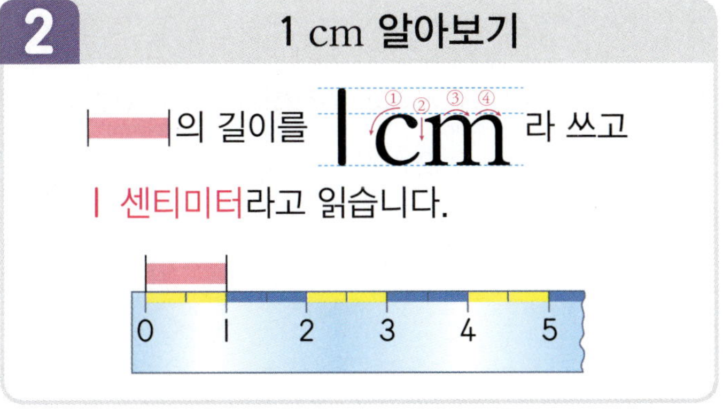

▬의 길이를 **1cm** 라 쓰고
1 센티미터라고 읽습니다.

2-1 □ 안에 알맞은 수를 써넣고, 주어진 길이를 쓰고 읽어 보시오.

(1)
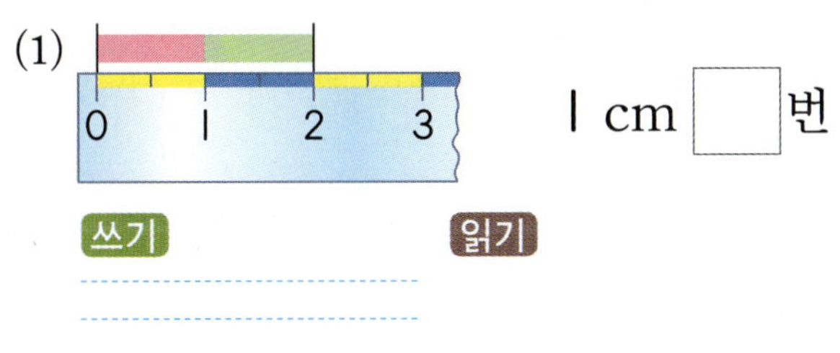

1 cm □ 번

쓰기

읽기

(2)
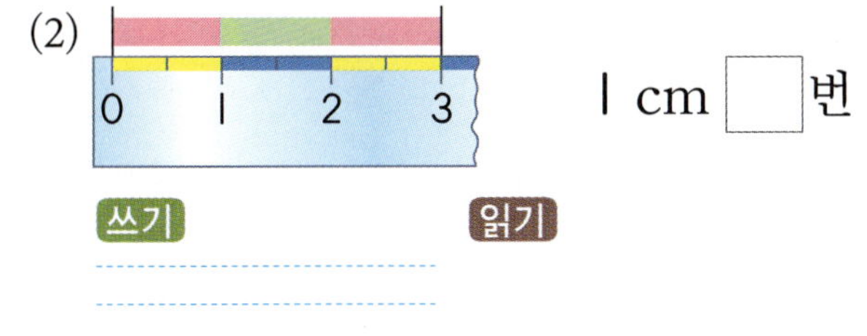

1 cm □ 번

쓰기

읽기

2-2 주어진 길이만큼 점선을 따라 선을 그어 보시오.

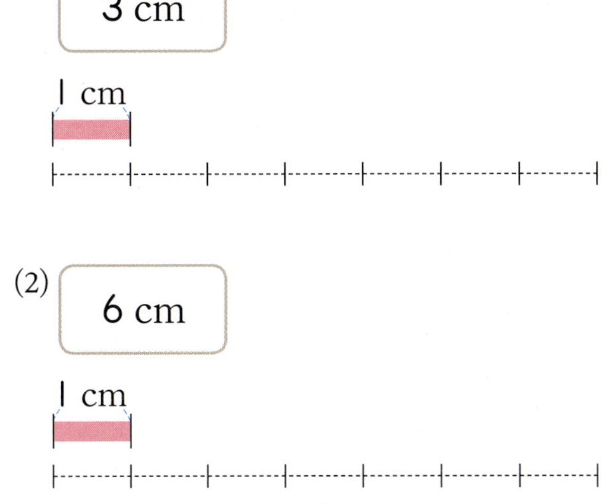

(1) 3 cm

1 cm

(2) 6 cm

1 cm

2-3 우리 주변에서 길이가 1 cm인 것을 2가지 찾아 쓰시오.

( )

서술형

2-4 수찬이와 우식이가 뼘으로 리본의 길이를 재었습니다. 두 친구가 잰 길이가 다른 까닭을 설명하시오.

수찬이의 뼘	우식이의 뼘
8뼘	10뼘

까닭

3 · 자로 길이 재기

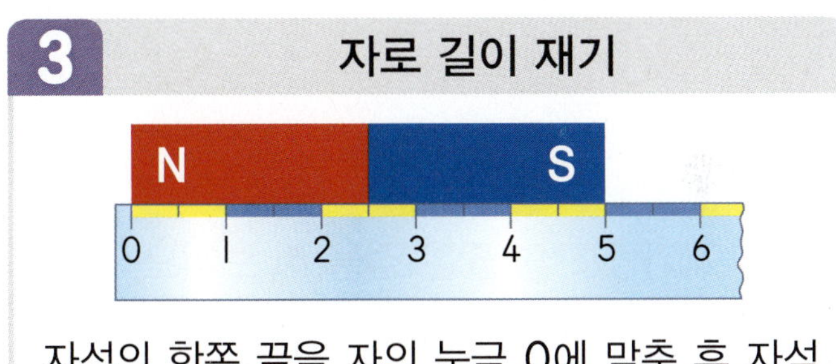

자석의 한쪽 끝을 자의 눈금 0에 맞춘 후 자석의 다른 쪽 끝에 있는 자의 눈금을 읽습니다.
⇨ 자석의 길이는 5 cm입니다.

3-1 자로 막대의 길이를 재어 보시오.

(1) □ cm

(2) □ cm

3-2 선의 길이를 바르게 잰 것을 찾아 기호를 쓰시오.

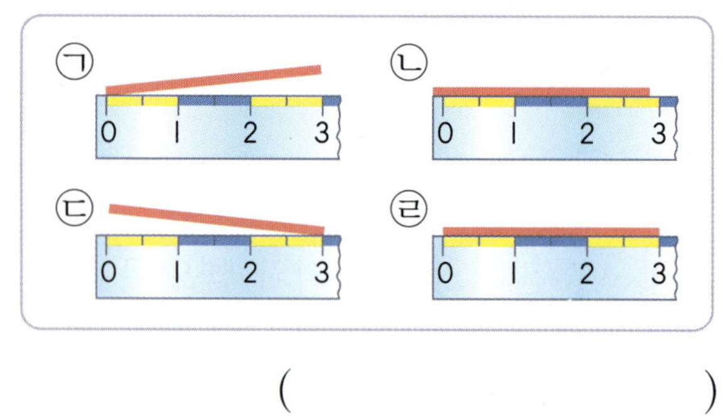

(   )

3-3 □ 안에 알맞은 수를 써넣어 자를 완성하시오.

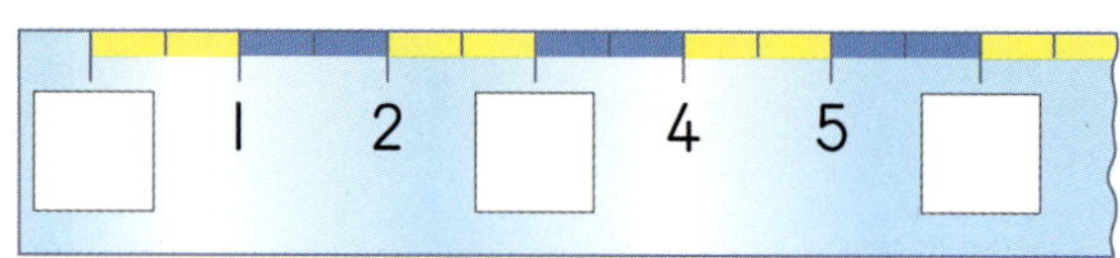

3-4 자가 있으면 좋은 점을 써 보시오.

3-5 리본의 길이는 몇 cm입니까?

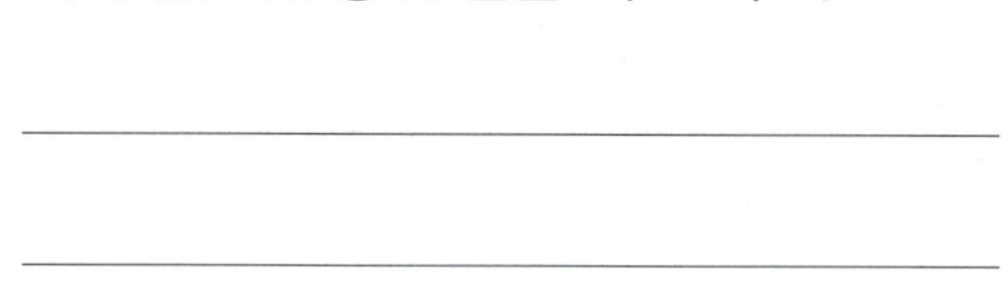

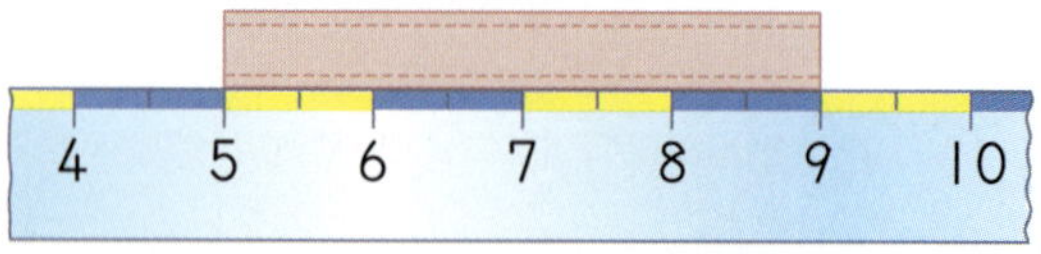

(   )

3-6 막대 과자의 길이는 약 몇 cm입니까?

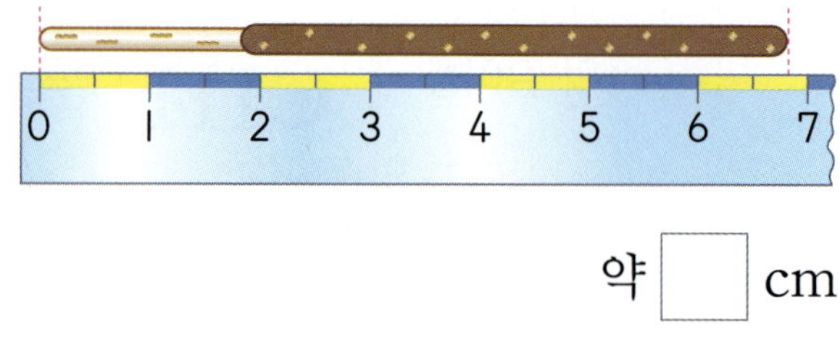

약 □ cm

3-7 이쑤시개의 길이는 약 몇 cm입니까?

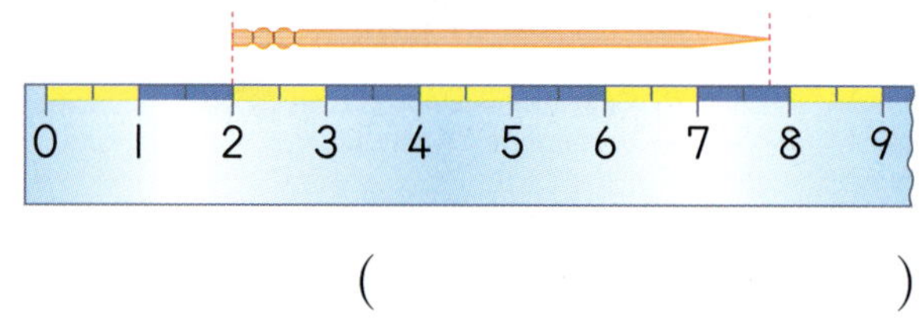

(   )

3-8 소현이가 빨간색 선을 자로 그었는데 그 위에 빨간색 물감이 묻어 선의 일부가 보이지 않습니다. 소현이가 그은 빨간색 선의 길이는 몇 cm인지 자로 재어 보시오.

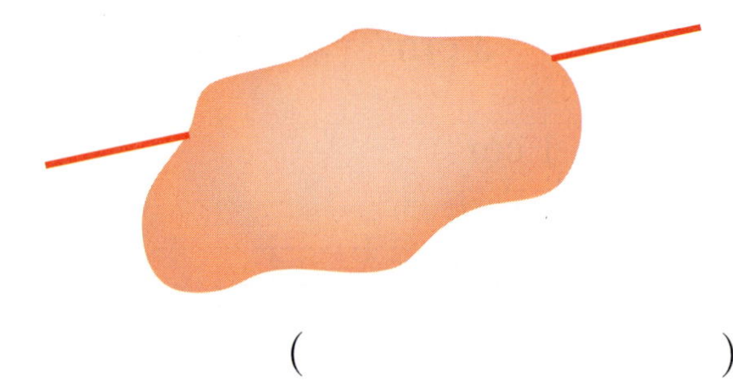

(   )

3-9 막대 사탕의 길이를 재어 같은 길이의 선을 그어 보시오.

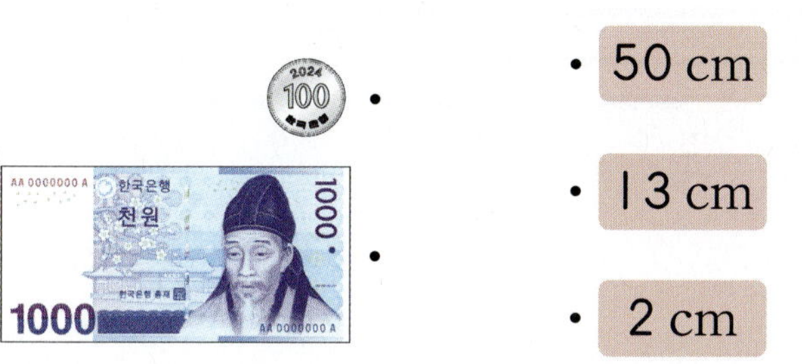

4 **길이를 어림하기**

- 어림한 길이를 말할 때는 '약 ☐ cm'라고 합니다.
- 어림한 길이와 실제 길이의 차가 작을수록 더 가깝게 어림한 것입니다.

4-1 바늘의 길이를 어림하고 자로 재어 확인해 보시오.

어림한 길이 (   )
자로 잰 길이 (   )

4-2 물건의 실제 길이에 가장 가까운 것을 찾아 선으로 이어 보시오.

- 50 cm
- 13 cm
- 2 cm

4-3 주어진 길이를 어림하여 선을 그어 보시오.

| I cm | |
| 4 cm | |

4-4 승우와 미도는 약 5 cm를 어림하여 아래와 같이 종이를 잘랐습니다. 5 cm에 더 가깝게 어림한 사람은 누구입니까?

승우
미도

(   )

서술형

4-5 물감의 길이를 동우는 약 8 cm라고 어림하고 예린이는 약 9 cm라고 어림하였습니다. 실제 길이에 더 가깝게 어림한 사람은 누구인지 이름을 쓰고 까닭을 설명하시오.

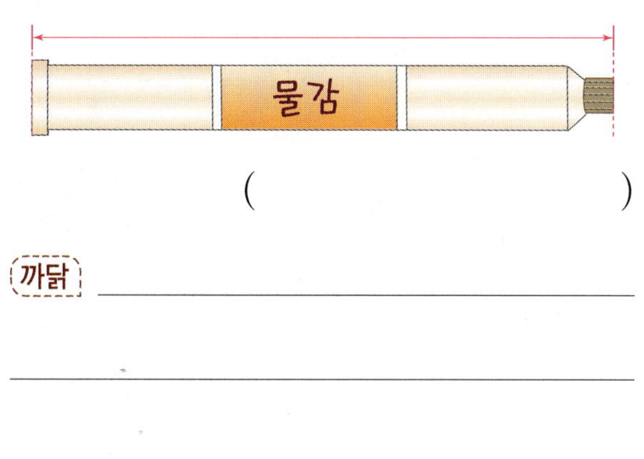

(   )

까닭

2 STEP 응용 유형 익히기

응용 1 자로 길이를 재어 보기

예제 1-1 ㉮와 ㉯ 연필의 길이의 차는 몇 cm인지 알아보시오.

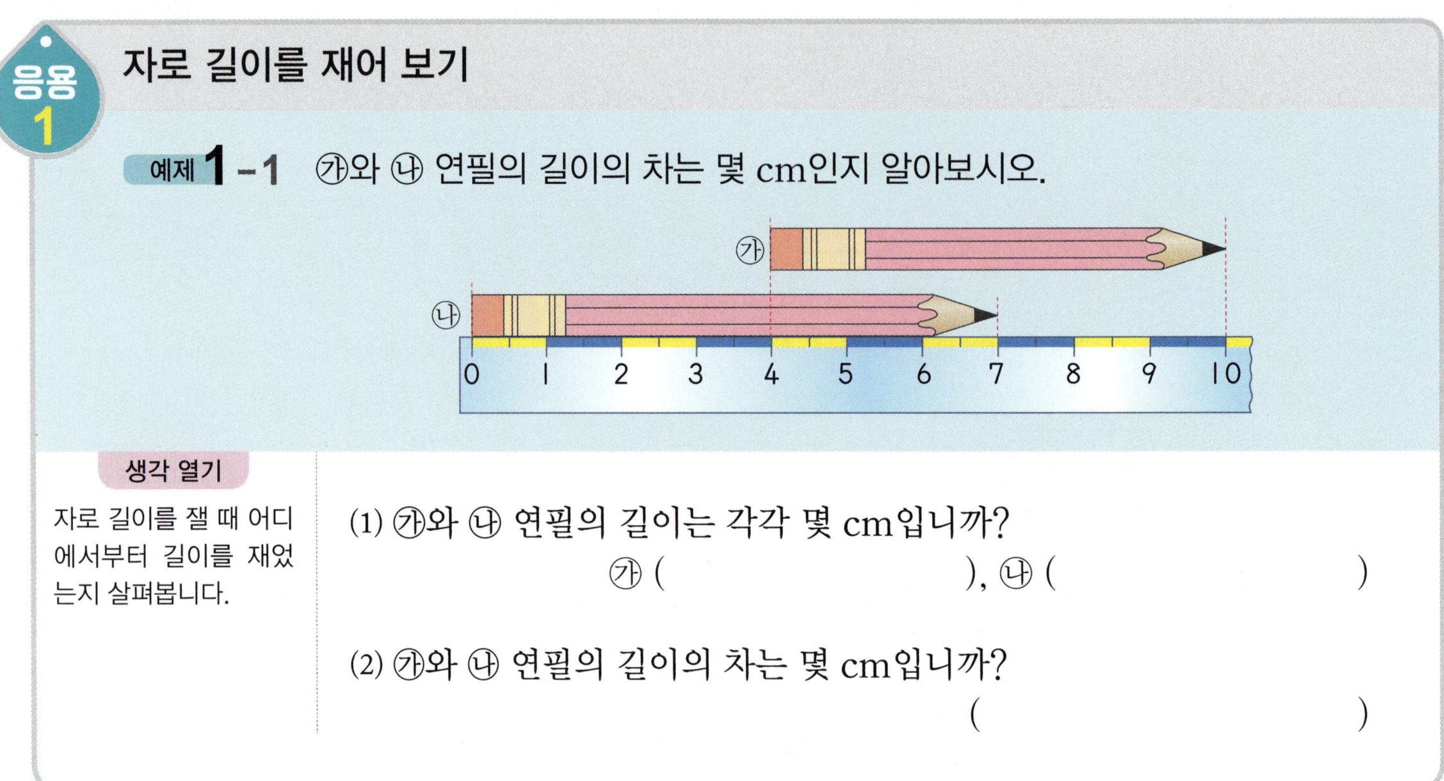

생각 열기

자로 길이를 잴 때 어디에서부터 길이를 재었는지 살펴봅니다.

(1) ㉮와 ㉯ 연필의 길이는 각각 몇 cm입니까?

㉮ (   ), ㉯ (   )

(2) ㉮와 ㉯ 연필의 길이의 차는 몇 cm입니까?

(   )

예제 1-2 ㉮와 ㉯ 붓의 길이의 차는 몇 cm입니까?

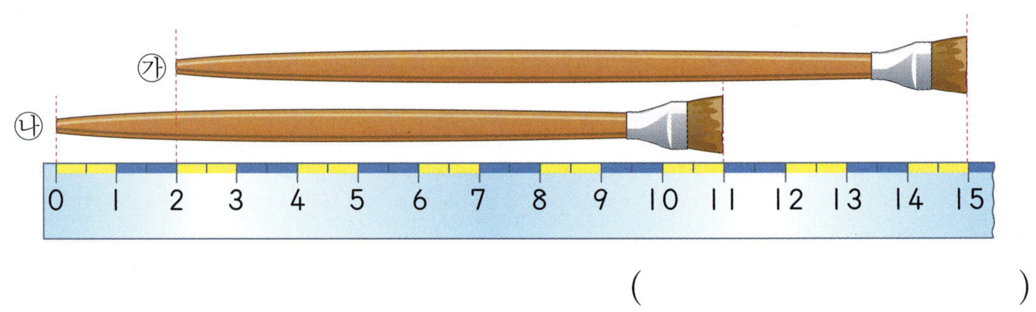

(   )

예제 1-3 ㉮, ㉯, ㉰ 중 가장 긴 선의 길이와 가장 짧은 선의 길이의 차는 몇 cm입니까?

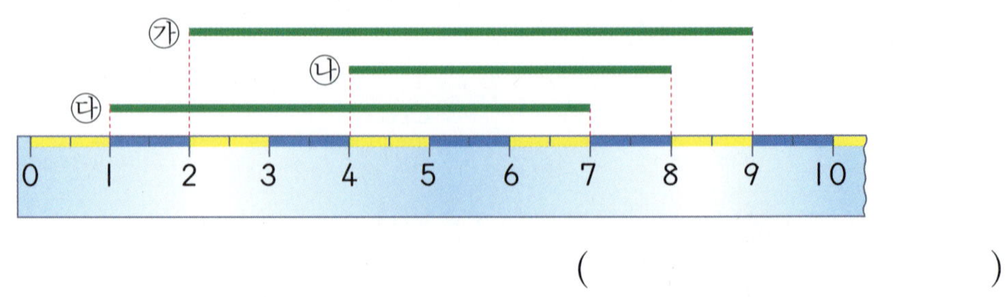

(   )

응용 2 — 여러 가지 단위로 잰 길이 비교하기

4

길이 재기

예제 2-1 가장 긴 털실을 가지고 있는 친구는 누구인지 알아보시오.

우정	내 털실은 뼘으로 **8**번이야.
석주	내 털실은 익힘책의 긴 쪽으로 **8**번이야.
민현	내 털실은 크레파스로 **8**번이야.

생각 열기

길이를 잴 때 사용한 여러 가지 단위의 길이를 비교해 봅니다.

(1) 털실의 길이를 잰 횟수가 같습니까, 다릅니까?

(　　　　　　　　)

(2) 뼘, 익힘책의 긴 쪽, 크레파스 중 길이가 가장 긴 것은 어느 것입니까?

(　　　　　　　　)

(3) 가장 긴 털실을 가지고 있는 친구는 누구입니까?

(　　　　　　　　)

예제 2-2 가장 짧은 우산을 가지고 있는 친구는 누구입니까?

서준	내 우산은 신발로 **5**번이야.
우석	내 우산은 스케치북의 긴 쪽으로 **5**번이야.
재희	내 우산은 새끼손가락으로 **5**번이야.

(　　　　　　　　)

예제 2-3 재환이와 석희 중에서 더 긴 줄넘기를 가지고 있는 친구는 누구입니까?

재환	내 줄넘기는 연필로 **11**번이야.
석희	내 줄넘기는 리코더로 **10**번이야.

(　　　　　　　　)

응용 3 여러 가지 단위로 잰 길이 알아보기

동영상 강의

예제 3-1 진우와 성호가 가지고 있는 리본의 길이를 옷핀으로 재어 보려고 합니다. 길이가 옷핀으로 4번인 리본을 가지고 있는 친구는 누구인지 알아보시오.

진우

성호

생각 열기

옷핀을 단위로 하여 각 리본의 길이를 재어 봅니다.

(1) 진우가 가지고 있는 리본은 옷핀으로 몇 번입니까?

(　　　　　　　)

(2) 성호가 가지고 있는 리본은 옷핀으로 몇 번입니까?

(　　　　　　　)

(3) 길이가 옷핀으로 4번인 리본을 가지고 있는 친구는 누구입니까?

(　　　　　　　)

예제 3-2 성수와 정환이가 가지고 있는 볼펜의 길이를 클립으로 재어 보려고 합니다. 길이가 클립으로 7번인 볼펜을 가지고 있는 친구는 누구입니까?

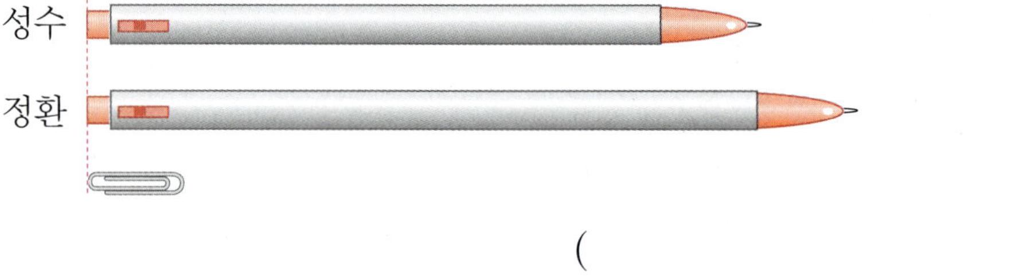

성수

정환

(　　　　　　　)

예제 3-3 희선이가 가지고 있는 포크의 길이를 공깃돌로 재어 보니 7번이었습니다. 포크의 길이를 어림하여 점선을 따라 그려 보시오.

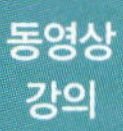

4 길이 재기

응용 4 · 가깝게 어림한 사람 찾기

예제 4-1 현민, 수진, 정아는 종이를 어림하여 약 7 cm로 잘랐습니다. 7 cm에 가깝게 어림한 사람부터 차례로 이름을 쓰시오.

현민

수진

정아

생각 열기

길이가 자의 눈금 사이에 있을 때는 눈금과 가까운 쪽에 있는 숫자를 읽습니다.

(1) 현민, 수진, 정아가 자른 종이의 길이를 자로 재어 보면 각각 약 몇 cm입니까?

현민 (   ), 수진 (   ), 정아 (   )

(2) 7 cm에 가깝게 어림한 사람부터 차례로 이름을 쓰시오.

(   )

예제 4-2 수현, 민희, 석진이는 털실을 어림하여 약 10 cm로 잘랐습니다. 10 cm에 가깝게 어림한 사람부터 차례로 이름을 쓰시오.

수현

민희

석진

(   )

예제 4-3 민우와 호민이가 색연필의 길이와 같은 길이만큼 어림하여 선을 그었습니다. 색연필의 길이에 더 가깝게 어림한 사람은 누구입니까?

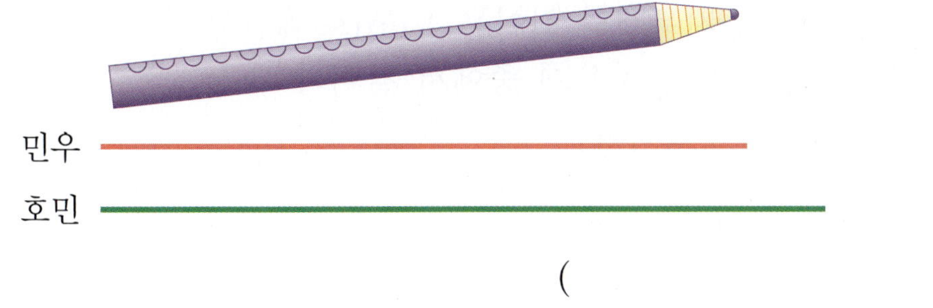

민우

호민

(   )

3 STEP 응용 유형 뛰어넘기

길이 어림하기

창의·융합

1 쌍둥이

그림에서 빨간색 선과 파란색 선의 길이는 같습니다. 이처럼 실제와 눈으로 본 그림에 차이가 나는 경우를 착시라고 합니다. 빨간색 선과 파란색 선의 길이를 어림하고 정말 길이가 같은지 자로 재어 확인해 보시오.

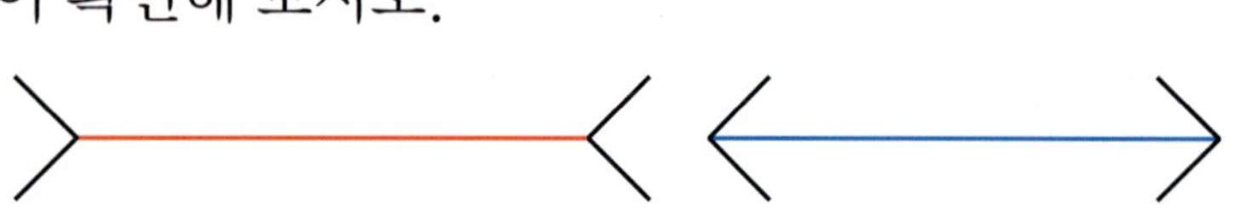

선	어림한 길이	자로 잰 길이
빨간색 선	약 ☐ cm	☐ cm
파란색 선	약 ☐ cm	☐ cm

1 cm 알아보기

서술형

2 쌍둥이

주희와 환희가 뼘으로 선풍기 선의 길이를 재었습니다. 두 친구가 잰 길이가 다른 까닭을 설명하시오.

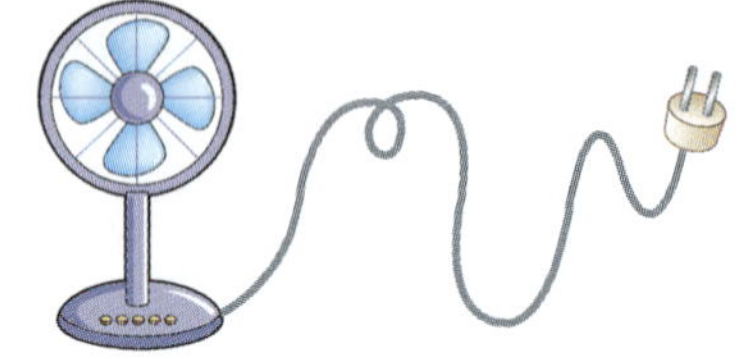

주희의 뼘	환희의 뼘
19번	11번

까닭

1 cm 알아보기

3 쌍둥이 · 동영상

색연필의 길이는 1 cm로 5번, 빨대의 길이는 1 cm로 10번, 지우개의 길이는 1 cm로 4번입니다. 색연필, 빨대, 지우개 중에서 길이가 가장 짧은 것은 어느 것입니까?

( )

자로 길이 재기   창의·융합

4 색 테이프 ㉮와 ㉯의 길이의 차는 몇 cm입니까?

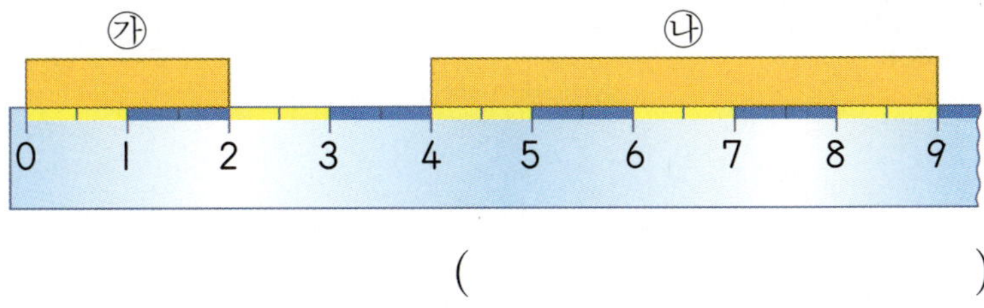

(   )

여러 가지 단위로 길이 재기

5 길이가 4 cm인 크레파스로 빨간색 리본과 파란색 리본의 길이를 재었더니 빨간색 리본의 길이는 크레파스 길이로 6번, 파란색 리본의 길이는 크레파스 길이로 5번입니다. 어떤 색 리본이 몇 cm 더 긴지 구하시오.

(   ), (   )

길이 어림하기   서술형

6 선의 길이를 윤지는 약 9 cm, 성태는 약 5 cm, 지혜는 약 6 cm로 어림했습니다. 윤지, 성태, 지혜 중에서 가장 가깝게 어림한 사람은 누구인지 풀이 과정을 쓰고 답을 구하시오.

[풀이]

(   )

여러 가지 단위로 길이 재기

7 ㉮에서 색칠한 부분의 길이는 옷핀으로 2번입니다. ㉯에 옷핀으로 3번 잰 길이만큼 색칠하시오.

● 쌍둥이
● 동영상

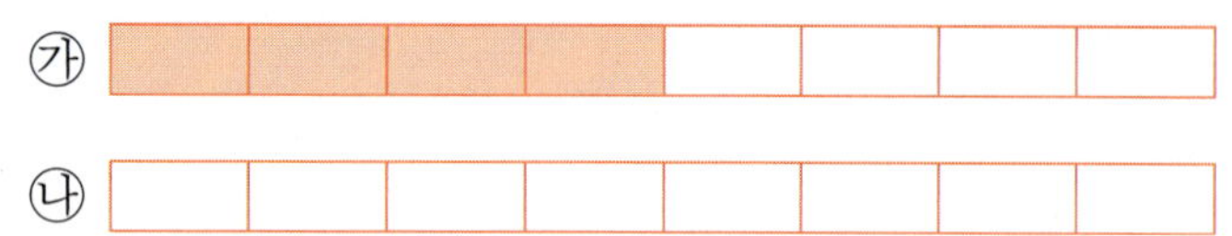

여러 가지 단위로 길이 재기의 활용

8 벽돌 6개를 쌓아 벽을 만들었습니다. 벽돌 ㉠과 ㉡의 길이는 각각 몇 cm인지 구하시오.

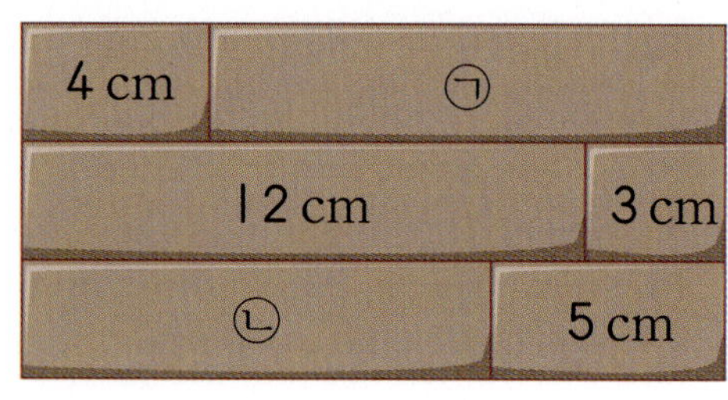

㉠ (   ), ㉡ (   )

자로 길이 재기

9 사각형에서 가장 긴 변의 길이와 가장 짧은 변의 길이의 차는 몇 cm입니까?

● 쌍둥이

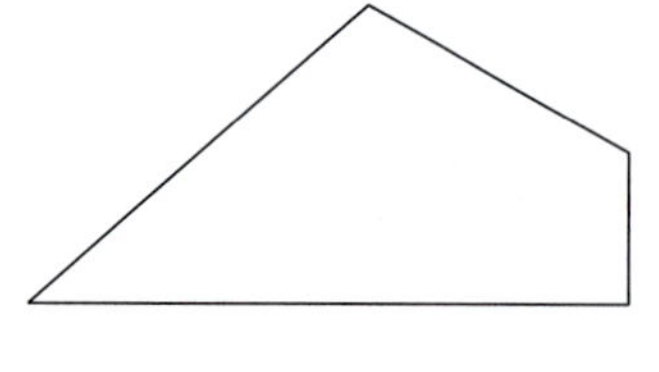

(   )

자로 길이 재기

서술형

10 주어진 자로 서윤이가 리본을 12 cm만큼 자르려고 합니다. 12 cm를 재는 2가지 방법을 쓰시오.

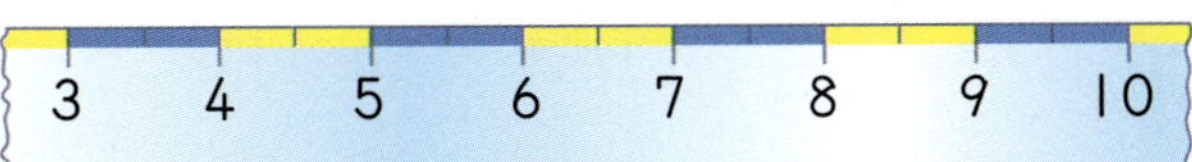

방법1

방법2

여러 가지 단위로 길이 재기의 활용

11 가장 작은 사각형의 변의 길이는 모두 2 cm입니다. 빨간색 선의 길이는 몇 cm입니까?

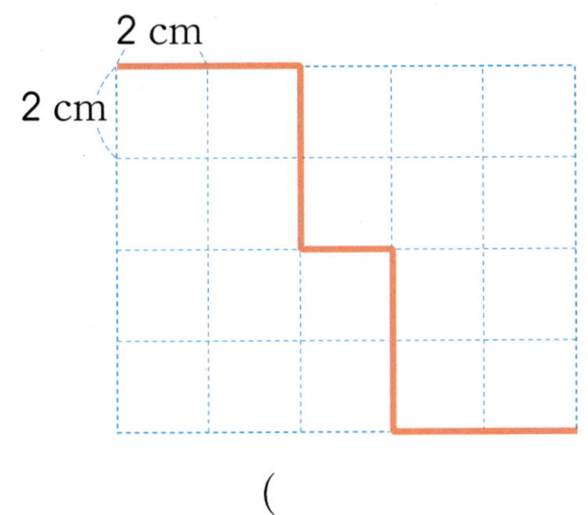

( )

여러 가지 단위로 길이 재기의 활용

서술형

12 🔴쌍둥이 아라, 희지, 은주가 책상의 짧은 쪽의 길이를 뼘으로 각각 재었더니 아라는 5뼘, 희지는 6뼘, 은주는 4뼘이었습니다. 한 뼘의 길이가 가장 짧은 사람은 누구인지 풀이 과정을 쓰고 답을 구하시오.

( )

풀이

여러 가지 단위로 길이 재기의 활용

13 가장 짧은 색 테이프를 가지고 있는 친구는 누구입니까?

🖊 쌍둥이
▶ 동영상

> 경주: 내 색 테이프는 젓가락으로 **9**번이야.
> 진아: 내 색 테이프는 단소로 **9**번이야.
> 유리: 내 색 테이프는 옷핀으로 **11**번이야.

(   )

여러 가지 단위로 길이 재기의 활용

14 길이가 **3 cm**, **4 cm**, **8 cm**인 나무막대가 **1**개씩 있습니다. 이 중 두 개의 나무막대를 이용하여 잴 수 <u>없는</u> 길이를 모두 찾아 기호를 쓰시오.

> ㉠ **2 cm**   ㉡ **5 cm**   ㉢ **9 cm**   ㉣ **11 cm**

(   )

자로 길이 재기

15 두 점 사이의 거리를 자로 재어 **1 cm**가 되는 곳은 빨간색, **2 cm**가 되는 곳은 파란색, **3 cm**가 되는 곳은 초록색으로 선을 그어 보시오.

🖊 쌍둥이

4

길이 재기

l cm 활용하기　　　　　　　　　　　창의·융합

16 l cm, 2 cm, 3 cm 막대가 있습니다. 이 막대를
🔅쌍둥이 여러 번 사용하여 세 가지 방법으로 8 cm를 색칠
🔵동영상 하시오.

l cm ▮　　2 cm ▮　　3 cm ▮

8 cm ▭
8 cm ▭
8 cm ▭

여러 가지 단위로 길이 재기의 활용

17 클립과 크레파스로 색연필의 길이를 각각 재었더
🔅쌍둥이 니 클립으로 9번, 크레파스로 3번이었습니다. 크
🔵동영상 레파스의 길이는 클립으로 몇 번입니까?

(　　　　　　　　　)

자로 길이 재기의 활용　　　　　　　창의·융합

18 노란색 분필이 빨간색 분필보다 2 cm 더 길 때 노
🔅쌍둥이 란색 분필의 보이지 않는 쪽 끝은 몇 cm 눈금을
🔵동영상 가리키겠습니까?

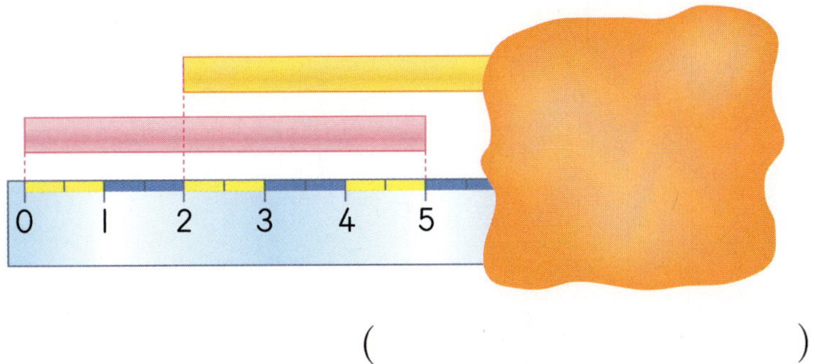

(　　　　　　　　　)

1 국자의 길이는 포크로 몇 번쯤입니까?

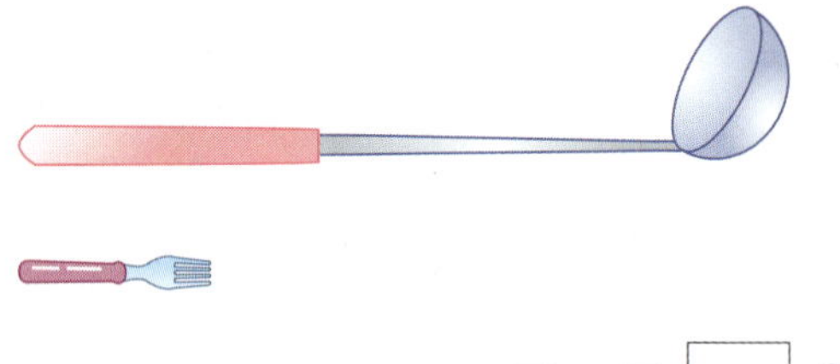

포크로 ☐ 번쯤

2 클립의 길이를 쓰고 읽어 보시오.

쓰기 (　　　　　　　　　)
읽기 (　　　　　　　　　)

3 엄지손가락의 너비(⌂)로 크레파스의 길이를 재어 보시오.

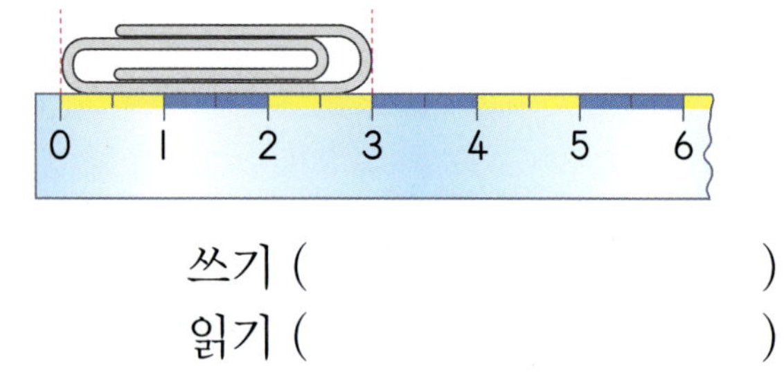

초록색 크레파스	엄지손가락의 너비로 ☐ 번
보라색 크레파스	엄지손가락의 너비로 ☐ 번

4 길이가 5 cm인 선은 어느 것입니까?

……………………………………（　　　）

① ─────────
② ──────
③ ────────────
④ ────────────────
⑤ ──────────────

5 선의 길이를 잘못 잰 것입니다. 길이 재기가 <u>잘못된</u> 까닭을 설명하시오.

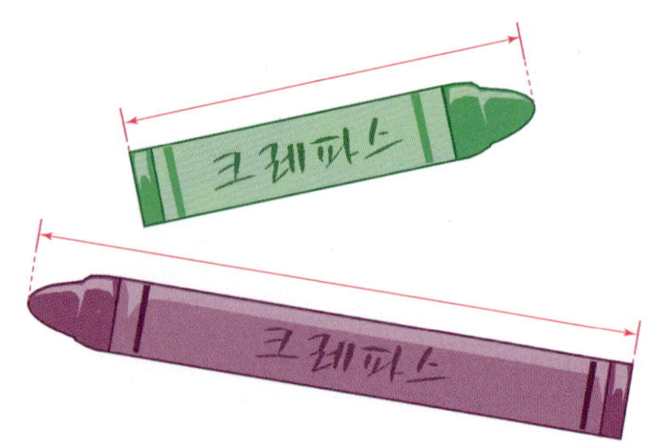

까닭 ________________________________

____

____

____

6 교과서의 짧은 쪽의 길이를 재는 데 적당하지 <u>않은</u> 물건을 • 보기 •에서 찾아 쓰시오.

> ┌─ 보기 ─
> 클립　　크레파스　　우산

(　　　　　　　　)

7 빨대의 길이를 어림하고 자로 재어 확인해 보시오.

어림한 길이 (　　　　　　)
자로 잰 길이 (　　　　　　)

8 1 cm의 14번만큼 선을 그었습니다. 그은 선의 길이는 몇 cm입니까?

(　　　　　　　　)

9 길이가 가장 긴 것을 찾아 기호를 쓰시오.

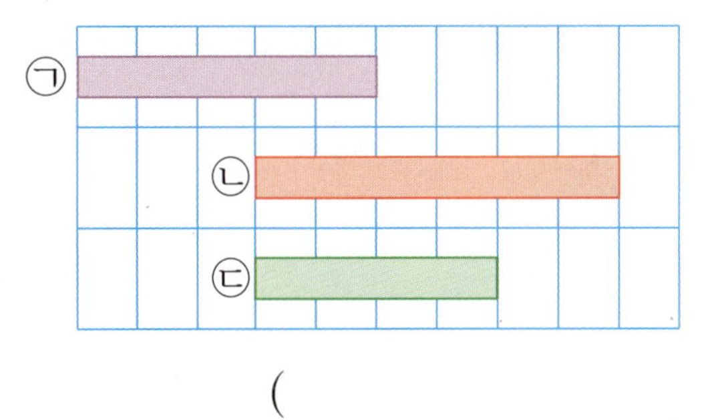

(　　　　　　　　)

10 나무 막대의 길이는 몇 cm인지 풀이 과정을 쓰고 답을 구하시오.

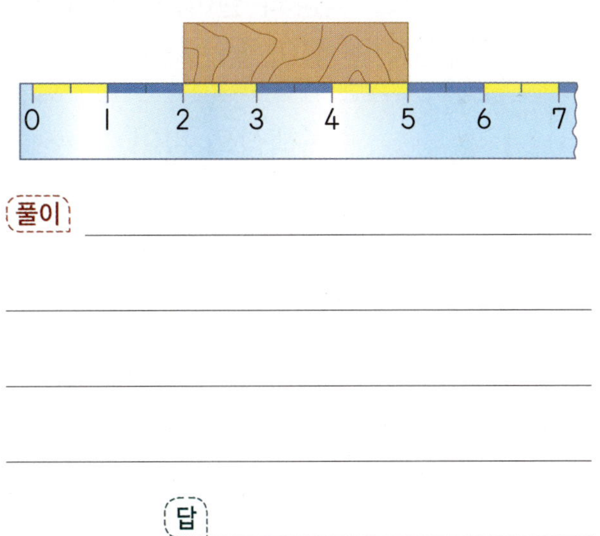

풀이 ________________________

____

____

답 ________________________

11 칫솔의 길이는 어떤 비누로 5번 잰 길이와 같습니다. 어떤 비누인지 찾아 기호를 쓰시오.

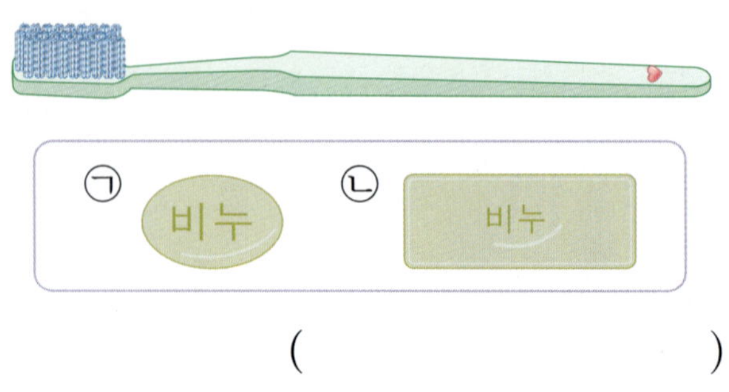

(   )

12 책상의 길이를 다음과 같이 뼘과 cm로 잰 것을 보고 책상의 길이를 잴 때 cm로 나타내면 어떤 점이 좋은지 써 보시오.

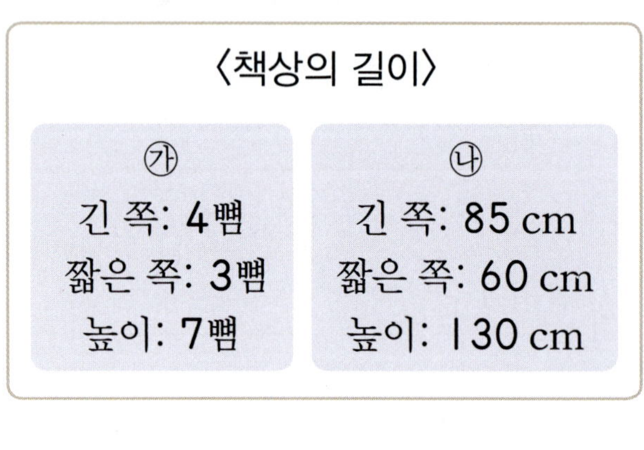

____

____

13 토끼는 가장 가까이에 있는 채소를 먹으려고 합니다. 토끼는 어떤 채소를 먹겠습니까?

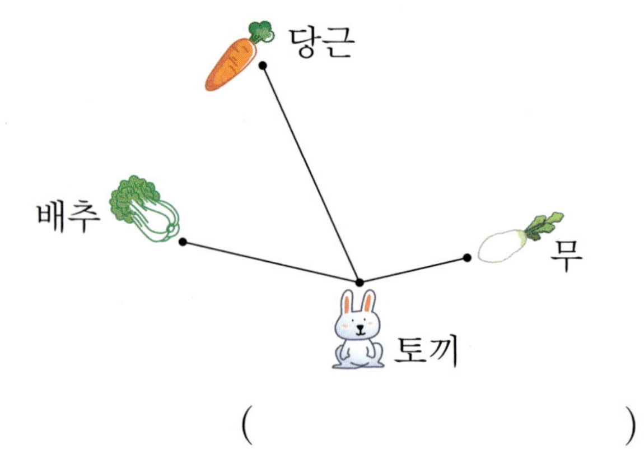

(   )

14 비스킷의 길이는 약 몇 cm입니까?

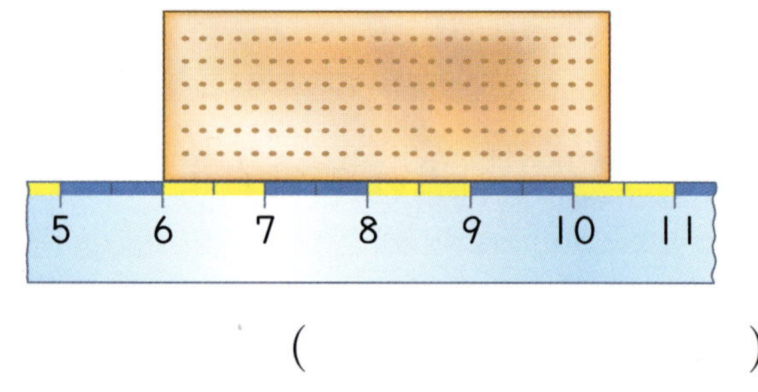

(   )

15 대화를 읽고 가장 높은 탑을 만든 친구를 찾아 이름을 쓰시오.

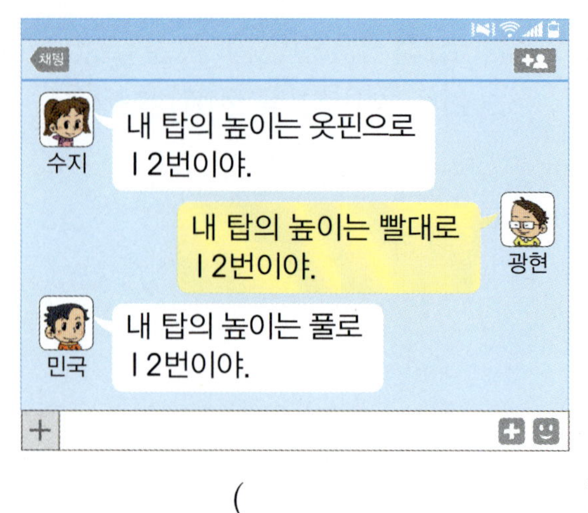

(   )

16 선우와 재선이 중 누구의 막대가 더 깁니까?

> 선우: 내 막대는 가위로 **4**번이야.
> 재선: 내 막대는 지우개로 **6**번이야.

( )

17 벽돌의 길이를 자로 재어 보고 같은 길이의 벽돌을 같은 색으로 색칠해 보시오.

☐ cm

☐ cm

☐ cm

18 길이가 가장 짧은 선을 찾아 길이가 같은 선을 그어 보시오.

19 연필, 칫솔, 볼펜으로 야구방망이의 길이를 재었더니 다음과 같았습니다. 연필, 칫솔, 볼펜 중에서 길이가 가장 긴 것은 어느 것입니까?

연필	칫솔	볼펜
7번	6번	8번

( )

20 노끈의 길이를 원준이는 약 **6** cm라고 어림하였고 원석이는 약 **9** cm라고 어림하였습니다. 실제 길이에 누가 더 가깝게 어림하였는지 풀이 과정을 쓰고 답을 구하시오.

풀이

답

☆ 정답은 **43**쪽

1 길이가 서로 다른 연필을 겹쳐서 쌓아 놓은 것입니다. 가장 밑에 있는 연필의 길이는 몇 cm인지 자로 재어 보시오.

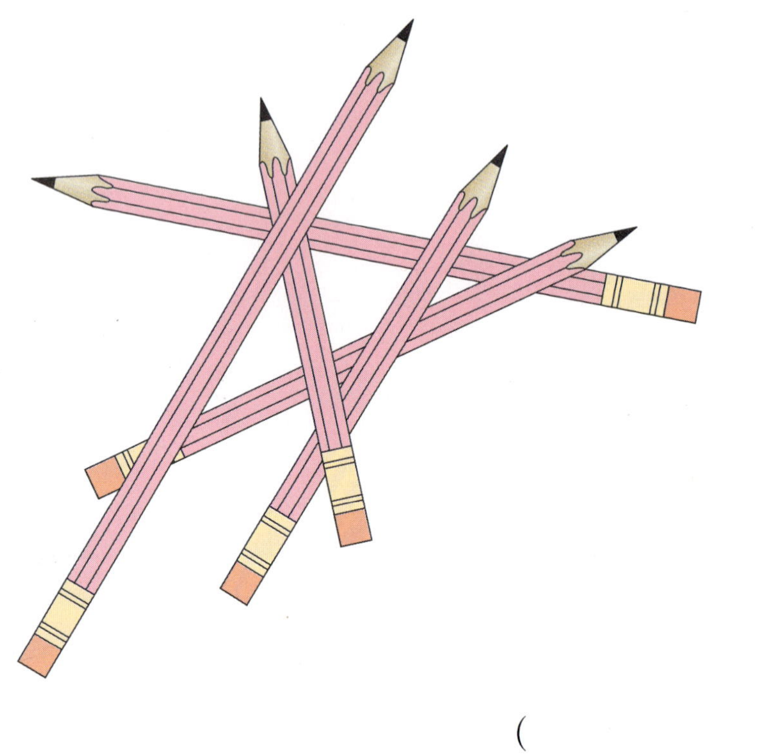

(   )

2 막대의 길이는 몇 cm입니까?

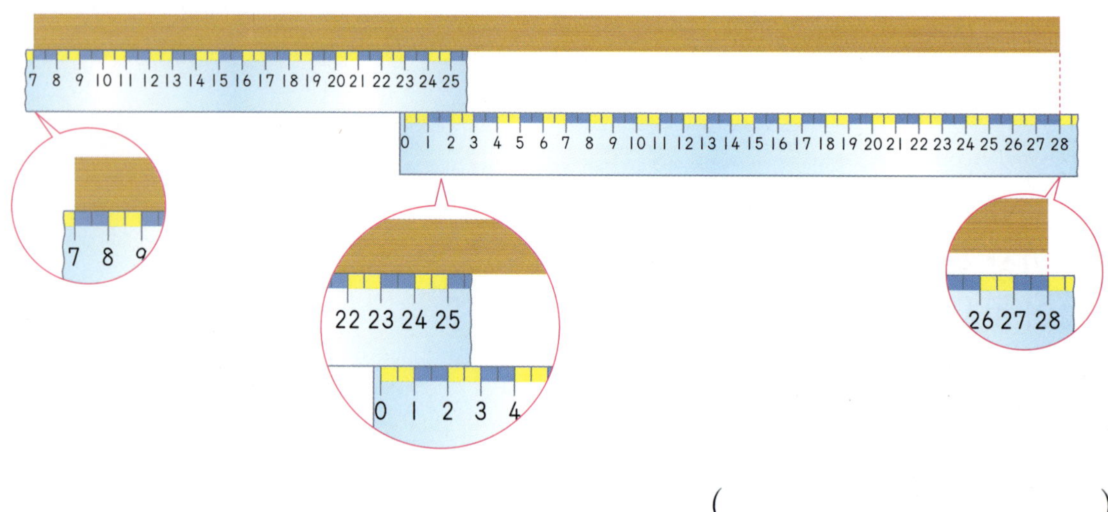

(   )

5. 분류하기

비법 ① 분류는 어떻게 하는지 알아보기

• 꽃 카드 분류하기

| 튤립 | 해바라기 | 민들레 | 수선화 | 진달래 | 맨드라미 |
| 장미 | 아네모네 | 접시꽃 | 국화 | 코스모스 | 무궁화 |

⇨ 어느 누가 분류해도 결과가 같고, 분류된 기준으로 카드를 찾을 때 정확히 찾을 수 있는 기준은 미라와 진호가 세운 분류 기준입니다.

비법 ② 기준에 따라 분류하기

• 위 비법 ① 의 꽃 카드를 색깔과 글자 수로 분류해 보기

	두 글자	세 글자	네 글자
빨간색	 튤립, 장미	접시꽃	맨드라미, 아네모네
분홍색		진달래, 무궁화	코스모스
노란색	국화	민들레, 수선화	해바라기

일·등·특·강

• 분류: 기준에 따라 나누는 것
• 분류를 할 때는 분명한 기준을 정하는 것이 좋습니다.

예쁜 꽃과 예쁘지 않은 꽃으로 분류하면 사람마다 결과가 다를 수 있기 때문에 분명하지 않은 분류 기준입니다.

• 위 꽃 카드를 주어진 기준에 따라 분류하기

분류 기준 ①		색깔
빨간색	**분홍색**	**노란색**
튤립 장미 접시꽃 맨드라미 아네모네	진달래 무궁화 코스모스	국화 민들레 수선화 해바라기

분류 기준 ②		글자 수
두 글자	**세 글자**	**네 글자**
튤립 장미 국화	접시꽃 진달래 무궁화 민들레 수선화	맨드라미 아네모네 코스모스 해바라기

비법 3 분류하고 세어 보기

자료를 ①, ②, ③, ④ 순으로 ////에 바로 표시를 하면서 세어 봅니다.

• 도형을 모양에 따라 분류하고 그 수를 세어 보기

모양	♡	◯	△
세면서 표시하기	//// ////	//// ////	//// ////
도형의 수(개)	5	6	3

⇨ ◯ 모양이 가장 많고, △ 모양이 가장 적습니다.
└─ 6개   └─ 3개

비법 4 분류한 결과 말해 보기

• 아이스크림을 분류한 기준 말해 보기

초콜릿 맛 ─   ─ 딸기 맛

⇨ 아이스크림을 맛으로 분류하였습니다.

• 학생들이 가장 좋아하는 아이스크림 말해 보기

	초콜릿 맛 	딸기 맛 
콘 모양	//// ////	//// ////
	3개	5개
막대 모양	//// ////	//// ////
	4개	7개

⇨ 딸기 맛 막대 아이스크림을 좋아하는 학생이 가장 많습니다.

• **기준에 따라 분류하고 세어 보기**

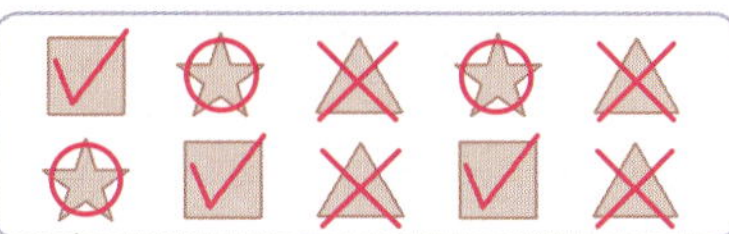

└─ ■는 √표, ★은 ◯표, ▲는 ×표

그림에 모양별로 다른 표시를 한 것을 ////에 순서대로 표시하면서 세어 봅니다.

모든 자료를 세어 본 다음에는 센 결과가 자료의 수와 같은지 확인해 봅니다.
⇨ 5+6+3=14
  ♡ ◯ △ └─전체 자료의 수

• 분류하고 세어 보면 분류된 것의 개수의 많고 적음을 한눈에 알 수 있습니다.

• **물건을 분류해서 정리하면 좋은 점**
① 정리되어 깨끗해 보입니다.
② 원하는 물건을 찾는 것이 더 쉬워집니다.
③ 물건이 몇 개씩 있는지 쉽게 알 수 있습니다.

아이스크림을 모양과 맛으로 분류할 수 있습니다.
콘과 막대   초콜릿 맛과 딸기 맛

STEP 1 기본 유형 익히기

1 분류는 어떻게 하는지 알아보기

- 분류는 기준에 따라 나누는 것입니다.
- 분류할 때는 분명한 기준을 정하는 것이 좋습니다.

1-1 색깔을 기준으로 분류할 수 있는 것에 ◯표 하시오.

(   )   (   )

1-2 분류 기준으로 알맞은 것을 모두 찾아 기호를 쓰시오.

- ㉠ 보라색, 노란색, 초록색 책
- ㉡ 교과서와 동화책
- ㉢ 좋아하는 것과 좋아하지 않은 것
- ㉣ 길이가 같은 것
- ㉤ 중요한 것과 중요하지 않은 것

(   )

1-3 어느 누가 분류해도 결과가 같은 분류 기준은 어느 것입니까?·············(   )

① 글자 수   ② 단맛   ③ 냄새
④ 예쁜 것과 예쁘지 않은 것

서술형

1-4 글자 카드를 두 개의 상자에 나누어 정리하려면 어떻게 정리하면 좋을지 써 보시오.

사자	공책	치타	연습장
호랑이	고양이	연필	판다
지우개	돼지	필통	원숭이

____

____

1-5 분류 기준으로 알맞지 <u>않은</u> 까닭을 찾아 기호를 쓰시오.

분류 기준
젤리의 크기

- ㉠ 분류 기준이 분명합니다.
- ㉡ 분류 기준으로 나누어지지 않습니다.

(   )

2   기준에 따라 분류하기

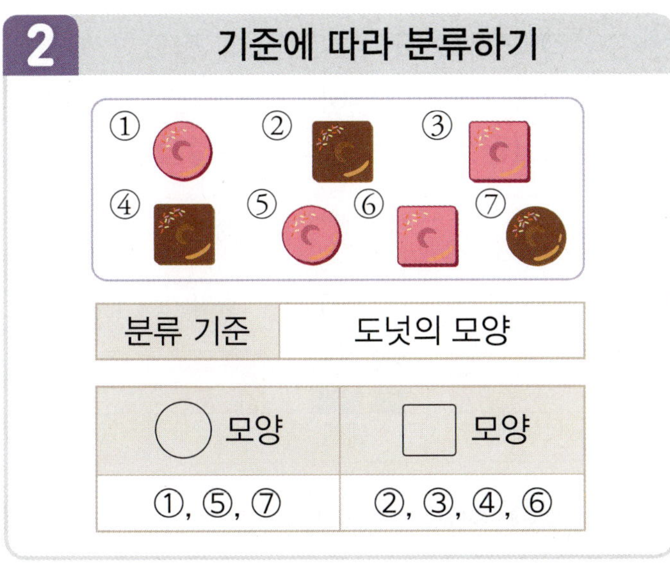

분류 기준	도넛의 모양

◯ 모양	▢ 모양
①, ⑤, ⑦	②, ③, ④, ⑥

[2-1 ~ 2-2] 주어진 기준에 따라 분류하시오.

2-1 활동하는 곳이 같은 동물끼리 분류하시오.

활동하는 곳	동물의 번호
물	
땅	
하늘	

2-2 다리의 수가 같은 동물끼리 분류하시오.

다리의 수	동물의 번호
없음.	
2개	
4개	

2-3 우리 반 학생들을 분류할 수 있는 2가지 기준을 써 보시오.

분류 기준 1 ________________________

분류 기준 2 ________________________

2-4 기준을 정하여 분류하시오.

㉠ △	㉡ ▢	㉢ △
㉣ ▢	㉤ △	㉥ ▽

분류 기준	

종류		
기호		

2-5 희주네 모둠 학생 6명을 성별과 모자에 따라 분류하여 이름을 써 보시오.

	여학생	남학생
모자를 쓴 학생		
모자를 안 쓴 학생		

3 　분류하고 세어 보기

- 분류 기준에 따라 분류해 보고 분류한 것을 ////로 표시하면서 세어 봅니다.
- 센 결과가 전체 자료 수와 같은지 확인합니다.

3-1 학생들이 키우고 있는 동물을 종류에 따라 분류하고 그 수를 세어 보시오.

종류	강아지	고양이	거북
세면서 표시하기	////	////	////
수(마리)	5		

3-2 칠판에 여러 글자가 쓰여 있습니다. 나만의 기준에 따라 분류하고 그 수를 세어 보시오.

분류 기준	

종류		
글자		
수(개)		

3-3 각 나라의 국기를 그릴 때 필요한 색깔의 수에 따라 분류하고 그 수를 세어 보시오. (단, 흰색은 생각하지 않습니다.)

대한민국	덴마크	독일	그리스
베트남	스웨덴	스위스	일본

색깔 수	한 가지	두 가지	세 가지
나라 이름			
수(개국)			

3-4 ·보기·와 같은 기준을 만들고, 알맞은 것을 찾아 그 수를 세어 보시오.

·보기·
- 빨간색입니다.
- 사각형입니다.

⇨ | 1 |개

·기준 만들기·

⇨ | |개

4 분류한 결과 말해 보기

- 기준을 세워 분류하고 센 수를 이용하여 가장 많이 필요한 물건이나 필요한 물건의 수 등 여러 가지 문제를 해결할 수 있습니다.

[4-1~4-2] 수정이네 반 어머니 모임을 하기 위해 어머니들이 좋아하는 음료를 조사하였습니다. 물음에 답하시오.

커피	오렌지 주스	녹차	오렌지 주스
사과 주스	커피	커피	녹차
커피	녹차	오렌지 주스	커피

4-1 종류에 따라 분류하고 그 수를 세어 보시오.

종류	커피	오렌지 주스	녹차	사과 주스
세면서 표시하기	/////	/////	/////	/////
수(명)	5			

4-2 어머니 모임에서 가장 많이 준비하면 좋을 음료는 무엇입니까?

( )

4-3 학생들이 좋아하는 모자 색깔입니다. 모자 가게에서는 어떤 색깔의 모자를 많이 준비하면 좋을지 쓰고 까닭을 써 보시오.

( )

까닭 ____________________

____

4-4 종류별로 분류하여 그 수를 세어 보고, 알맞은 연필꽂이를 찾아 기호를 쓰시오.

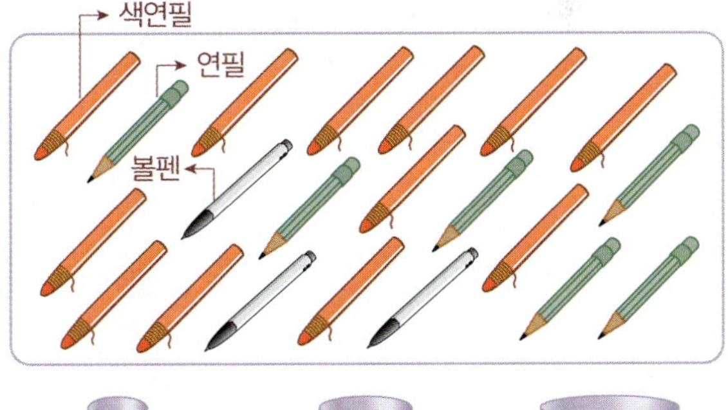

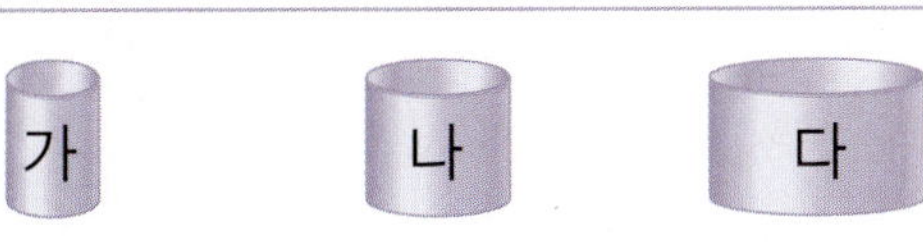

종류	연필	색연필	볼펜
수(자루)			
연필꽂이			

STEP 2 응용 유형 익히기

응용 1 기준을 정하여 분류하기

예제 1-1 기준을 정하여 분류하시오.

① ② ③ ④ ⑤ ⑥ ⑦

생각 열기

어떤 기준에 따라 분류할 수 있는지 먼저 생각해 봅니다.

(1) 어떤 기준에 따라 분류할 수 있습니까?

( )

(2) 위 (1)에서 정한 기준에 따라 분류하여 번호를 써 보시오.

예제 1-2 기준을 정하여 분류하시오.

 트럼펫	 바이올린	 북	 첼로	 플루트
 콘트라베이스	 하프	 기타	 팀파니	 리코더

분류 기준	

응용 2 — 분류하고 세어 보기

동영상 강의

예제 2-1 은수네 반 친구들이 좋아하는 계절을 조사하였습니다. 계절에 따라 분류하여 수를 세어 보고 가장 많은 친구들이 좋아하는 계절을 알아보시오.

봄	겨울	봄	봄	가을	여름	봄
여름	겨울	여름	가을	겨울	겨울	여름
봄	가을	여름	겨울	여름	여름	겨울

생각 열기

계절에 따라 표시를 하면서 세어 봅니다.

(1) 계절에 따라 분류하고 그 수를 세어 보시오.

계절	봄	여름	가을	겨울
세면서 표시하기	⟋⟋⟋ ⟋⟋⟋	⟋⟋⟋ ⟋⟋⟋	⟋⟋⟋ ⟋⟋⟋	⟋⟋⟋ ⟋⟋⟋
학생 수(명)				

(2) 가장 많은 친구들이 좋아하는 계절은 무엇입니까?

(   )

예제 2-2 다리 수가 같은 동물끼리 분류하여 수를 세어 보고 다리가 2개인 동물은 모두 몇 마리인지 구하시오.

토끼	돼지	고래	독수리	앵무새	호랑이	뱀
염소	열대어	닭	소	기러기	금붕어	달팽이
사자	너구리	양	비둘기	오리	말	참새
상어	구관조	표범	기린	부엉이	잉어	낙타

다리 수			
세면서 표시하기	⟋⟋⟋ ⟋⟋⟋ ⟋⟋⟋	⟋⟋⟋ ⟋⟋⟋ ⟋⟋⟋	⟋⟋⟋ ⟋⟋⟋ ⟋⟋⟋
동물 수(마리)			

(   )

응용 3 기준에 따라 분류하기

동영상 강의

예제 3-1 잘못 분류되어 있는 것을 찾고, 바르게 고쳐 보시오.

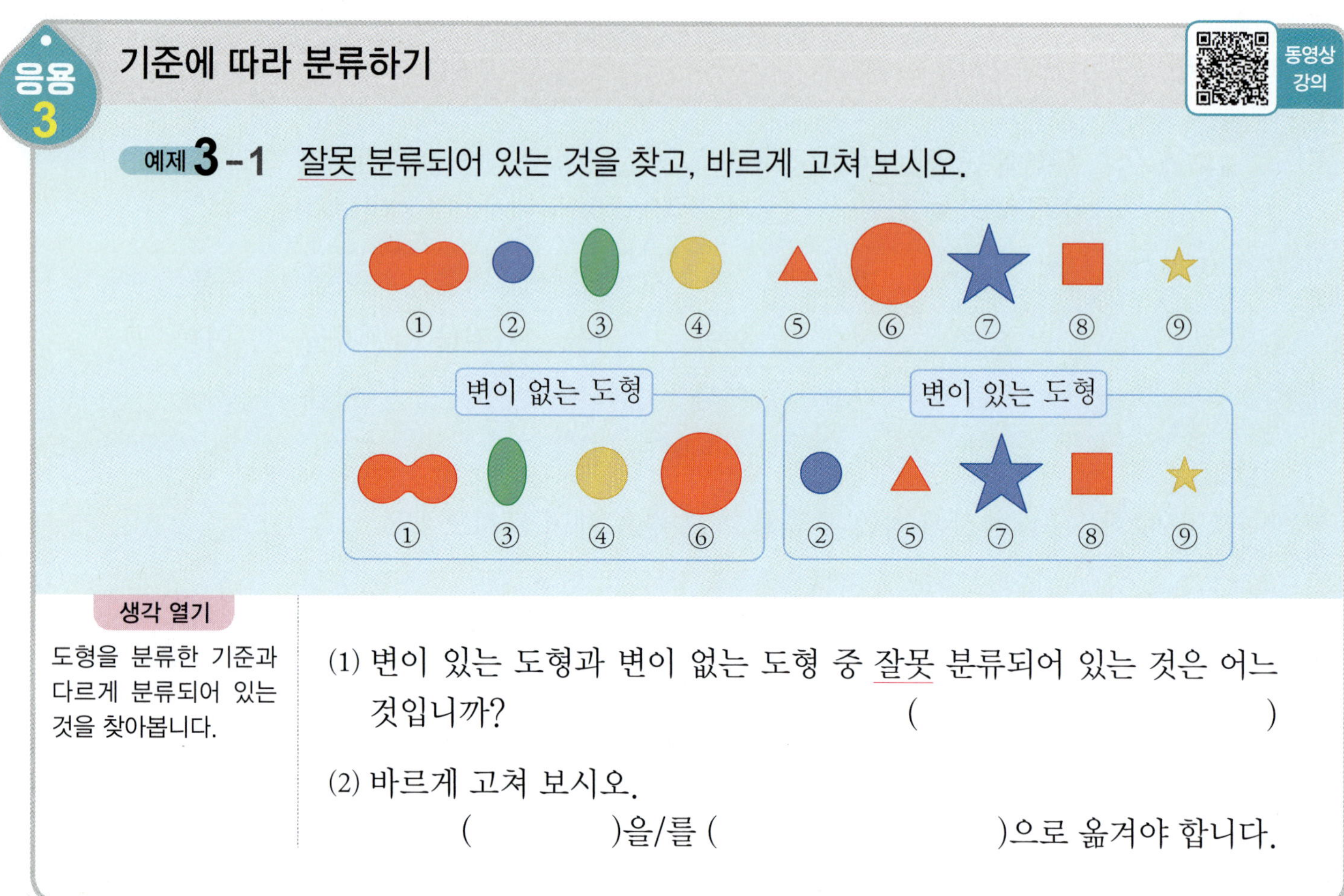

생각 열기

도형을 분류한 기준과 다르게 분류되어 있는 것을 찾아봅니다.

(1) 변이 있는 도형과 변이 없는 도형 중 잘못 분류되어 있는 것은 어느 것입니까?
( )

(2) 바르게 고쳐 보시오.
( )을/를 ( )으로 옮겨야 합니다.

예제 3-2 혜민이는 도형을 다음과 같이 바깥쪽 도형의 모양에 따라 분류하였습니다. 잘못 분류되어 있는 것을 찾아 바르게 고쳐 보시오.

원			사각형			삼각형	
①	⑤	⑦	②	④	⑧	③	⑥

바르게 고치기 ______________________________

응용 4 · 분류한 결과 말해 보기

5

분류하기

예제 4−1 학급 문고에 있는 책을 종류별로 조사하였습니다. 책 수가 비슷하려면 어떤 종류의 책을 더 사면 좋을지 알아보시오.

종류	인물	과학	예술	문화	역사
책 수(권)	15	16	3	5	18

생각 열기

학급 문고에 종류별로 책수가 비슷하게 되도록 하려면 각각의 책 수를 비교하여 그 수가 비교적 적은 책을 구입하도록 합니다.

(1) 가장 적은 책과 두 번째로 적은 책은 어떤 종류인지 차례로 쓰시오.

(   ), (   )

(2) 어떤 종류의 책을 더 사면 좋을지 설명하시오.

설명 ______________________________

____

예제 4−2 주성이네 학교 주변 모자 가게에서는 어느 성별의 모자를 더 준비하는 게 좋을지 쓰고, 설명하시오.

남자	여자	남자	여자	남자	남자	남자	여자	남자	여자
여자	남자	여자	남자	여자	남자	여자	남자	여자	남자

(   )

설명 ______________________________

____

____

3 STEP 응용 유형 뛰어넘기

분류 기준 알아보기

1 분류 기준을 찾아 쓰고 설명하시오. 〔서술형〕

🔹쌍둥이

〔분류 기준〕 _______________________

〔설명〕
____
____
____
____

기준에 따라 분류하기

2 단추의 색깔과 구멍의 수에 따라 분류하여 기호를 써 보시오.

🔹쌍둥이
▶동영상

	구멍 2개	구멍 4개
연두색		
노란색		
분홍색		

분류 기준 알아보기

3 동물을 다음과 같이 기준을 정하여 분류하였습니다. ㉠과 ㉡에 알맞은 기준을 각각 찾아 쓰시오.

㉠ (   )

㉡ (   )

____
____
____
____
____
____
____

기준에 따라 분류하기

4 •조건•을 만족하는 운동을 찾아 기호를 쓰시오.

┌─ 조건 ─┐
- 공을 사용하는 운동입니다.
- 주로 한 명이 하는 운동입니다.

㉠ 농구	㉡ 역도	㉢ 야구
㉣ 배구	㉤ 양궁	㉥ 수영
㉦ 골프	㉧ 축구	㉨ 마라톤

(   )

분류하고 세어 보기

5 윤정이네 가족이 백화점에 물건을 사러 왔습니다. 사야 할 물건의 종류가 가장 많은 층은 몇 층입니까?

층별 안내도

3층	가구
2층	옷
1층	음식

사야 할 물건

양말, 의자,
피자, 수박,
김치, 바지,
장식장, 김

(   )

분류하고 세어 보기

6 도혁이네 모둠 친구들이 집에서 키우는 동물을 조사하였습니다. 새보다 강아지를 키우는 친구가 더 많을 때 빈 곳에 알맞은 동물은 무엇인지 쓰시오.

🔄 쌍둥이

(   )

기준에 따라 분류하기

7 6명의 학생들이 4명과 2명으로 나누어 모둠 활동을 하려고 합니다. 어떤 기준으로 나누면 되겠습니까?

🔊 쌍둥이
▶동영상

분류 기준 ________________

[8~9] 민아네 학교 앞 아이스크림 가게에서 7월 어느 날에 팔린 아이스크림을 조사하였습니다. 물음에 답하시오.

초콜릿바닐라 맛	딸기초콜릿 맛	초콜릿바닐라 맛	초콜릿녹차 맛	초콜릿녹차 맛	딸기초콜릿 맛	초콜릿녹차 맛	딸기바닐라 맛
딸기초콜릿 맛	녹차바닐라 맛	딸기초콜릿 맛	딸기초콜릿 맛	초콜릿바닐라 맛	딸기바닐라 맛	딸기초콜릿 맛	초콜릿바닐라 맛

분류하고 세어 보기

8 이날 아이스크림 가게에서 가장 많이 팔린 아이스크림은 어느 것입니까?

🔊 쌍둥이

( )

분류하고 세어 보기 　　　　　　　　　　　　　　　창의·융합

9 이 아이스크림 가게에서 아이스크림을 많이 팔기 위해 많이 준비해야 할 맛부터 차례로 기호를 쓰시오.

🔊 쌍둥이

㉠ 초콜릿　㉡ 바닐라　㉢ 딸기　㉣ 녹차

( )

[10~12] 여러 가지 도형 조각을 보고 물음에 답하시오.

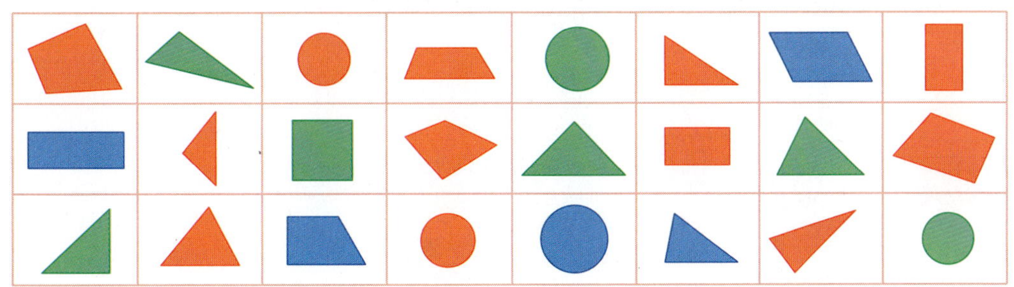

분류하고 세어 보기

10 도형 조각을 3가지로 분류할 수 있는 기준을 정하여 분류하고 그 수를 세어 보시오.

쌍둥이

분류 기준			
조각 수(개)			

분류하고 세어 보기　　　　　　　서술형

11 빨간색이면서 사각형인 도형 조각은 초록색이면서 삼각형인 도형 조각보다 몇 개 더 많은지 풀이 과정을 쓰고 답을 구하시오.

쌍둥이

(　　　　　　　)

풀이

분류하고 세어 보기

12 초록색이면서 사각형인 도형 조각 한 개를 친구에게 주었다면 초록색 도형 조각은 몇 개가 되고, 사각형 조각은 몇 개가 됩니까?

쌍둥이

초록색 도형 조각 (　　　　　　)

사각형 조각 (　　　　　　)

분류하고 세어 보기

13 민성이의 저금통에 들어 있는 돈을 모두 꺼낸 것입니다. 동전과 지폐 중 수가 더 많은 것은 무엇입니까?

( )

분류하고 세어 보기의 활용

14 지원이네 반 학생 22명이 좋아하는 과일을 조사하였습니다. 귤을 좋아하는 학생은 몇 명입니까?

과일	사과	귤	포도	딸기
학생 수(명)	6		4	7

( )

분류한 결과 말해 보기 　창의·융합　서술형

15 영신이가 16일과 23일 중 하루에 생일 파티를 하려고 합니다. 친구들이 올 수 없는 날을 조사한 것을 보고 생일 파티를 언제 하면 좋을지 쓰고, 그 까닭을 쓰시오.

🔄 쌍둥이
▶ 동영상

까닭

〈올 수 없는 날〉

16일	23일	23일	23일	16일
23일	16일	23일	23일	23일
23일	23일	16일	23일	23일

( )

★ 정답은 **48**쪽

분류하고 세어 보기의 활용　　　　　　　　　창의·융합

16 사과, 포도, 귤 중 효린이네 반 학생들이 좋아하는 과일을 조사하였습니다. 효린이와 현아는 서로 다른 과일을 좋아하고 포도를 좋아하는 학생이 3명일 때, 사과를 좋아하는 학생은 몇 명입니까?

쌍둥이
동영상

효린	정현	현정	가영
현아	민수	슬기	하나
혜정	소민	재민	소윤

(　　　　　　　)

분류하고 세어 보기의 활용

17 어머니가 가지고 있는 단추를 색깔과 모양에 따라 각각 분류하였습니다. ○ 모양이 □ 모양보다 4개 더 많을 때 ○ 모양 단추는 몇 개입니까?

색깔	파란색	노란색	빨간색	초록색
수(개)	3	8	6	4

모양	○ 모양	□ 모양	△ 모양
수(개)			5

(　　　　　　　)

[1~2] 옷을 보고 물음에 답하시오.

1 분류 기준으로 알맞은 것을 찾아 기호를 쓰시오.

> ㉠ 색깔
> ㉡ 비싼 옷과 싼 옷
> ㉢ 큰 옷과 작은 옷

(   )

2 옷을 다음과 같이 분류하였습니다. 분류 기준을 찾아 써 보시오.

| ①, ②, ⑥, ⑦ | ③, ④, ⑤, ⑧ |

분류 기준 ________________

3 슈퍼마켓에서 다음 물건을 진열하려고 합니다. 물건을 분류하여 번호를 쓰시오.

종류	과일	채소	고기
번호			

[4~6] 기준에 따라 분류하시오.

①	②	③	④
⑤	⑥	⑦	⑧
⑨	⑩	⑪	⑫

4 색깔에 따라 분류하시오.

색깔	하늘색	분홍색	노란색
번호			

5 무늬에 따라 분류하시오.

무늬	∧∧∧	——	⋯⋯⋯
번호			

창의·융합

6 색깔과 무늬에 따라 분류하시오.

	∧∧∧	——	⋯⋯⋯
하늘색			
분홍색			
노란색			

[7~10] 성호가 7월 한 달 동안의 날씨를 조사하였습니다. 물음에 답하시오.

7월

일	월	화	수	목	금	토
	1	2	3	4	5	6
7	8	9	10	11	12	13
14	15	16	17	18	19	20
21	22	23	24	25	26	27
28	29	30	31			

☀️ 맑은 날   ☁️ 흐린 날   ☂️ 비 온 날

7 날씨에 따라 분류하고 그 수를 세어 보시오.

날씨	맑은 날	흐린 날	비 온 날
세면서 표시하기	正正正	正正正	正正正
날 수(일)			

8 7월의 날씨는 어떤 날이 가장 많았습니까?

(   )

9 7월 한 달 동안 맑은 날은 모두 며칠이었습니까?

(   )

10 7월 한 달 동안 우산이 필요했던 날은 모두 며칠이었습니까?

(   )

[11~12] 문구점에 있는 머리핀을 조사하여 다음과 같이 분류하였습니다. 물음에 답하시오.

서술형

11 잘못 분류된 것을 찾아 ◯표 하고, 그렇게 생각한 까닭을 써 보시오.

까닭 ___________________________

____

12 머리핀을 모양에 따라 다시 분류하고 그 수를 세어 보시오.

모양	♡	✿	◇	◯
수(개)				

13 가장 많은 모양은 가장 적은 모양보다 몇 개 더 많습니까?

( )

[14~15] 운동회 날 청팀과 백팀이 카드 뒤집기 게임을 하였습니다. 물음에 답하시오.

14 색깔에 따라 분류하고 그 수를 세어 보시오.

색깔	청색	백색
카드 수(장)		

서술형

15 어느 팀이 이겼는지 말해 보시오.

____

____

[16~17] 재희가 가지고 있는 공입니다. 물음에 답하시오.

16 색깔에 따라 분류하고 그 수를 세어 보시오.

색깔	빨간색	파란색	노란색
공 수(개)			

창의·융합

17 위 **16**처럼 분류하고 통에 담으려고 합니다. 가 통에 무슨 색 공을 담으면 좋겠습니까?

가   나   다

(   )

[18~20] 성우네 반 학생들의 성별과 혈액형을 조사하였습니다. 물음에 답하시오.

남, O 성우	여, AB 현아	남, A 규형	여, B 하나	여, O 소윤
여, A 미희	남, A 혁관	여, O 민선	남, B 현종	여, B 미영
여, B 진아	남, AB 인근	여, B 유진	여, O 수정	남, A 우성
여, O 세진	남, B 성호	남, O 준수	여, O 예림	여, A 혜정

18 다음 기준에 맞는 학생은 몇 명입니까?

기준
- 여자입니다.
- A형입니다.

(   )

19 위 **18**처럼 기준을 만들고, 기준에 알맞은 학생은 몇 명인지 구하시오.

기준 만들기

(   )

서술형

20 여자이면서 O형인 학생은 남자이면서 B형인 학생보다 몇 명 더 많은지 풀이 과정을 쓰고 답을 구하시오.

풀이 ________________________________

____

____

답 ________________________________

⭐정답은 **52**쪽

1 분류한 것을 보고 다음 모양이 들어갈 곳을 각각 쓰시오.

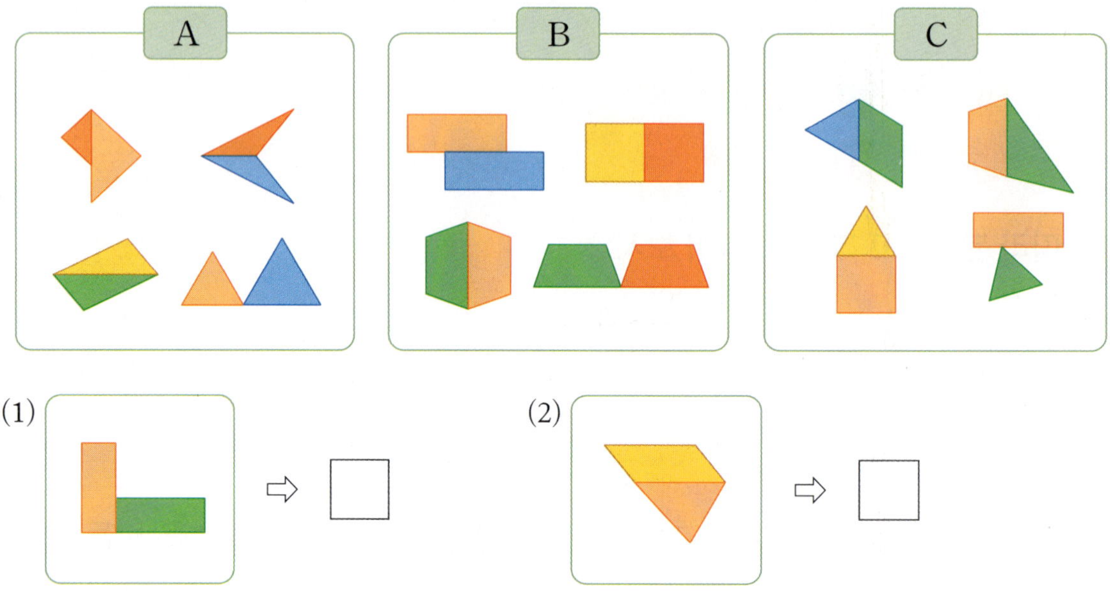

(1) ⇨ □

(2) ⇨ □

2 위인을 다음과 같이 분류하였습니다. 빈 곳에 들어갈 수 있는 위인에 ◯표 하시오.

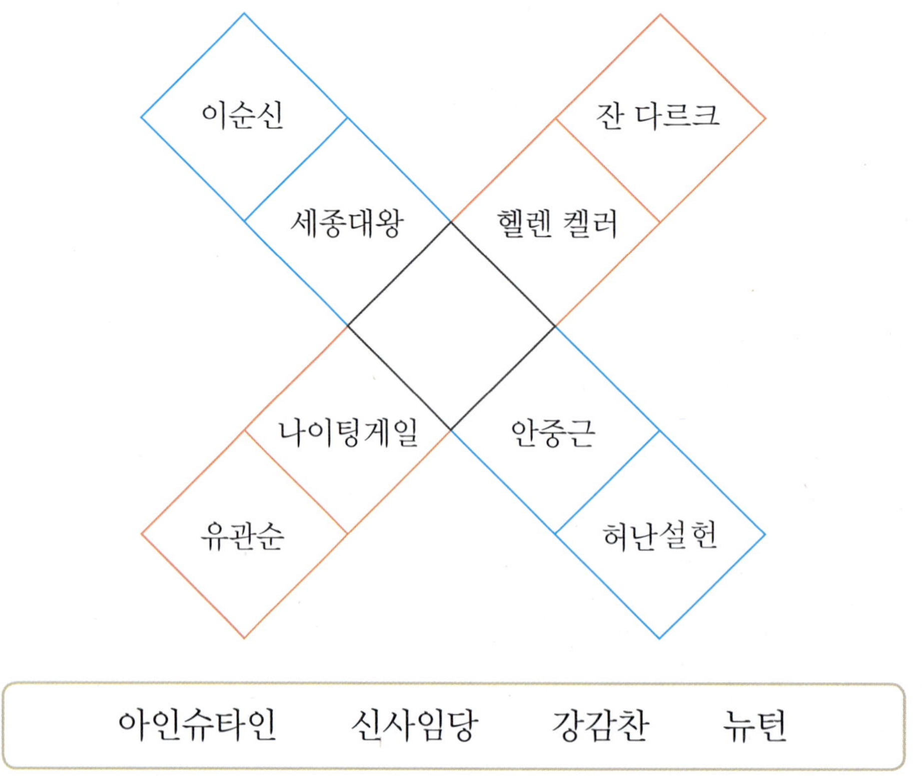

아인슈타인　　신사임당　　강감찬　　뉴턴

6

곱셈

비법 1 여러 가지 방법으로 세기

- 야구공은 모두 몇 개인지 여러 가지 방법으로 세기

① 하나씩 세기

  1, 2, 3, 4, 5, 6, 7, 8이므로 모두 8개입니다.

② 뛰어 세기

  2씩 뛰어 세면 2, 4, 6, 8로 모두 8개입니다.

③ 묶어 세기

  4씩 묶어 세면 2묶음이므로 모두 8개입니다.

비법 2 묶어 세기

- 사과는 모두 몇 개인지 묶어 세기

5씩 3묶음 ⇨

5	5	5

⇨ 15개

5	10	15

- 다른 방법으로 묶어 세기

3씩 5묶음 ⇨

3	3	3	3	3

⇨ 15개

3	6	9	12	15

- 묶어 세는 방법이 시간이 적게 걸리고 쉬워서 편리할 수 있습니다.

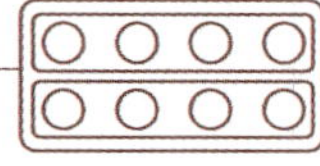

- 물건의 수를 여러 가지 방법으로 묶어 세기를 할 수 있습니다.

2씩 6묶음
3씩 4묶음
4씩 3묶음 ⇨ 12개
6씩 2묶음

비법 ③ 몇의 몇 배 알아보기

• 2의 몇 배 알아보기
  2의 6배는 12입니다.

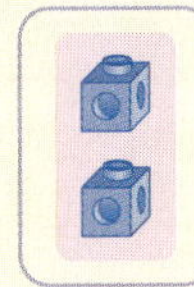 

• 4의 7배 알아보기

4의 7배 ⇨ $4+4+4+4+4+4+4=28$
└──── 7번 더함. ────┘

비법 ④ 곱셈식 알아보기

• 화분은 모두 몇 개인지 알아보기

① 2씩 8묶음 ⇨ 2의 8배
  덧셈식 $2+2+2+2+2+2+2+2=16$
  곱셈식 $2×8=16$

② 4씩 4묶음 ⇨ 4의 4배
  덧셈식 $4+4+4+4=16$
  곱셈식 $4×4=16$

③ 8씩 2묶음 ⇨ 8의 2배
  덧셈식 $8+8=16$
  곱셈식 $8×2=16$

• ■의 ●배

① 4씩 3묶음은 12입니다.
② 4씩 3묶음은 4의 3배입니다.
  ⇨ ■씩 ●묶음은 ■의 ●배입니다.
③ 4의 3배는 12입니다.

• 곱셈식 알아보기 (1)

 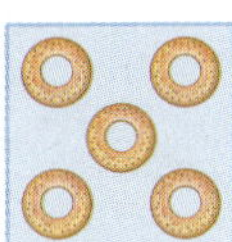 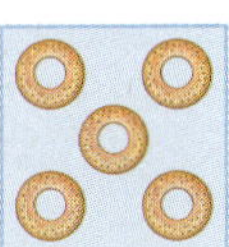

① 5의 3배를 5×3이라고 씁니다.
② 5×3은 5 곱하기 3이라고 읽습니다.

• 곱셈식 알아보기 (2)

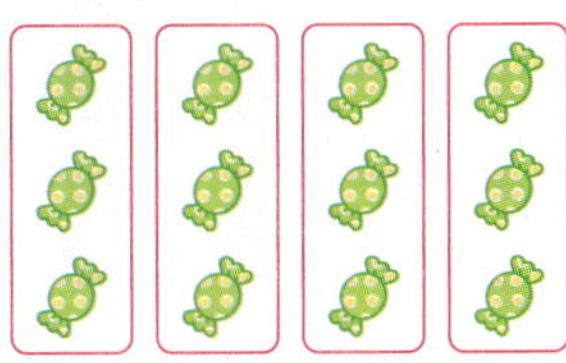

① $3+3+3+3$은 $3×4$와 같습니다.
② $3×4=12$
③ $3×4=12$는 3 곱하기 4는 12와 같습니다라고 읽습니다.
④ 3과 4의 곱은 12입니다.

6 곱셈

1　여러 가지 방법으로 세기

① 하나씩 세기
　1, 2, 3, 4, 5, 6이므로 모두 6개
② 뛰어 세기
　2씩 뛰어 세면 2, 4, 6으로 모두 6개
③ 묶어 세기
　3씩 묶어 세면 2묶음이므로 모두 6개

1-1　당근은 모두 몇 개인지 세어 보시오.

(　　　　　　　)

1-2　인형은 모두 몇 개인지 3씩 뛰어 세어 보시오.

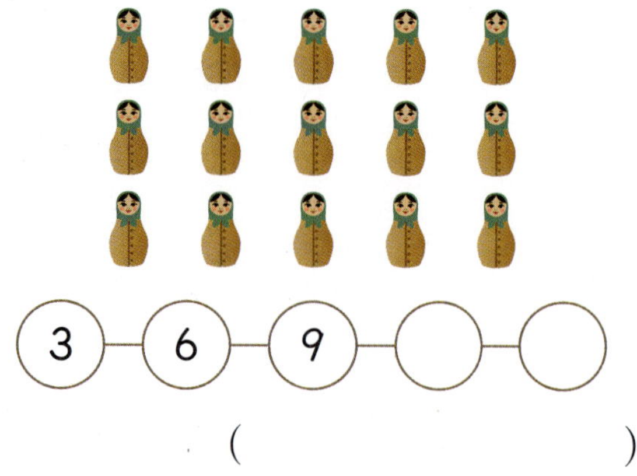

(　　　　　　　)

1-3　개구리는 모두 몇 마리인지 4씩 묶어 세어 보시오.

(　　　　　　　)

1-4　컵케이크는 모두 몇 개인지 묶어 세려고 합니다. □ 안에 알맞은 수를 써넣으시오.

2씩 ☐묶음이므로 모두 ☐개입니다.

서술형　창의·융합

1-5　딸기는 모두 몇 개인지 세어 보고 어떤 방법으로 세었는지 설명하시오.

(　　　　　　　)

방법 ___________________________

____

<table>
<tr><td>2</td><td colspan="2">묶어 세기</td></tr>
</table>

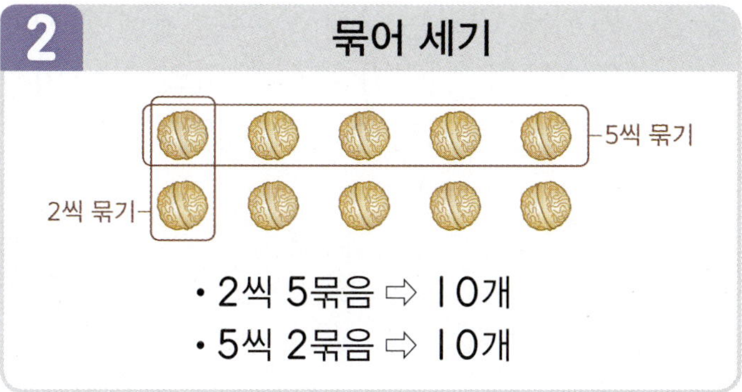

- 2씩 5묶음 ⇨ 10개
- 5씩 2묶음 ⇨ 10개

2-1 사탕은 모두 몇 개인지 묶어 세어 보시오.

(1) 3씩 묶어 세어 보시오.

| 3 | 6 | | |

3씩 1묶음 3씩 2묶음 3씩 3묶음 3씩 4묶음

(2) 사탕은 모두 몇 개입니까?

(　　　　　　　　)

2-2 참외는 모두 몇 개인지 묶어 세어 보시오.

(1) ☐ 안에 알맞은 수를 써넣으시오.

| 2 | 2 | 2 | 2 |

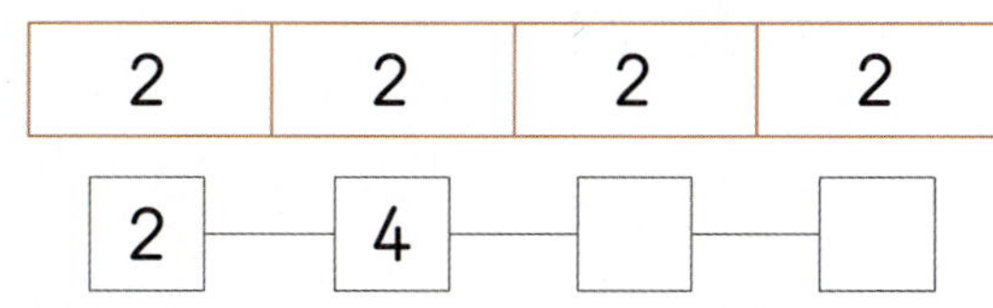

(2) 참외는 모두 몇 개입니까?

(　　　　　　　　)

2-3 꽃은 모두 몇 송이인지 묶어 세어 보시오.

(1) 꽃의 수는 4씩 몇 묶음입니까?

(　　　　　　　　)

(2) 꽃은 모두 몇 송이입니까?

(　　　　　　　　)

(3) 다른 방법으로 묶어 세려고 합니다.
☐ 안에 알맞은 수를 써넣으시오.

☐씩 ☐묶음

2-4 구슬 16개가 있습니다. 설명이 <u>잘못된</u>
사람의 이름을 쓰고 <u>잘못된</u> 설명을 바르
게 고치시오.

이름 ＿＿＿＿＿＿＿＿＿＿＿＿＿＿＿＿＿

바르게 고치기 ＿＿＿＿＿＿＿＿＿＿＿＿

＿＿＿＿＿＿＿＿＿＿＿＿＿＿＿＿＿＿＿

6

곱
셈

3 몇의 몇 배 알아보기

• 2의 4배는 8입니다.

3-1 그림을 보고 □ 안에 알맞은 수를 써넣으시오.

(1) 3씩 □ 묶음은 □ 입니다.

(2) 3씩 □ 묶음은 3의 □ 배입니다.

(3) 3의 □ 배는 □ 입니다.

3-2 □ 안에 알맞은 수를 써넣으시오.

9씩 4묶음은 9의 □ 배이고

□ + □ + □ + □ = □

입니다.

3-3 딱지를 미라는 2장, 해주는 6장 가지고 있습니다. 해주가 가진 딱지의 수는 미라가 가진 딱지의 수의 몇 배입니까?

( )

3-4 지수가 놀이터에서 만난 언니의 나이는 몇 살입니까?

( )

3-5 참외의 수는 사과의 수의 몇 배인지 글로 써 보시오.

____

____

<table>
<tr><td>

4   **곱셈식 알아보기**

- 2의 5배
  쓰기 2×5   읽기 2 곱하기 5
- 3+3+3+3은 3×4와 같습니다.
  3×4=12
  읽기 3 곱하기 4는 12와 같습니다.
  3과 4의 곱은 12입니다.

</td></tr>
</table>

4-1   과자는 모두 몇 개인지 알아보시오.

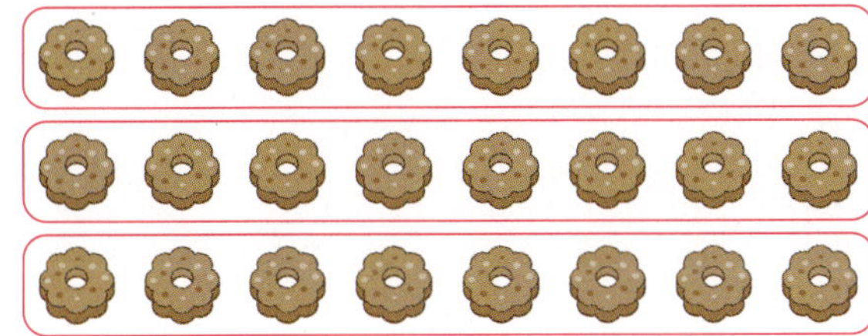

(1) 과자의 수는 8의 ☐ 배입니다.

(2) 덧셈식으로 나타내어 보시오.

   덧셈식 ______________________

(3) 곱셈식으로 나타내어 보시오.

   곱셈식 ______________________

4-2   모자는 모두 몇 개인지 알아보려고 합니다. ☐ 안에 알맞은 수를 써넣고, 덧셈식과 곱셈식으로 나타내어 보시오.

 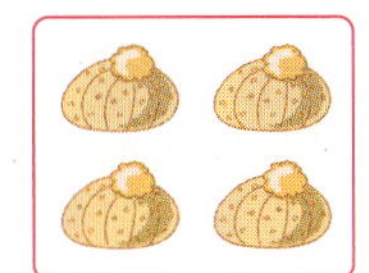 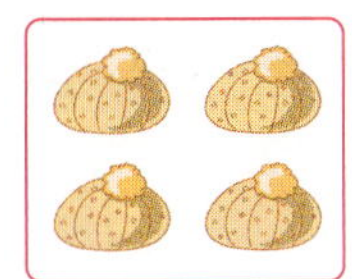

4씩 ☐ 묶음

덧셈식 ______________________

곱셈식 ______________________

4-3   그림을 보고 알맞은 곱셈식으로 나타내어 보시오.

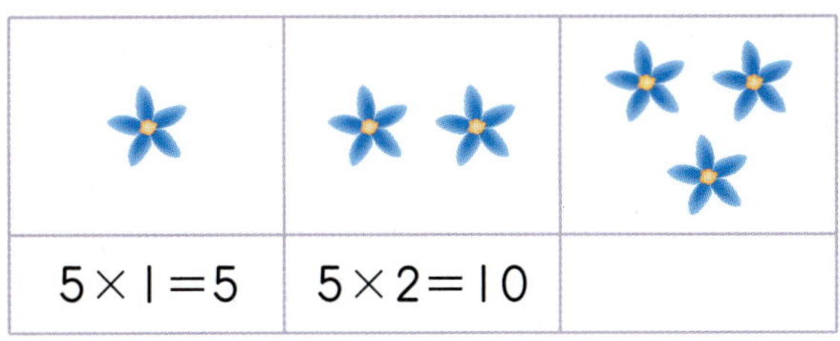

5×1=5	5×2=10	

4-4   도넛의 수를 덧셈식과 곱셈식으로 나타내어 보시오.

덧셈식 ______________________

곱셈식 ______________________

서술형

4-5   해주가 가지고 있는 구슬은 모두 몇 개인지 곱셈식으로 나타내고 답을 구하시오.

  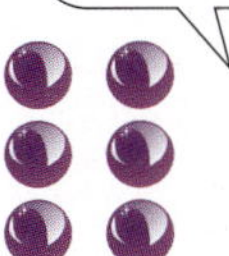 

곱셈식 ______________________

답 ______________________

6

곱

셈

STEP 2 응용 유형 익히기

응용 1 묶어 세기

예제 1-1 달걀은 모두 몇 개인지 2가지 방법으로 묶어 세고 답을 구하시오.

생각 열기
달걀을 2씩, 5씩 묶어 봅니다.

(1) 달걀의 수는 2씩 ☐ 묶음입니다.

(2) 달걀의 수는 5씩 ☐ 묶음입니다.

(3) 달걀은 모두 몇 개입니까?
(   )

예제 1-2 가위는 모두 몇 개인지 2가지 방법으로 묶어 세고 답을 구하시오.

☐씩 ☐묶음, ☐씩 ☐묶음

(   )

예제 1-3 연필은 모두 몇 자루인지 4가지 방법으로 묶어 세고 답을 구하시오.

☐씩 ☐묶음, ☐씩 ☐묶음,
☐씩 ☐묶음, ☐씩 ☐묶음

(   )

응용 2 · 곱셈식으로 나타내기

예제 2-1 수수깡으로 오른쪽 모양을 겹치지 않고 6개 만들려고 합니다. 필요한 수수깡 수를 곱셈식으로 나타내어 보시오.

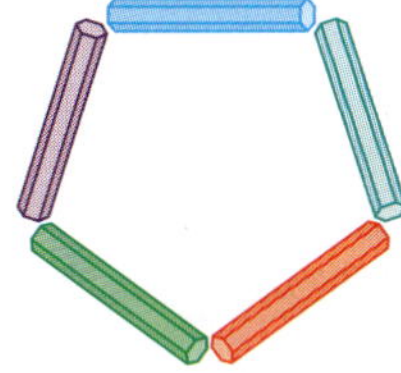

생각 열기
모양을 1개 만드는 데 필요한 수수깡은 4개입니다.

(1) 필요한 수수깡 수는 4씩 몇 묶음입니까?

( )

(2) 필요한 수수깡 수를 곱셈식으로 나타내어 보시오.

곱셈식 ______________________

예제 2-2 모양 블록으로 오른쪽 모양을 겹치지 않고 5개 만들려고 합니다. 필요한 모양 블록 수를 곱셈식으로 나타내어 보시오.

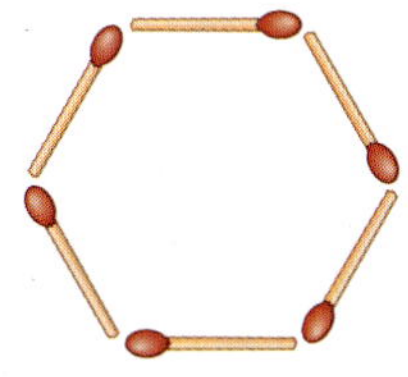

곱셈식 ______________________

6

곱
셈

예제 2-3 성냥개비로 오른쪽 모양을 겹치지 않고 7개 만들려고 합니다. 필요한 성냥개비 수를 덧셈식과 곱셈식으로 나타내어 보시오.

덧셈식 ______________________

곱셈식 ______________________

응용 3 · 몇씩 몇 묶음의 활용

예제 3-1 범준이는 모형을 2개씩 7묶음 가지고 있고 보라는 4개씩 5묶음 가지고 있습니다. 범준이와 보라 중 모형을 더 많이 가지고 있는 사람은 누구인지 알아보시오.

생각 열기

■씩 ▲묶음

⇨ ■+■+…+■
   └─ ▲번 더함. ─┘

(1) 범준이가 가지고 있는 모형은 몇 개입니까?

( )

(2) 보라가 가지고 있는 모형은 몇 개입니까?

( )

(3) 모형을 더 많이 가지고 있는 사람은 누구입니까?

( )

예제 3-2 소영이는 빨간색 구슬을 6개씩 8묶음 가지고 있고 노란색 구슬을 7개씩 7묶음 가지고 있습니다. 소영이는 빨간색과 노란색 중 어떤 색 구슬을 더 많이 가지고 있습니까?

( )

예제 3-3 민재는 야구공을 2개씩 5묶음 가지고 있고 소희는 5개씩 5묶음 가지고 있습니다. 민재와 소희가 가지고 있는 야구공은 모두 몇 개입니까?

( )

몇의 몇 배의 활용

응용 4

예제 4-1 영지는 하루에 책을 2쪽 읽었고 태희는 하루에 영지의 3배만큼 책을 읽었습니다. 태희가 7일 동안 읽은 책은 모두 몇 쪽인지 알아보시오.

생각 열기
■쪽씩 ▲일 동안 읽은 책의 쪽수는 ■의 ▲배입니다.

(1) 태희가 하루에 읽은 책은 몇 쪽입니까?

(   )

(2) 태희가 7일 동안 읽은 책은 모두 몇 쪽입니까?

(   )

예제 4-2 성실이는 하루에 우유를 3컵 마셨고 지혜는 하루에 성실이의 3배만큼 우유를 마셨습니다. 지혜가 7일 동안 마신 우유는 모두 몇 컵입니까?

(   )

예제 4-3 윤이의 동생의 나이는 4살이고 윤이의 나이는 동생의 나이의 2배입니다. 윤이의 할아버지의 연세는 윤이의 나이의 7배입니다. 윤이의 할아버지의 연세는 몇 세입니까?

(   )

6

곱셈

3 STEP 응용 유형 뛰어넘기

여러 가지 방법으로 세기

서술형

1 구슬은 모두 몇 개인지 묶어 세고 어떻게 세었는지 설명하시오.

🐴쌍둥이

(   )

설명
____
____
____
____
____

곱셈식 알아보기

서술형

2 사탕은 모두 몇 개인지 곱셈식으로 나타내고 답을 구하시오.

🐴쌍둥이

곱셈식 ________________________

답 ________________________

____
____
____
____
____

몇의 몇 배 알아보기

3 ㉠의 ㉡배는 얼마입니까?

🐴쌍둥이

· $6+6+6+6+6+6+6=6×㉠$
· $4+4=4×㉡$

(   )

____
____
____

곱셈식 알아보기

4 그림을 나타내는 것을 모두 찾아 기호를 쓰시오.

●쌍둥이
●동영상

㉠ 9×3　　㉡ 4×9
㉢ 3×8　　㉣ 9×4

(　　　　　　　)

묶어 세기

5 구슬은 모두 몇 개인지 2가지 방법으로 묶어 세고 답을 구하시오.

●쌍둥이
●동영상

☐씩 ☐묶음, ☐씩 ☐묶음

(　　　　　　　)

몇의 몇 배 알아보기

6 한 봉지에 6개씩 들어 있는 쿠키를 4봉지 샀습니다. 이 쿠키를 8명에게 똑같이 나누어 주면 몇 개씩 줄 수 있습니까?

(　　　　　　　)

6

곱
셈

몇의 몇 배 알아보기

7 나타내는 수가 더 큰 것의 기호를 쓰시오.
🔽쌍둥이

> ㉠ 5씩 6묶음 ㉡ 8의 4배

( )

곱셈식 알아보기 창의·융합

8 모양이 규칙적으로 그려진 이불 위에 원숭이와 돌고래가 있습니다. 어떤 동물이 있는 이불에 그려진 모양이 몇 개 더 많습니까?

( ), ( )

몇의 몇 배 알아보기

9 9의 4배는 6씩 몇 묶음과 같습니까?
🔽쌍둥이
▶동영상

( )

곱셈식 알아보기 창의·융합

10 오른쪽 모눈종이에 왼쪽 모양을 모두 몇 개 그릴 수 있습니까?

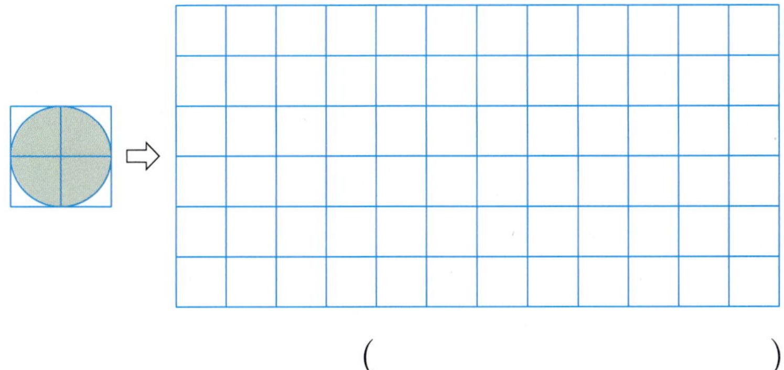

(   )

곱셈식으로 나타내기

11 다음 쌓기나무 층수의 5배만큼 쌓으려고 합니다. 필요한 쌓기나무는 모두 몇 개인지 곱셈식으로 나타내고 답을 구하시오.

곱셈식 ____________________

답 ____________________

곱셈식 활용하기

12 ☐ 안에 알맞은 수를 써넣으시오.

$$8 \times \blacklozenge = 32$$
$$\blacklozenge \times 6 = \boxed{}$$

6
곱
셈

곱셈식 알아보기 창의·융합

13 약국에서 약을 5일치 샀습니다. 아래 그림은 하루에 먹어야 하는 알약입니다. 5일 동안 먹어야 하는 알약은 모두 몇 알입니까?

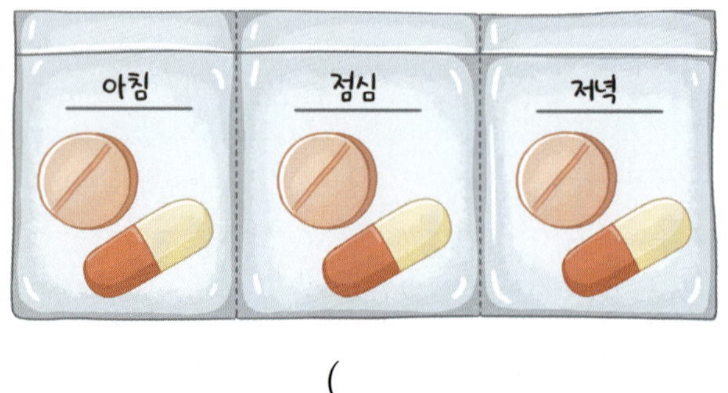

(   )

곱셈식 알아보기

14 단미는 초콜릿을 7개씩 5묶음 가지고 있습니다. 이 중에서 3개를 친구에게 주었습니다. 남은 초콜릿은 몇 개입니까?

(   )

곱셈식 알아보기 창의·융합

15 7명이 가위바위보를 했습니다. 3명이 가위를 내서 이기고 4명이 졌습니다. 가위바위보에서 진 사람들이 펼친 손가락은 모두 몇 개입니까?

🔄 쌍둥이
▶ 동영상

(   )

곱셈식 알아보기 `서술형`

16 현주는 모자 5개와 안경 3개를 가지고 있습니다. 현주가 모자와 안경을 함께 쓰는 방법은 모두 몇 가지인지 구하려고 합니다. 모자와 안경을 선으로 이어 보고 곱셈식으로 나타내어 답을 구하시오.

`쌍둥이`
`동영상`

`곱셈식` ________________________

`답` ________________________

몇의 몇 배 알아보기 `창의·융합`

17 다음을 보고 미라가 읽은 책은 해주가 읽은 책보다 몇 권 더 많은지 구하시오.

`쌍둥이`
`동영상`

진호   해주   미라

(   )

6

곱
셈

6. 곱셈

1 딸기는 모두 몇 개인지 3씩 뛰어 세어 보시오.

3 ─ ◯ ─ ◯ ─ ◯

(   )

[2~4] 배구공은 모두 몇 개인지 묶어 세어 보시오.

2 배구공의 수는 6씩 몇 묶음입니까?

(   )

3 배구공은 모두 몇 개입니까?

(   )

4 다른 방법으로 묶어 세려고 합니다. ☐ 안에 알맞은 수를 써넣으시오.

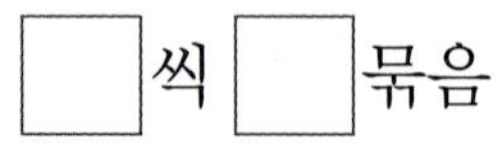

☐씩 ☐묶음

5 관계있는 것끼리 선으로 이어 보시오.

3씩 3묶음	·	·	$4+4=8$
4씩 2묶음	·	·	$3+3+3=9$
4씩 3묶음	·	·	$4+4+4=12$

6 ☐ 안에 알맞은 수를 써넣으시오.

- $5+5+5+5=5×☐$
- $2+2+2+2+2=2×☐$

[7~8] 달걀은 모두 몇 개인지 알아보시오.

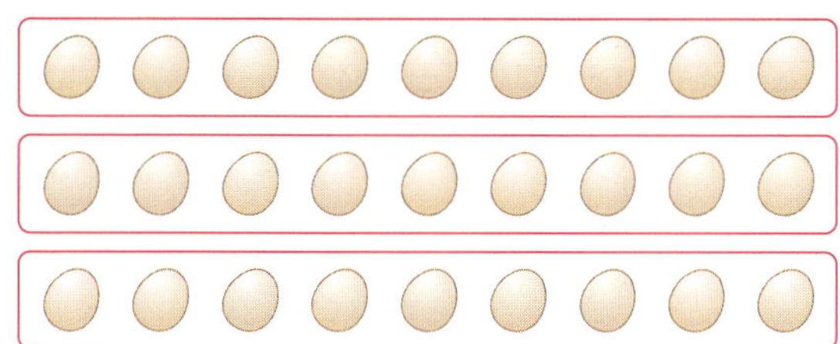

7 덧셈식으로 나타내어 보시오.

> 덧셈식 ______________________________

8 곱셈식으로 나타내어 보시오.

> 곱셈식 ______________________________

9 •보기•와 같은 방법으로 나타내어 보시오.

> ┌─ 보기 ─┐
> 5의 2배 ⇨ 5+5=10
> ⇨ 5×2=10

7의 3배 ⇨ ______________________________

⇨ ______________________________

[10~11] 참외 24개가 있습니다. 민지와 형인이의 설명을 읽고 물음에 답하시오.

> 민지: 참외의 수는 3씩 8묶음입니다.
> 형인: 참외의 수는 6+6+6으로 나 타낼 수 있습니다.

10 잘못 설명한 사람의 이름을 쓰시오.

( )

서술형
11 위 10번에서 잘못 설명한 내용을 바르게 고치시오.

____

____

6

곱
셈

12 자전거 대여소에 바퀴가 2개인 자전거가 5대 있습니다. 자전거 바퀴는 모두 몇 개인지 곱셈식으로 나타내고 답을 구하시오.

곱셈식 ___________________________

답 ___________________________

13 구슬은 모두 몇 개인지 2가지 방법으로 묶어 세고 답을 구하시오.

◻씩 ◻묶음,
◻씩 ◻묶음

( )

14 오른쪽 쌓기나무 수의 3배만큼 쌓기나무를 쌓으려고 합니다. 필요한 쌓기나무는 모두 몇 개입니까?

( )

15 은진이는 수학 문제를 4문제 풀었고 세진이는 은진이의 6배만큼 수학 문제를 풀었습니다. 세진이가 푼 수학 문제는 모두 몇 문제입니까?

( )

16 당근이 모두 몇 개인지 여러 가지 곱셈식으로 나타내어 보시오.

$4 \times 4 = 16,$ ___________________________

____

17 이쑤시개로 다음 모양을 겹치지 않고 **7**개 만들려고 합니다. 필요한 이쑤시개는 모두 몇 개입니까?

(   )

18 다음을 보고 미진이의 어머니의 연세는 몇 세인지 구하시오.

(   )

19 가로선과 세로선이 만나는 부분에 점이 규칙적으로 그려진 종이 위에 물감이 묻어 일부분이 보이지 않습니다. 처음에 있던 점은 모두 몇 개입니까?

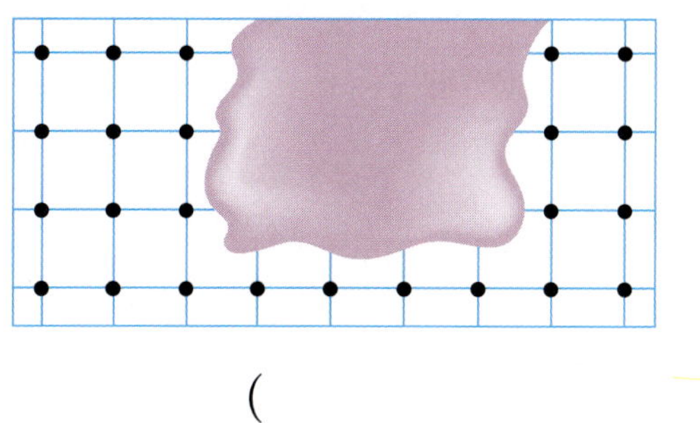

(   )

20 인형이 **9**개씩 **4**상자 있습니다. 이 인형을 다시 **6**개씩 작은 상자에 담으려고 합니다. 작은 상자는 몇 개 필요합니까?

(   )

6
곱
셈

1 규칙을 찾아 ㉠, ㉡에 알맞은 수를 각각 구하시오.

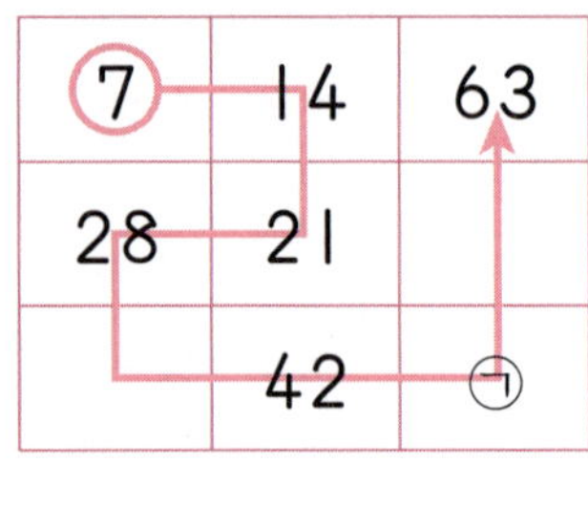

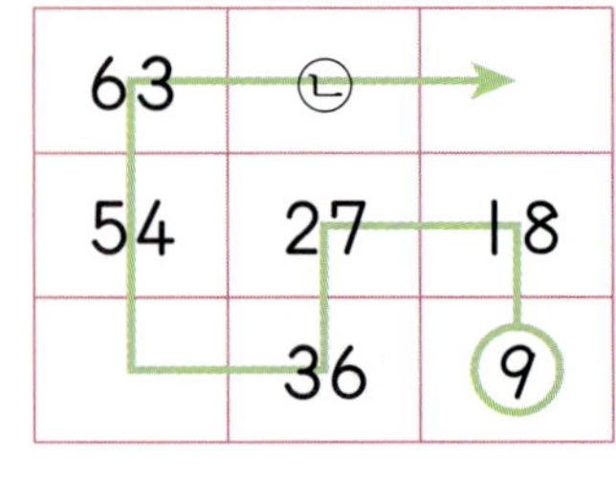

㉠ (   ), ㉡ (   )

2 •보기•의 수를 한 번씩 모두 사용하여 삼각형 각 변 위의 식이 모두 올바른 식이 되도록 빈칸에 알맞은 수를 써넣으시오.

보기
| 24 | 6 | 8 |
| 8 | 32 | 4 |

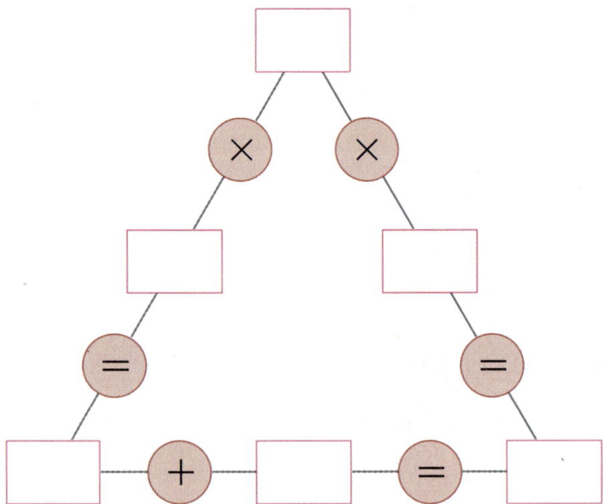

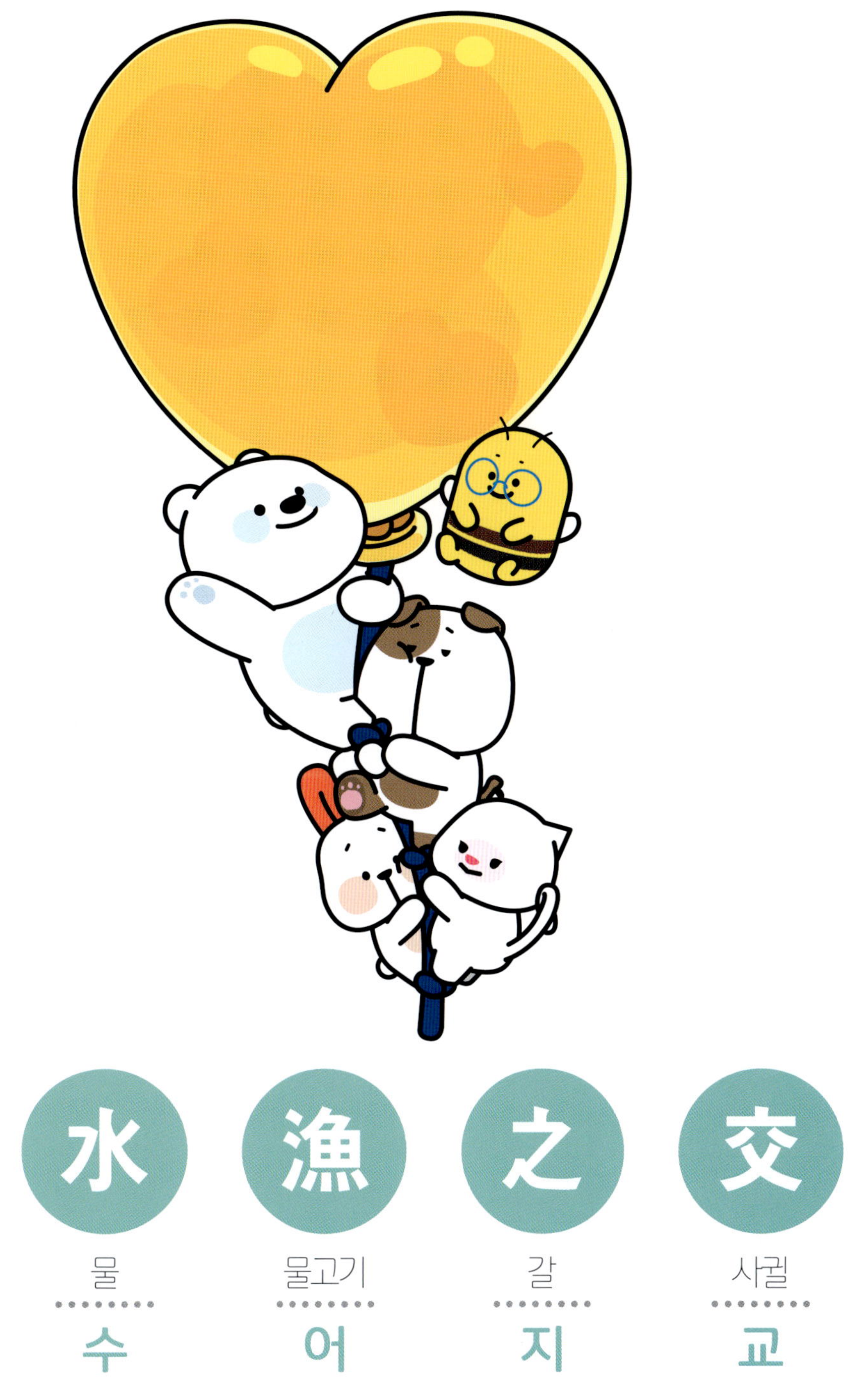

水 漁 之 交

물 / 물고기 / 갈 / 사귈

수 어 지 교

물고기에게 물은 정말 소중한 존재이지요.
수어지교란 물고기와 물의 관계처럼,
아주 친밀하여 떨어질 수 없는 사이
또는 깊은 우정을 일컫는 말이랍니다.

모든 응용을
다 푸는
해결의 법칙

응용 해결의 법칙

꼼꼼
풀이집

수학
2·1

천재교육

꼼꼼 풀이집

응용 **해결의 법칙**

2-1

1. 세 자리 수

STEP 1 기본 유형 익히기 8~11쪽

1-1 ③

1-2 (연결선 교차)　　**1**-3 100개

1-4 ⑩ 동생이 태어난 지 200일이 되었습니다.

1-5 8　　　　　　　　**1**-6 400장

2-1 2, 5, 4 ; 254　　**2**-2 ④

2-3 826, 팔백이십육

2-4 502원

2-5 ⑩ 100개씩 2상자이면 200개, 10개씩 5상
자이면 50개, 낱개로 2개이면 2개이므로 준
성이네 과수원에서 딴 사과는 모두 252개
입니다.
; 252개

3-1 90, 500, 0　　　**3**-2 371

3-3 ⑤　　　　　　　**3**-4 364권

4-1 463, 563, 663, 763, 863, 963

4-2 728, 729, 732 ; 1

4-3 700, 600, 500　**4**-4 670, 720

4-5 ⑩ 100씩 뛰어 세면 백의 자리 수가 1씩 커
집니다. 따라서 395부터 100씩 3번 뛰어 세
면 395-495-595-695이므로 695
입니다.
; 695

5-1 ⑴ >　 ⑵ >　　　**5**-2 남학생

5-3 243, 324, 432　**5**-4 8, 9에 ◯표

1-1 ① 99보다 1만큼 더 큰 수 → 100
② 10이 10개인 수 → 100
③ 90보다 1만큼 더 큰 수 → 91
④ 90보다 10만큼 더 큰 수 → 100
⑤ 98보다 2만큼 더 큰 수 → 100

1-2 400은 사백이라고 읽습니다.
600은 육백이라고 읽습니다.
900은 구백이라고 읽습니다.
참고 ■00은 ■백이라고 읽습니다.

1-3 10개씩 10봉지이면 100개입니다.

1-4 주어진 수로 적절한 상황을 제시하여 문장을
써 봅니다.
서술형 가이드 200이 상황에 맞게 적절하게 들어
간 문장을 써야 합니다.

채점기준	200을 이용하여 적절한 문장을 만듦.	상
	200을 이용하여 문장을 만들었으나 표현이 미흡함.	중
	200을 이용하여 문장을 만들지 못함.	하

1-5 ・10이 80개인 수 → 800
・800 → 100이 8개인 수

1-6 생각 열기 100이 ■개이면 ■00입니다.
(남은 색종이의 묶음 수)
=6-2=4(묶음)
⇨ 100장씩 4묶음이면 400장입니다.

2-1 백 모형이 2개, 십 모형이 5개, 일 모형이 4개입
니다.
100이 2개 → 200 ─
　10이 5개 →　50 ─┤ 254
　　1이 4개 →　　4 ─

2-2 ④ 290 ⇨ 이백구십
주의 세 자리 수를 읽을 때 자리 숫자와 자릿값
을 백, 십, 일의 순서대로 읽습니다. 이때 자리 숫
자가 0인 경우 그 자리는 읽지 않습니다.

2-3 100이 ■개, 10이 ▲개, 1이 ●개이면
■▲●입니다.
100이 8개, 10이 2개, 1이 6개이면 **826**입
니다.
826은 **팔백이십육**이라고 읽습니다.

2-4 100원짜리 동전이 나타내는 금액, 10
원짜리 동전이 나타내는 금액, 1원짜리 동전이 나
타내는 금액을 각각 알아봅니다.
100원짜리 동전   4개 → 400원
10원짜리 동전 10개 → 100원 ┣ **502원**
1원짜리 동전   2개 →   2원

2-5 100개씩 2상자 → 200개
10개씩 5상자 → 50개 ┣ **252개**
낱개로   2개 →   2개

 각 상자가 나타내는 수를 알고 있는
지 확인합니다.

채점 기준		
각 상자가 나타내는 수를 찾아 답을 구함.	상
각 상자가 나타내는 수를 알고 있으나 실수로 답이 틀림.	중
각 상자가 나타내는 수를 몰라 답을 구하지 못함.	하

3-1 ・491에서 9는 십의 자리 숫자이므로 **90**을
나타냅니다.
・587에서 5는 백의 자리 숫자이므로 **500**을
나타냅니다.
・602에서 0은 **0**을 나타냅니다.

3-2 ■▲●에서 ■는 백의 자리 숫자, ▲는
십의 자리 숫자, ●는 일의 자리 숫자입니다.

백의 자리	십의 자리	일의 자리
3	7	1

⇓

백의 자리	십의 자리	일의 자리
3	0	0
	7	0
		1

⇨ 371

3-3 숫자 7이 나타내는 수를 각각 알아봅니다.
① 870 → 70   ② 907 → 7
③ 457 → 7   ④ 372 → 70
⑤ 754 → 700
따라서 숫자 7이 나타내는 수가 가장 큰 수는
⑤ 754입니다.

3-4 각 그림의 수를 세어 봅니다.

⇨ 3개   6개   4개
👶이 3개이므로 300, ♥가 6개이므로 60,
⭐이 4개이므로 4입니다.
따라서 우준이네 집에 있는 책은 모두 **364권**입
니다.

4-1 100씩 뛰어 세면 백의 자리 수가 1씩 커집니다.
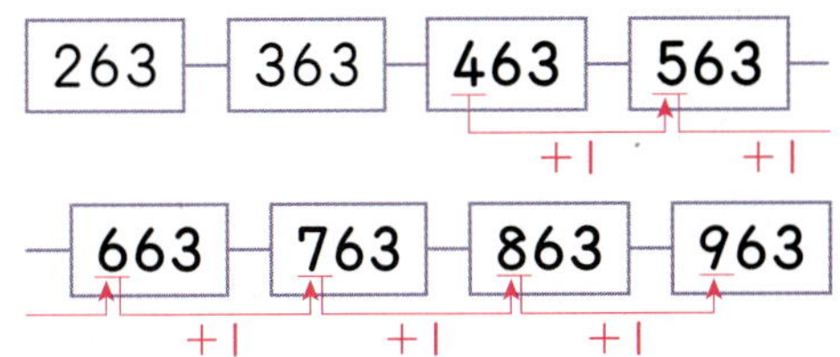

4-2 어느 자리 수가 어떻게 바뀌는지 알아봅
니다.
723-724-725-726-727에서 일의 자
리 수가 1씩 커지므로 1씩 뛰어 세었습니다.
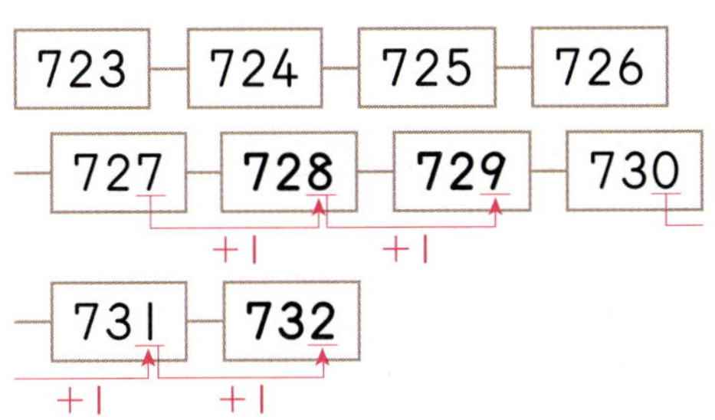

4-3 백의 자리 수가 1씩 작아지도록 □ 안에 알맞
은 수를 씁니다.
 100씩 거꾸로 뛰어 세면 백의 자리 수가
1씩 작아집니다.

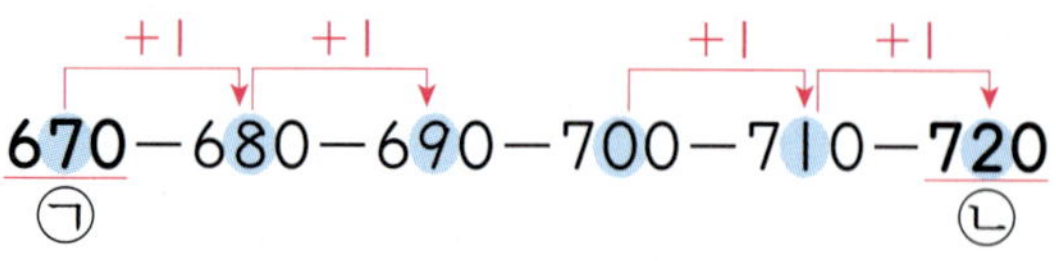

4-4 **생각 열기** 10씩 뛰어 세면 십의 자리 수가 1씩 커집니다.

$$670-680-690-700-710-720$$

4-5 $395-495-595-695$

서술형 가이드 395부터 100씩 3번 뛰어 세기 한 과정을 나타내어야 합니다.

채점 기준	풀이 과정을 쓰고 답을 구함.	상
	답은 맞았지만 풀이 과정이 미흡함.	중
	풀이 과정과 답이 모두 틀림.	하

5-1 (1) $204 > 110$
$\quad\quad 2>1$
(2) $820 > 802$
$\quad\quad\quad 2>0$

5-2 $151>125$이므로 **남학생**이 여학생보다 더
$\quad\quad 5>2$
많습니다.

5-3 백의 자리 수의 크기를 비교합니다.
$\Rightarrow 243<324<432$
$\quad\quad 2<3 \quad 3<4$

5-4 □ 안에 주어진 수를 차례로 넣어 봅니다.
$375>3\boxed{5}1$, $375>3\boxed{6}1$, $375>3\boxed{7}1$,
$375<3\boxed{8}1$, $375<3\boxed{9}1$
따라서 □ 안에 들어갈 수 있는 수는 **8**, **9**입니다.

다른 풀이 $375<3\square1$에서 일의 자리 수가
$5>1$이므로 □ 안에는 7보다 큰 수가 들어가야
합니다. $\Rightarrow$ **8**, **9**

---

2 STEP 응용 유형 익히기   12~17쪽

1-1 (1) 400원, 90원   (2) 508원
1-2 305개
1-3 9개
2-1 (1) 230장, 300장   (2) 민서
2-2 인수
2-3 ㉡
3-1 (1) 50   (2) 583, 733
3-2 717, 737
3-3 389
4-1 (1) 206   (2) 208
4-2 340
4-3 6개
5-1 (1) 210원, 201원, 111원
$\quad\quad$ (2) 210, 201, 111
5-2 5개
5-3 210, 201, 120, 111
6-1 (1) 9   (2) 589
6-2 338
6-3 891

1-1 (1) 100원짜리 동전이 4개이면 **400원**입니다.
10원짜리 동전이 9개이면 **90원**입니다.
(2) 100원짜리   4개 → 400원
$\quad\quad$ 10원짜리   9개 → 　90원 ─ **508원**
$\quad\quad$ 1원짜리 18개 → 　18원

1-2 100개씩 2봉지 → 200개
$\quad\quad$ 10개씩 9봉지 → 　90개 ─ **305개**
$\quad\quad$ 낱개로 15개 → 　15개

1-3 **해법 순서**
① 100이 4개, 10이 50개인 수를 구합니다.
② ①에서 구한 수는 100이 몇 개인 수와 같은지 구합니다.
100이   4개 → 400 ─ 900
10이 50개 → 500
$\Rightarrow$ 900은 100이 **9개**인 수입니다.

2-1 (1) • 현주

　　100장씩 2묶음 → 200장
　　10장씩 3묶음 →　 30장 　} **230**장

　　• 민서: 삼백 장 → **300**장

　(2) 230<300이므로 **민서**가 색종이를 더 많
　　이 가지고 있습니다.

2-2 해법 순서

① 인수가 얼마 가지고 있는지 구합니다.
② 효주가 얼마 가지고 있는지 구합니다.
③ 인수와 효주가 가지고 있는 금액의 크기를 비
　교합니다.

　• 인수

　　100원짜리 4개 → 400원
　　10원짜리 6개 →　 60원 　} 460원

　• 효주: 사백오 원 → 405원

⇨ 460>405이므로 **인수**가 돈을 더 많이 가
　지고 있습니다.

2-3 ㉠ 10이 60개인 수 → 600
　　㉡ 100이 7개인 수 → 700
　　㉢ 오백칠십 → 570
⇨ 700>600>570이므로
　　㉡>㉠>㉢입니다.

3-1 (1) 483−533, 633−683에서 50씩 커졌
　　으므로 **50**씩 뛰어 세었습니다.

　(2) ㉠: 533에서 50 뛰어 세면
　　　533−**583**입니다.

　　㉡: 683에서 50 뛰어 세면
　　　683−**733**입니다.

3-2 722에서 727로 5 커졌으므로 5씩 뛰어 세었
　습니다.

　㉠: 712에서 5 뛰어 세면 712−**717**입니다.
　㉡: 732에서 5 뛰어 세면 732−**737**입니다.

　다른 풀이 ㉠: 722에서 5 거꾸로 뛰어 세면
　　　722−**717**입니다.

3-3 해법 순서

① • 보기 •의 수들의 규칙을 찾아봅니다.
② 찾은 규칙을 이용하여 ㉠에 알맞은 수를 구합
　니다.

• 보기 •의 수들은 십의 자리 수와 일의 자리 수가
1씩 커지므로 11씩 뛰어 센 것입니다.
334부터 11씩 뛰어 세면
334−345−356−367−378−**389**입니다.
　　　　　　　　　　　　　　　　　㉠

4-1 (1) 0<2<6<8에서 0은 백의 자리에 올 수
　　없습니다.
　　따라서 만들 수 있는 가장 작은 세 자리 수
　　는 **206**입니다.

　(2) 만들 수 있는 두 번째로 작은 세 자리 수는
　　208입니다.

　주의 세 자리 수를 만들 때에는 백의 자리에 0
　이 올 수 없습니다.

4-2 생각 열기 가장 작은 세 자리 수를 만들 때에는 0
을 제외한 가장 작은 수를 백의 자리에, 0을 십의
자리에, 나머지 중 작은 수를 일의 자리에 놓습니
다.
0<3<4<9에서 0은 백의 자리에 올 수 없
습니다.
가장 작은 세 자리 수: 304
두 번째로 작은 세 자리 수: 309
세 번째로 작은 세 자리 수: 340

4-3 400보다 작으므로 백의 자리에 올 수 있는 수
는 2뿐입니다. 백의 자리 숫자가 2인 세 자리
수를 2☐☐라 하면 2☐☐가 될 수 있는 수는
204, 207, 240, 247, 270, 274로 모두 **6개**
입니다.

　참고 4☐☐, 7☐☐는 모두 400보다 큰 수이
므로 400보다 작은 세 자리 수는 2☐☐이어야
합니다.

5-1 (1) · 100원짜리 2개 ┐
　　　　 10원짜리 1개 ┘ 210원

　　　 · 100원짜리 2개 ┐
　　　　 1원짜리 1개 ┘ 201원

　　　 · 100원짜리 1개 ┐
　　　　 10원짜리 1개 ├ 111원
　　　　 1원짜리 1개 ┘

(2) 나타낼 수 있는 세 자리 수
　　⇨ 210, 201, 111

5-2

100원짜리	3	2	2	1	1
10원짜리	0	1	0	1	0
1원짜리	0	0	1	1	2
세 자리 수	300	210	201	111	102

⇨ 나타낼 수 있는 세 자리 수는 300, 210, 201, 111, 102로 모두 **5개**입니다.

　주의　10원짜리 동전은 1개이므로 10원짜리 동전이 2개, 3개인 경우는 생각하지 않습니다.

5-3

백 모형	2	2	1	1
십 모형	1	0	2	1
일 모형	0	1	0	1
세 자리 수	210	201	120	111

6-1　생각 열기　500보다 크고 600보다 작은 세 자리 수는 5□□입니다.

(1) 일의 자리 숫자가 십의 자리 숫자보다 크므로 8보다 큰 **9**가 일의 자리 숫자가 될 수 있습니다.

(2) 백의 자리 숫자가 5이고, 십의 자리 숫자가 8이므로 구하려는 세 자리 수는 58□입니다.
일의 자리 숫자가 십의 자리 숫자보다 크므로 조건을 만족하는 수는 **589**입니다.

6-2 세 자리 수이고, 십의 자리 숫자는 3, 일의 자리 숫자는 8이므로 □38입니다.
297보다 크고 430보다 작은 □38은 **338**입니다.

6-3 백의 자리 숫자가 8이므로 세 자리 수를 8□□라 놓습니다.
백의 자리 숫자와 일의 자리 숫자의 합이 십의 자리 숫자이므로
· 일의 자리 숫자가 0일 때,
　$8+0=8 \rightarrow 880$ (✕)
· 일의 자리 숫자가 1일 때,
　$8+1=9 \rightarrow 891$ (◯)
· 일의 자리 숫자가 2일 때,
　$8+2=10$ (✕)
따라서 어떤 수는 **891**입니다.

　다른 풀이　일의 자리 숫자를 □라고 하면 백의 자리 숫자는 8이므로 $8+□=9 \rightarrow □=1$입니다. 따라서 백의 자리 숫자는 8, 십의 자리 숫자는 9, 일의 자리 숫자는 1인 세 자리 수이므로 어떤 수는 **891**입니다.

3 STEP 응용 유형 뛰어넘기   18~23쪽

1 사백

2 ㉡

3 532, 482, 432, 382, 332

4 247점

5 경남

6 456

7 예 재호가 가지고 있는 구슬은 모두
10+20=30(봉지)입니다. 한 봉지에 10개
씩 들어 있으므로 구슬은 모두 10이 30개인
300개입니다.
; 300개

8 721

9 7

10 은지

11 예 백의 자리 숫자가 9, 십의 자리 숫자가 3
인 세 자리 수를 93□라고 하면
93□<934에서 □ 안에 들어갈 수 있는 수
는 0, 1, 2, 3입니다.
따라서 934보다 작은 수는 930, 931, 932,
933으로 모두 4개입니다.
; 4개

12 940원

13 4개

14 326, 718

15 5, 6

16 9가지

17 7 / 3, 3 / 9, 4 / 4, 4

18 예 300보다 크고 400보다 작으므로 백의
자리 숫자는 3입니다. 백의 자리 숫자가 3인
세 자리 수를 3㉠㉡이라 하면
3+㉠+㉡=6, ㉠+㉡=3입니다.
㉠과 ㉡은 0과 3, 1과 2, 2와 1, 3과 0이
될 수 있으나 각 자리 숫자는 모두 다르고 일
의 자리 숫자가 십의 자리 숫자보다 크므로
㉠=1, ㉡=2입니다.
따라서 어떤 수는 312입니다.
; 312

---

1 10이 40개이면 400이고 **사백**이라고 읽습니다.

---

2 해법 순서

① ㉠, ㉡, ㉢이 나타내는 수를 각각 구합니다.
② ①에서 구한 수가 다른 하나를 찾아봅니다.
㉠ 330보다 10만큼 더 큰 수 → 340
㉡ 100이 3개, 10이 3개인 수 → 330
㉢ 삼백사십 → 340
➡ 나타내는 수가 다른 하나는 ㉡입니다.

3 682-632-582에서 50씩 작아지므로 50씩
거꾸로 뛰어 센 것입니다.

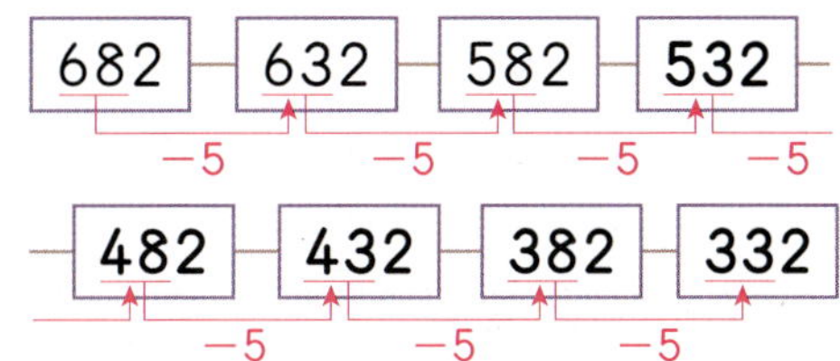

참고 백의 자리 수가 ■씩 작아지면 ■00씩 거
꾸로 뛰어 세기 한 것이고, 십의 자리 수가 ▲씩 작
아지면 ▲0씩 거꾸로 뛰어 세기 한 것이고, 일의
자리 수가 ●씩 작아지면 ●씩 거꾸로 뛰어 세기
한 것입니다.

4 100점짜리 2번 → 200점
10점짜리 4번 → 40점
1점짜리 7번 →   7점
따라서 서윤이가 얻은 점수는 모두
200+40+7=**247**(점)입니다.

5 생각 열기 백의 자리 수가 가장 큰 수들을 모아 모은
수들끼리 크기를 비교합니다.
백의 자리 수가 2인 지역은 충북 205, 경북
210, 경남 223이고 223>210>205이므로
미세먼지가 가장 많은 지역은 **경남**입니다.
참고 제주의 미세먼지 농도는 95로 두 자리 수이
므로 미세먼지가 가장 적은 지역입니다.

6 어떤 수보다 10만큼 더 작은 수가 146이므로 어떤 수는 146보다 10만큼 더 큰 수인 156입니다. 156에서 100씩 3번 뛰어 세기 한 수는 156−256−356−**456**입니다.

7 서술형 가이드 전체가 10개씩 몇 묶음인지 알아보고 구슬의 수를 바르게 구해야 합니다.

채점기준	풀이 과정을 쓰고 답을 구함.	상
	답은 맞았지만 풀이 과정이 미흡함.	중
	풀이 과정과 답이 모두 틀림.	하

8 100씩 뛰어 세면 백의 자리 수가 1씩 커집니다.
381−481−581−681
10씩 뛰어 세면 십의 자리 수가 1씩 커집니다.
681−691−701−711−**721**

9 해법 순서
① 100이 4개, 10이 38개, 1이 5개인 세 자리 수를 구합니다.
② ①에서 구한 세 자리 수에서 백의 자리 숫자를 알아봅니다.

100이 　4개 → 400
10이 38개 → 380 ⎱ 785
1이 　5개 → 　5

⇨ 785에서 백의 자리 숫자는 **7**입니다.

참고　• 785의 자릿값 알아보기
785에서
7은 백의 자리 숫자이고 700을 나타냅니다.
8은 십의 자리 숫자이고 80을 나타냅니다.
5는 일의 자리 숫자이고 5를 나타냅니다.

10 백의 자리 수가 작은 1□7을 빼고 294, 25□, 2□0의 크기를 비교합니다.
294>25□, 294와 2□0의 크기를 비교하면
　　　9>5
□ 안에 0부터 9까지 어떤 수가 들어가더라도 294>2□0입니다.
따라서 구슬을 가장 많이 가지고 있는 사람은 **은지**입니다.

11 서술형 가이드 백의 자리 숫자가 9, 십의 자리 숫자가 3인 세 자리 수의 형태를 알고 수의 크기 비교를 할 수 있어야 합니다.

채점기준	풀이 과정을 쓰고 조건에 맞는 답을 바르게 구함.	상
	조건에 맞는 답을 구하는 과정에서 실수가 있어서 답이 틀림.	중
	조건에 맞는 세 자리 수를 구하지 못함.	하

12 미라가 저금한 돈: 100원짜리 4개 → 400원,
10원짜리 11개 → 110원 ⇨ 510원
해주가 저금한 돈: 100원짜리 4개 → 400원,
10원짜리 24개 → 240원 ⇨ 640원
진호가 저금한 돈: 100원짜리 7개 → 700원,
10원짜리 24개 → 240원 ⇨ 940원

13 십의 자리 숫자가 8인 세 자리 수를 □8□라고 하면 □8□가 될 수 있는 수는
180, 186, 680, 681로 모두 **4개**입니다.

14 102−110−**118**−126−134이므로 8씩 커지는 규칙입니다.
302−310−318−**326**
　　　　　　　㉠
118−318−518이므로 200씩 커지는 규칙입니다.
118−318−518−**718**
　　　　　　　㉡

15 해법 순서
① ㉠에 들어갈 수 있는 수를 구합니다.
② ㉡에 들어갈 수 있는 수를 구합니다.
③ ㉠과 ㉡에 공통으로 들어갈 수 있는 수를 구합니다.
• 705>㉠49에서 7>㉠이므로
　　　0<4
㉠=1, 2, 3, 4, 5, 6입니다.
• ㉡18>502에서 ㉡은 5와 같거나 5보다 큰
　　1>0
수이므로 ㉡=5, 6, 7, 8, 9입니다.
⇨ ㉠과 ㉡에 공통으로 들어갈 수 있는 수는 **5, 6**입니다.

16
- 500원짜리 1개, 100원짜리 1개
- 500원짜리 1개, 10원짜리 10개
- 100원짜리 6개
- 100원짜리 5개, 10원짜리 10개
- 100원짜리 4개, 10원짜리 20개
- 100원짜리 3개, 10원짜리 30개
- 100원짜리 2개, 10원짜리 40개
- 100원짜리 1개, 10원짜리 50개
- 10원짜리 60개
⇨ 9가지

17 생각 열기 60씩 뛰어 세면 일의 자리 숫자는 바뀌지 않습니다.

60씩 뛰어 세었으므로 일의 자리 숫자는 모두 4 입니다. 네 번째 수에서 60 거꾸로 뛰어 세면 세 번째 수의 십의 자리 숫자는 9가 되므로 394, 네 번째 수는 454입니다.

⇨ 2□4−□□4−394−454

세 번째 수에서 60 거꾸로 뛰어 세면 두 번째 수 는 십의 자리 숫자가 9−6=3인 **334**입니다. 두 번째 수에서 60 거꾸로 뛰어 세면 첫 번째 수 는 **274**입니다.

18 서술형 가이드 주어진 설명에 맞는 수를 구하는 과정 이 들어 있어야 합니다.

채점 기준		
설명에 맞는 수를 구하는 풀이 과정을 쓰고 답을 구함.	상
설명에 맞는 수를 구하는 풀이 과정을 썼으나 미흡함.	중
어떤 수를 구하지 못함.	하

실력 평가 24~27쪽

1 (위에서부터) 6, 1, 9, 10, 9
; 600, 10, 9

2 ③, ⑤   **3** 60

4 196, 206, 216   **5** (1) < (2) <

6 129, 920

7 예 십의 자리 수가 1씩 커지고 있으므로 10씩 뛰어 세기입니다.
; 878, 888, 898

8 800알   **9** 465

10 976   **11** 타조

12 803

13 1, 2, 3에 ○표

14 예 497보다 크고 503보다 작은 세 자리 수 는 498, 499, 500, 501, 502입니다. 이 중에서 십의 자리 숫자가 0인 수는 500, 501, 502입니다.
; 500, 501, 502

15 266, 296

16 210, 201, 111, 102

17 529   **18** 979

19 5

20 예 300보다 크고 500보다 작으므로 백의 자리에 올 수 있는 수는 3입니다. 백의 자리 숫자가 3인 세 자리 수를 3□□라 하면 만들 수 있는 가장 큰 수는 395입니다.
; 395

---

1 619에서
6은 백의 자리 숫자이고, 600을 나타내고,
1은 십의 자리 숫자이고, 10을 나타내고,
9는 일의 자리 숫자이고, 9를 나타냅니다.
⇨ 619=600+10+9

2 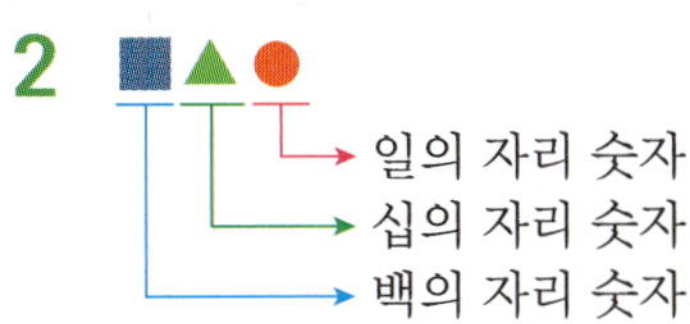

3 [생각 열기] ■00은 10이 ■0개인 수
600은 10이 **60**개인 수입니다.

4 10씩 뛰어 세면 십의 자리 수가 1씩 커집니다.

5 백의 자리 수부터 차례로 크기를 비교합니다.
(1) 385<391 (2) 642<867
         8<9   6<8

6 숫자 2가 나타내는 수를 각각 알아봅니다.
502 → 2,   270 → 200, 129 → 20,
254 → 200, 920 → 20,   182 → 2
➡ 숫자 2가 20을 나타내는 수는
   129, 920입니다.

7 [해법 순서]
① 몇씩 뛰었는지 규칙을 찾아봅니다.
② ①에서 찾은 규칙으로 빈 곳에 알맞은 수를 써넣습니다.

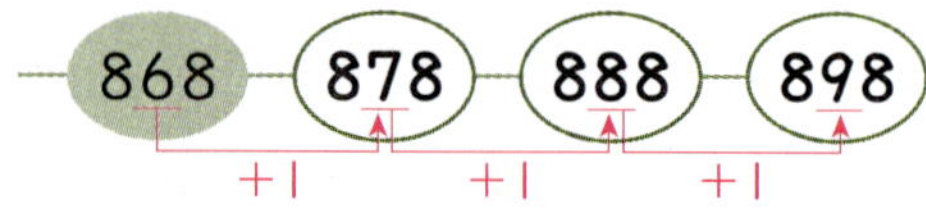

[서술형 가이드] 몇씩 뛰었는지 알고 규칙을 찾아 쓸 수 있어야 합니다.

채점 기준		
규칙을 찾아쓰고 뛰어 세기를 바르게 함.	상	
뛰어 세기를 바르게 하였으나 규칙을 설명하는 데 미흡함.	중	
규칙을 알지 못해 뛰어 세기를 하지 못함.	하	

8 100이 8개이면 800입니다.
➡ 비타민이 8통 있으므로 비타민은 모두
   800알입니다.

9 100이   3개 → 300
    10이 16개 → 160 ┐ 465
     1이   5개 →   5 ┘

10 [생각 열기] 100씩 뛰어 세면 백의 자리 수가 1씩 커집니다.
576−676−776−876−**976**
    +1   +1   +1   +1

11 254>240>145
➡ 이날 가장 많이 걸은 동물은 **타조**입니다.

12 백의 자리 숫자가 8, 일의 자리 숫자가 3인 세 자리 수를 8□3이라 하면 □ 안에는 0부터 9까지의 수가 들어갈 수 있습니다.
따라서 이 중 가장 작은 수는 **803**입니다.

13 □ 안에 주어진 수를 차례로 넣어 보면
2①4<242, 2②4<242, 2③4<242,
2④4>242, 2⑤4>242이므로 □ 안에 들어갈 수 있는 수는 1, 2, 3입니다.

14 [서술형 가이드] 범위에 알맞은 수들을 찾은 다음 그 중에서 십의 자리 숫자가 0인 수를 구해야 합니다.

채점 기준		
풀이 과정을 쓰고 답을 구함.	상	
풀이 과정에서 실수가 있어 답이 틀림.	중	
조건에 알맞은 수를 바르게 구하지 못함.	하	

15 [생각 열기] 가장 작은 수부터 가장 큰 수까지 늘어놓아 규칙을 찾아봅니다.
10씩 뛰어 세기 하여 놓을 수 있는 카드들입니다.
가장 작은 수에는 236, 가장 큰 수에는 306을 놓으면

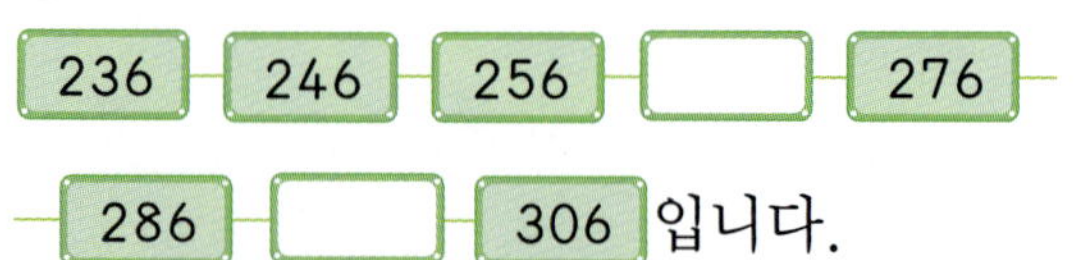

입니다.

따라서 빈 카드에 알맞은 수는 **266, 296**입니다.

16

백 모형	2	2	1	1
십 모형	1	0	1	0
일 모형	0	1	1	2
세 자리 수	210	201	111	102

17 `해법 순서`

① 어떤 수를 구합니다.

② 어떤 수에서 100 뛰어 센 수를 구합니다.

어떤 수에서 10 거꾸로 뛰어 세면 십의 자리 수가 1 작아지므로 어떤 수는 429입니다.

따라서 429에서 100 뛰어 세면 백의 자리 수가 1 큰 수인 **529**가 됩니다.

18 세 자리 수를 ㉠7㉡이라 하면

㉠+7+㉡=25, ㉠+㉡=18입니다.

㉠과 ㉡은 한 자리 수이므로 ㉠=9, ㉡=9입니다.

따라서 어떤 세 자리 수는 **979**입니다.

19 `해법 순서`

① ㉠65>477에서 ㉠에 알맞은 수를 구합니다.

② 5㉡5<561에서 ㉡에 알맞은 수를 구합니다.

③ ①과 ②에서 구한 수 중 공통인 수를 구합니다.

• ㉠65>477에서 ㉠>4이므로

    6<7

㉠=5, 6, 7, 8, 9입니다.

• 5㉡5<561에서 ㉡<6이므로

    5>1

㉡=1, 2, 3, 4, 5입니다.

⇨ ㉠과 ㉡에 공통으로 들어갈 수 있는 수는 **5**입니다.

20 `서술형 가이드` 주어진 설명에 맞는 수를 구하는 과정이 들어 있어야 합니다.

채점기준		
설명에 맞는 수를 구하는 풀이 과정을 쓰고 답을 구함.	상
설명에 맞는 수를 구하는 풀이 과정을 썼으나 미흡함.	중
설명에 맞는 수를 구하지 못함.	하

`주의` 세 자리 수를 만들 때, 0은 백의 자리에 올 수 없습니다.

---

❶  ❷ >

❶ `해법 순서`

① 100이 3개, 10이 12개, 1이 17개인 수를 구합니다.

② ①에서 구한 수를 매듭으로 나타냅니다.

100이 3개 → 300 ┐
10이 12개 → 120 ├ 437
1이 17개 →   17 ┘

437의 백의 자리 숫자가 4이므로 맨 위에 4번 맨 매듭을, 십의 자리 숫자가 3이므로 가운데에 3번 맨 매듭을, 일의 자리 숫자가 7이므로 맨 아래에 7번 맨 매듭을 그립니다.

❷ `생각 열기` 각각의 수의 크기 비교에서 모양별로 크기를 비교한 다음 네 가지 모양의 크기를 한꺼번에 비교하도록 합니다.

• ●■★>●★■에서 십의 자리를 비교하면 ■>★입니다.

• ■●★<■●▲에서 일의 자리를 비교하면 ★<▲입니다.

• ★■▲>●■★에서 백의 자리를 비교하면 ★>●입니다.

• ●■▲<●▲★에서 십의 자리를 비교하면 ■<▲입니다.

⇨ ●<★<■<▲

따라서 ★▲■와 ★●▲에서 십의 자리를 비교하면 ▲>●이므로 ★▲■>★●▲입니다.

2. 여러 가지 도형

STEP 1 기본 유형 익히기 32~35쪽

1-1 (위부터) 꼭짓점, 변

1-2 (위부터) 3, 4 ; 3, 4

1-3 3개 **1-4** 주민, 근우

1-5 예 꼭짓점이 4개입니다.

1-6 예
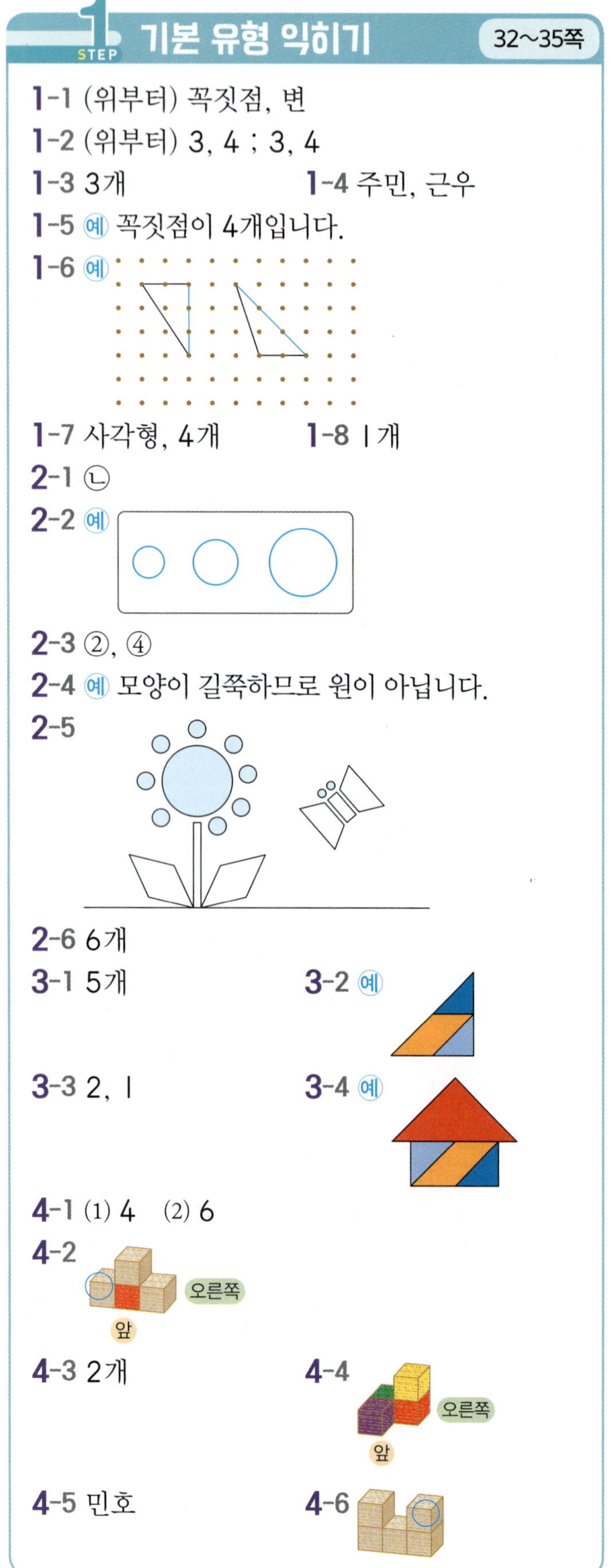

1-7 사각형, 4개 **1-8** 1개

2-1 ㉡

2-2 예

2-3 ②, ④

2-4 예 모양이 길쭉하므로 원이 아닙니다.

2-5

2-6 6개

3-1 5개 **3-2** 예

3-3 2, 1 **3-4** 예

4-1 (1) 4 (2) 6

4-2
오른쪽
앞

4-3 2개 **4-4**
오른쪽
앞

4-5 민호 **4-6**

1-1 도형에서 곧은 선을 **변**, 곧은 선 2개가 만나는 점을 **꼭짓점**이라고 합니다.

1-2 삼각형은 변이 **3**개, 꼭짓점이 **3**개입니다.
사각형은 변이 **4**개, 꼭짓점이 **4**개입니다.

1-3 생각 열기 삼각형은 변과 꼭짓점이 3개인 도형입니다.

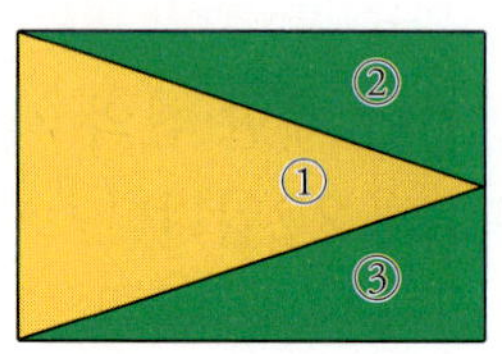

삼각형을 세어 보면 모두 **3**개입니다.

1-4 • **주민**: 삼각형은 굽은 선이 없습니다.
• **근우**: 삼각형은 사각형보다 변이 1개 더 적습니다.

1-5 서술형 가이드 사각형의 특징을 알고 있어야 합니다.

채점 기준		
특징을 바르게 씀.		상
특징을 썼으나 미흡함.		중
특징을 쓰지 못함.		하

1-7

색종이를 점선을 따라 자르면 **사각형**이 4개 생깁니다.

1-8 해법 순서
① 삼각형이 몇 개인지 세어 봅니다.
② 사각형이 몇 개인지 세어 봅니다.
③ ①과 ②의 차를 구합니다.

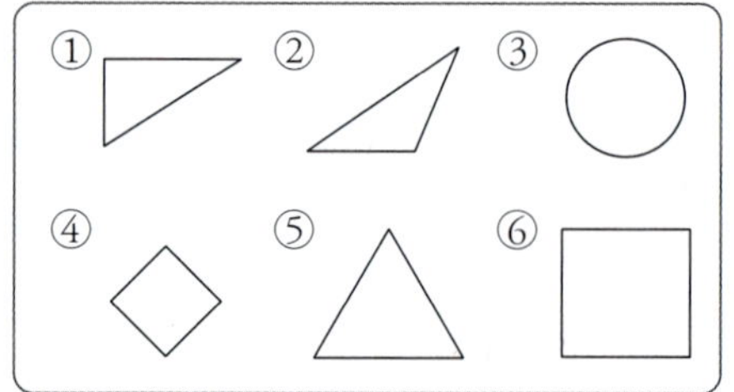

• 삼각형: ①, ②, ⑤ ⇨ 3개
• 사각형: ④, ⑥ ⇨ 2개
⇨ 3－2＝1(개)

2-1 ㉠ : 곧은 선이 있습니다.

㉡ : 둥근 모양이더라도 끊어져 있습니다.

2-3 ② 원은 변이 없습니다.
④ 모든 원은 모양은 같지만 크기는 다를 수 있습니다.

2-4 원은 길쭉하지 않고 어느 곳에서 보아도 완전히 둥근 모양이어야 합니다.

[서술형 가이드] 원의 뜻을 알고 원이 아닌 까닭을 설명할 수 있어야 합니다.

채점 기준	원이 아닌 까닭을 바르게 설명함.	상
	원이 아닌 까닭을 설명했으나 미흡함.	중
	원이 아닌 까닭을 설명하지 못함.	하

2-6

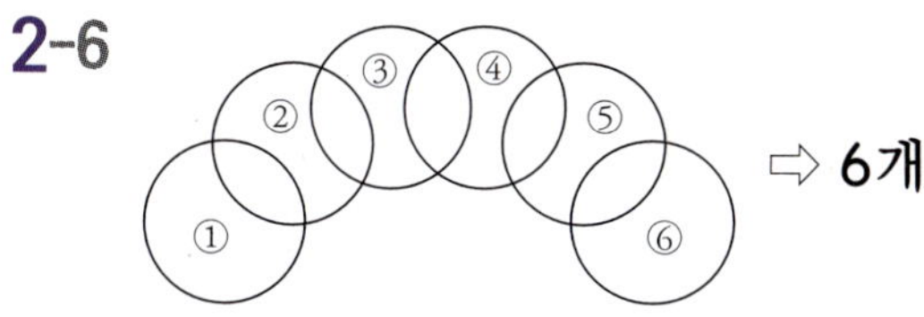

⇨ **6개**

3-1

삼각형: ①, ②, ③, ⑤, ⑦ ⇨ **5개**

[참고] 칠교 7조각 중에서 삼각형은 ①, ②, ③, ⑤, ⑦로 5개, 사각형은 ④, ⑥으로 2개입니다.

3-3

- ②, ③: 삼각형
- ⑥: 사각형

3-4 주어진 조각을 모두 이용하여 만듭니다.

4-1 [생각 열기] 보이지 않는 쌓기나무도 생각하며 필요한 쌓기나무 수를 세어 봅니다.

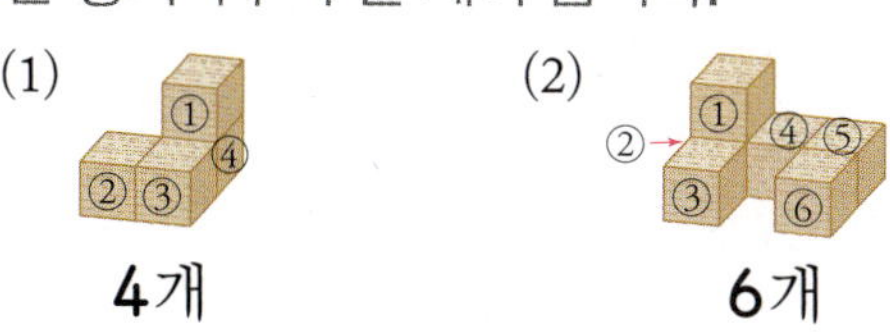

(1) **4개**   (2) **6개**

4-2

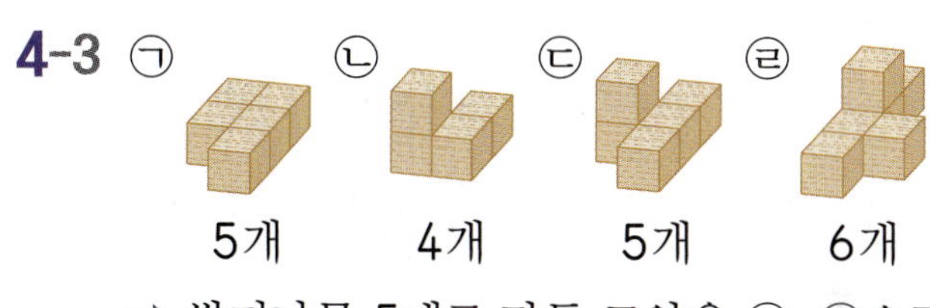

4-3 ㉠   ㉡   ㉢   ㉣

5개   **4개**   **5개**   **6개**

⇨ 쌓기나무 5개로 만든 모양은 ㉠, ㉢으로 **2개**입니다.

4-4 빨간색 쌓기나무와 초록색 쌓기나무를 기준으로 각 방향에 맞게 색칠합니다.

4-5 주어진 모양에 대한 설명이 되도록 알맞은 말을 찾습니다.

4-6 쌓기나무의 모양을 살펴보고 옮겨야 할 쌓기나무를 찾습니다.

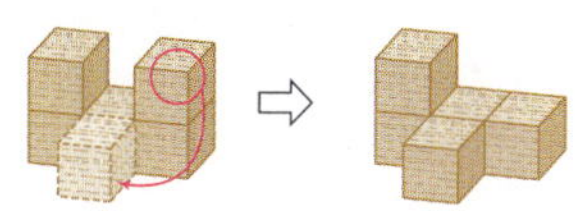

2 STEP 응용 유형 익히기 36~41쪽

1-1 (1) 0개, 3개 (2) 6개
1-2 20개   **1-3** 21개
2-1 (1) 2개, 5개 (2) 3개
2-2 3개   **2-3** 28개
3-1 (1) 5개, 6개, 4개 (2) 나
3-2 나   **3-3** 나, 가, 다, 라
4-1 (1) 2군데
  (2) 쌓기나무 4개가 1층에 옆으로 나란히 있고,
    가운데 쌓기나무 위에 2개씩 있습니다.
    맨 왼쪽과 맨 오른쪽   1개
4-2 쌓기나무 3개가 1층에 옆으로 나란히 있고,
    2개
    오른쪽 쌓기나무 위에 2개가 있습니다.
    왼쪽
4-3 나 ; 예 쌓기나무 3개를 1층에 옆으로 나란
    히 놓고, 가운데 쌓기나무 위에 1개를 더 놓
    았습니다.
5-1 (1) 예 가  나
  (2) 다
5-2 나   **5-3** 3가지
6-1 (1) 1개 (2) 4개
6-2 6개   **6-3** 4개, 5개

1-1 (2) 원의 변의 수: $0+0=0$(개)
    삼각형의 변의 수: $3+3=6$(개)
    ⇨ $0+6=6$(개)

1-2 삼각형의 변의 수: $3+3+3+3=12$(개)
    사각형의 변의 수: $4+4=8$(개)
    ⇨ $12+8=20$(개)

1-3 생각 열기 (■각형의 꼭짓점의 수)=■개
    원의 꼭짓점의 수: 0개
    삼각형의 꼭짓점의 수: $3+3+3=9$(개)
    사각형의 꼭짓점의 수: $4+4+4=12$(개)
    ⇨ $0+9+12=21$(개)

2-1 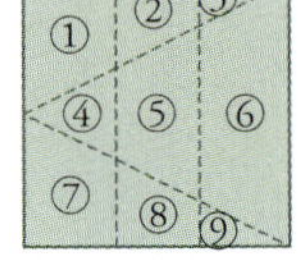
  (1) • 삼각형: ⑤, ⑥ → 2개
    • 사각형: ①, ②, ③, ④, ⑦ → 5개
  (2) 삼각형과 사각형의 수의 차:
    $5-2=3$(개)

2-2 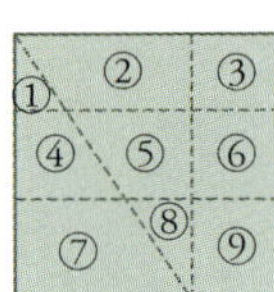
  • 삼각형: ③, ④, ⑨ → 3개
  • 사각형: ①, ②, ⑤, ⑥, ⑦, ⑧ → 6개
  ⇨ 삼각형과 사각형의 수의 차:
    $6-3=3$(개)

2-3 생각 열기 사각형의 변은 4개입니다.
  해법 순서
  ① 점선을 따라 잘랐을 때 생기는 사각형의 수를
    알아봅니다.
  ② 잘랐을 때 생기는 모든 사각형의 변의 수의 합
    을 구합니다.

  사각형: ②, ③, ④, ⑤, ⑥, ⑦, ⑨ → 7개
  ⇨ (사각형의 변의 수의 합)
    $=4+4+4+4+4+4+4=28$(개)

3-1 (1) 가 나 다
    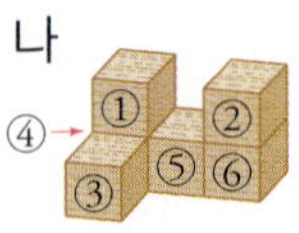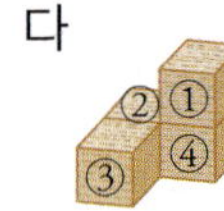
    5개 6개 4개
  (2) $6>5>4$이므로 쌓기나무가 가장 많이 필
    요한 것은 **나**입니다.

3-2

가　6개　나　4개　다　5개

따라서 4<5<6이므로 쌓기나무가 가장 적게 필요한 것은 **나**입니다.

3-3　해법 순서

① 각 모양별로 필요한 쌓기나무의 수를 구합니다.
② 필요한 쌓기나무의 수가 많은 것부터 차례로 씁니다.

⇨ 가: 5개, 나: 6개, 다: 4개, 라: 3개

따라서 6>5>4>3이므로 쌓기나무가 많이 필요한 것부터 차례로 쓰면
나, 가, 다, 라입니다.

4-1 (1) 쌓은 모양에 대한 설명 중 틀린 부분을 찾아 봅니다.
(2) 쌓은 모양에 대한 설명이 되도록 바르게 고칩니다.

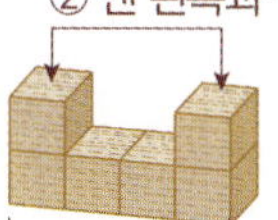

4-2

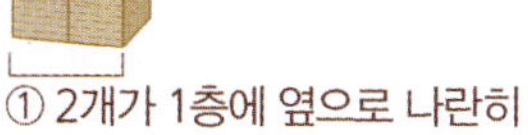

4-3　서술형 가이드　쌓기나무를 놓은 위치나 방향, 쌓기나무 수 등을 생각하며 설명할 수 있어야 합니다.

채점 기준		
바르게 설명함.		상
설명하였으나 미흡함.		중
설명하지 못함.		하

5-1 (1) 각 조각의 변의 길이와 모양에서 길이가 같은 변을 찾아 선을 그어 봅니다.

5-2 주어진 조각을 모두 이용하여 만들어 봅니다.

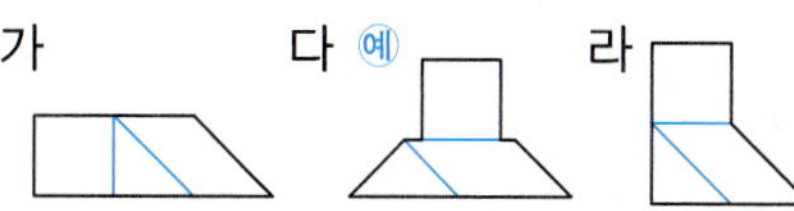

5-3　생각 열기　변이 서로 맞닿도록 만듭니다.

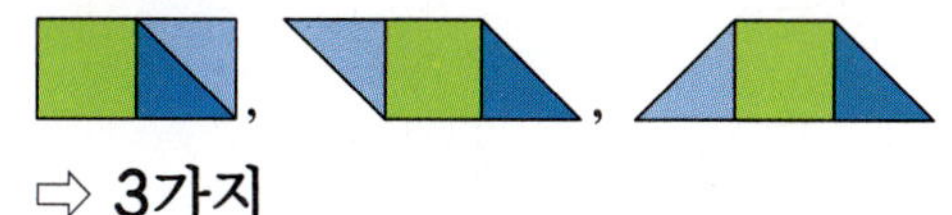

⇨ **3가지**

6-1

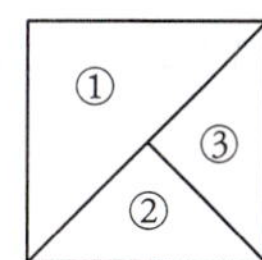

(1) 도형 2개로 이루어진 삼각형:
②③ → 1개
(2) ①, ②, ③, ②③ ⇨ **4개**

6-2

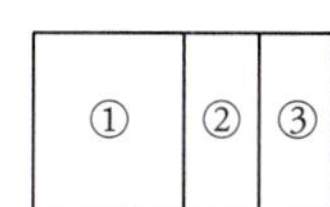

• 도형 1개로 이루어진 사각형:
①, ②, ③ → 3개
• 도형 2개로 이루어진 사각형:
①②, ②③ → 2개
• 도형 3개로 이루어진 사각형:
①②③ → 1개
⇨ (찾을 수 있는 크고 작은 사각형의 수)
＝3＋2＋1＝6(개)

6-3

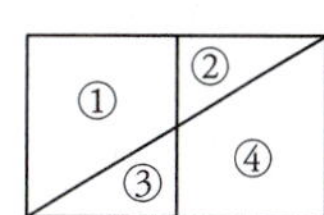

• 삼각형: ②, ③, ①②, ③④ ⇨ **4개**
• 사각형: ①, ④, ①③, ②④, ①②③④ ⇨ **5개**

3 STEP 응용 유형 뛰어넘기 (42~47쪽)

1 ㉠, ㉢, ㉡

2 예 곧은 선으로 둘러싸여 있지 않습니다.

; 예 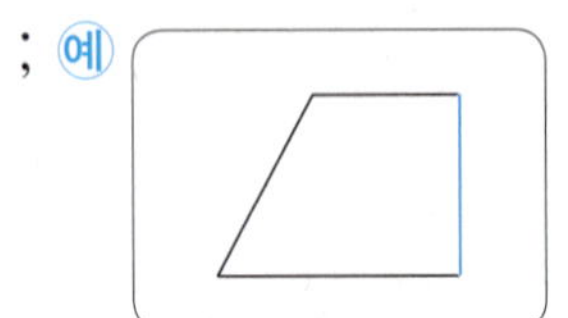

3 예 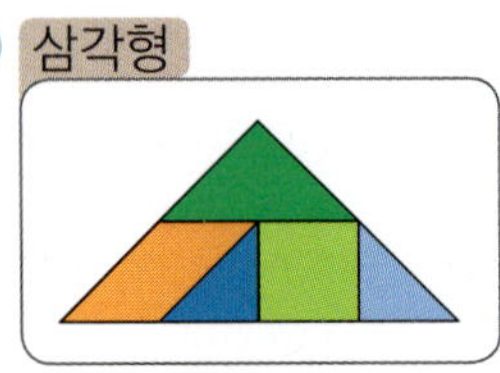

4 3개

5 연지

6 4개

7 6개

8 다

9 7

10 예 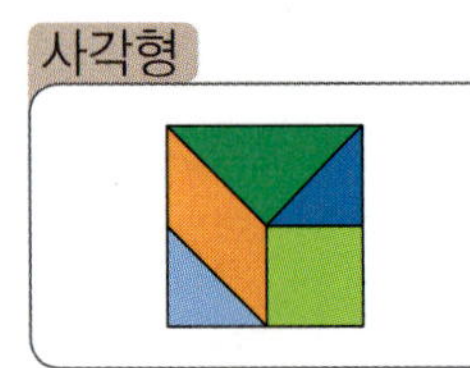

11 예 왼쪽 모양은 필요한 쌓기나무가 6개, 가운데 모양은 필요한 쌓기나무가 4개, 오른쪽 모양은 필요한 쌓기나무가 5개입니다.
따라서 필요한 쌓기나무의 수 중 가장 큰 수와 가장 작은 수의 차는 $6-4=2$(개)입니다.
; 2개

12 

13 ㉡

14 예 

15 22개

16 예 도형 1개로 이루어진 사각형은 5개, 도형 2개로 이루어진 사각형은 4개, 도형 3개로 이루어진 사각형은 1개, 도형 4개로 이루어진 사각형은 1개, 도형 5개로 이루어진 사각형은 1개입니다.
따라서 찾을 수 있는 크고 작은 사각형은 모두 $5+4+1+1+1=12$(개)입니다.
; 12개

17 사각형, 9개

---

1 ㉠ 사각형이므로 변이 4개, ㉡ 원이므로 변이 0개, ㉢ 삼각형이므로 변이 3개입니다.
⇨ $4>3>0$이므로 변의 수가 많은 것부터 차례로 기호를 쓰면 ㉠, ㉢, ㉡입니다.

2 서술형 가이드 사각형의 특징을 알고 사각형이 아닌 까닭을 설명할 수 있어야 합니다.

채점 기준		
까닭을 바르게 씀.		상
까닭을 썼으나 미흡함.		중
까닭을 쓰지 못함.		하

4 왼쪽 모양에서 ✕표 한 쌓기나무를 빼야 하므로 쌓기나무 **3개**를 빼야 합니다.

5 • 지화: 사각형은 꼭짓점이 4개, 삼각형은 꼭짓점이 3개이므로 사각형이 삼각형보다 꼭짓점의 수가 더 많습니다.
• 영아: 삼각형은 변과 꼭짓점이 각각 3개이므로 변과 꼭짓점의 수의 합은 $3+3=6$(개)입니다.
• **연지**: 원은 변과 꼭짓점이 없으므로 변과 꼭짓점의 수의 합은 0개입니다.
• 형준: 삼각형은 변과 꼭짓점이 각각 3개로 같습니다.

6 삼각형은 꼭짓점이 3개이므로 점 3개를 골라 곧은 선으로 이어 삼각형을 그려 봅니다.

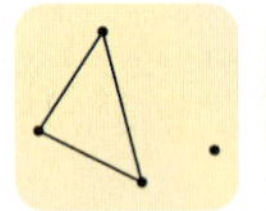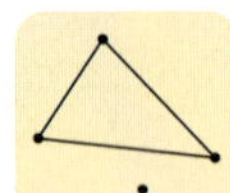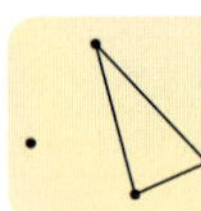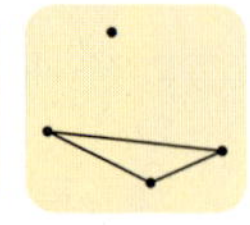

7 삼각형: 4개, 사각형: 8개, 원: 2개
⇨ $8-2=6$(개)

8 가: 1층에 4개, 2층에 1개 → 5개
나: 1층에 4개, 2층에 1개 → 5개
다: 1층에 5개, 2층에 1개 → 6개
라: 1층에 4개, 2층에 1개 → 5개

9 해법 순서

① ㉠, ㉡, ㉢에 알맞은 수를 각각 구합니다.

② ㉠+㉡−㉢을 구합니다.

• 삼각형의 꼭짓점은 3개 → ㉠=3

• 사각형의 변은 4개 → ㉡=4

• 원의 꼭짓점은 0개 → ㉢=0

⇨ ㉠+㉡−㉢=3+4−0=7

10 생각 열기 삼각형은 변과 꼭짓점이 각각 3개이고, 사각형은 변과 꼭짓점이 각각 4개입니다.

주어진 조각들을 모두 이용하여 삼각형과 사각형을 각각 만들어 봅니다.

사각형을

 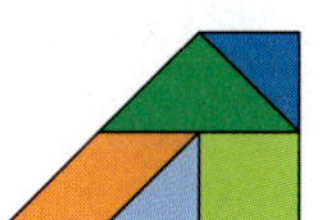

등으로 만들 수 있습니다.

주의 주어진 조각 이외의 조각을 이용하여 만들지 않도록 합니다.

11 해법 순서

① 각 모양에 필요한 쌓기나무의 수를 구합니다.

② ①에서 구한 가장 큰 수와 가장 작은 수의 차를 구합니다.

서술형 가이드 각 모양에 필요한 쌓기나무의 수를 구해 가장 큰 수와 가장 작은 수의 차를 구하는 과정이 들어 있어야 합니다.

채점 기준	풀이 과정을 쓰고 답을 구함.	상
	각 모양에서 필요한 쌓기나무의 수를 알고 있으나 가장 큰 수와 가장 작은 수의 차를 구하는 과정에서 실수가 있어 답이 틀림.	중
	각 모양에서 필요한 쌓기나무의 수를 정확하게 알지 못하여 답이 틀림.	하

12 초록색 쌓기나무는 노란색 쌓기나무 위에 있으므로 2층에 있는 쌓기나무입니다.

13 ㉠ 삼각형 안에 사각형이 있습니다.

㉢ 원 안에 사각형이 없습니다.

14 칠교 조각의 변의 길이와 주어진 모양에서 길이가 같은 변을 찾아 모양을 완성합니다.

15 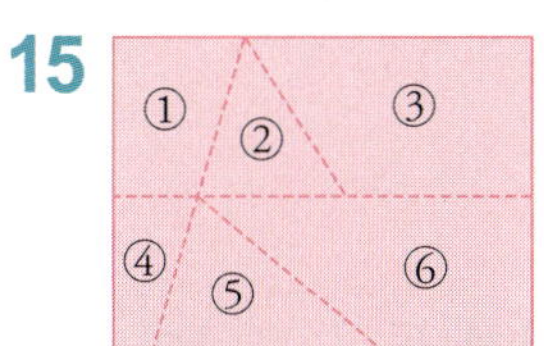

삼각형: ②, ⑤ ⇨ 2개

사각형: ①, ③, ④, ⑥ ⇨ 4개

삼각형의 꼭짓점의 수: 3+3=6(개)

사각형의 꼭짓점의 수: 4+4+4+4=16(개)

⇨ 6+16=22(개)

16 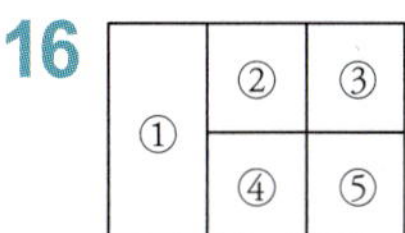

• 도형 1개로 이루어진 사각형:

 ①, ②, ③, ④, ⑤ → 5개

• 도형 2개로 이루어진 사각형:

 ②③, ④⑤, ②④, ③⑤ → 4개

• 도형 3개로 이루어진 사각형:

 ①②④ → 1개

• 도형 4개로 이루어진 사각형:

 ②③④⑤ → 1개

• 도형 5개로 이루어진 사각형:

 ①②③④⑤ → 1개

서술형 가이드 도형 1개로 이루어진 사각형, 도형 2개로 이루어진 사각형, ...으로 구분하여 찾을 수 있는 크고 작은 사각형의 수를 모두 구하는 과정이 들어 있어야 합니다.

채점 기준	풀이 과정을 쓰고 답을 구함.	상
	풀이 과정에서 실수가 있어 답이 틀림.	중
	풀이 과정을 쓰지 못하고 답도 틀림.	하

17 접은 종이를 펼치면 다음과 같은 모양이 생깁니다.

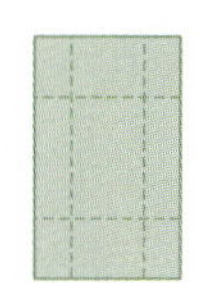

⇨ 접은 선을 따라 자르면 **사각형**이 **9**개 생깁니다.

실력 평가 48~51쪽

1 ㉠, ㉢, ㉤
2 ㉡, ㉣
3 4개
4 (1) ○ (2) ✕
5 ①, ③
6 ㉠
7 57
8 다
9 예 어느 곳에서 보아도 완전히 둥근 모양이 아니기 때문입니다.
10 3개
11 ③
12 예

13 삼각형
14 예
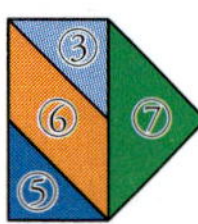
15 예
16 쌓기나무 2개가 옆으로 나란히 있고 오른쪽
〔왼쪽〕
쌓기나무의 앞에 1개가 있습니다.
〔2개〕
17 7
18 예 곧은 선으로 둘러싸여 있습니다.
; 예 변과 꼭짓점의 수가 다릅니다.
19 4가지
20 8개

---

1 변과 꼭짓점이 각각 3개인 도형을 모두 찾습니다.

2 변과 꼭짓점이 각각 4개인 도형을 모두 찾습니다.

3 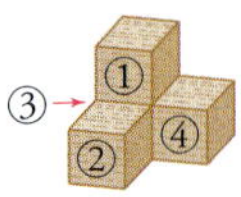

4 (1) 원은 굽은 선으로 이어져 있는 도형입니다.

> **참고** 원의 특징
> • 뾰족한 부분과 곧은 선이 없습니다.
> • 굽은 선으로 이어져 있습니다.
> • 길쭉하거나 찌그러진 곳 없이 어느 곳에서 보아도 완전히 둥근 모양입니다.
> • 크기는 다르지만 모양이 서로 같습니다.

(2) 삼각형은 변과 꼭짓점이 각각 3개이므로 변의 수와 꼭짓점의 수가 같습니다.

5 원은 변과 꼭짓점이 없습니다.

6 꼭짓점의 수를 각각 구하면
㉠ 사각형: 4개
㉡ 원: 0개
㉢ 삼각형: 3개
이므로 ㉠ 사각형의 꼭짓점의 수가 가장 많습니다.

7 **생각 열기** 삼각형은 변과 꼭짓점이 각각 3개인 도형입니다.

해법 순서
① 삼각형을 찾아 적힌 두 수를 알아봅니다.
② 삼각형에 적힌 두 수의 차를 구합니다.
삼각형에 적힌 두 수는 2, 59입니다.
⇨ $59 - 2 = 57$

8

가  나

다 라 

⇨ 가: 6개, 나: 6개, 다: 5개, 라: 6개
따라서 똑같은 모양으로 쌓을 때 필요한 쌓기나무 수가 다른 하나는 **다**입니다.

> **주의** 가려져 보이지 않는 쌓기나무의 수도 잊지 말고 셉니다.

9 원은 어느 곳에서 보아도 완전히 둥근 모양입니다.

> **서술형 가이드** 원의 특징을 알고 원이 아닌 까닭을 설명할 수 있어야 합니다.

채점 기준		
까닭을 바르게 씀.		상
까닭을 썼으나 미흡함.		중
까닭을 쓰지 못함.		하

10

삼각형: ①, ②, ③, ⑤, ⑦ → 5개
사각형: ④, ⑥ → 2개
⇨ 5-2=**3(개)**

11 ③을 ④의 오른쪽으로 옮깁니다.

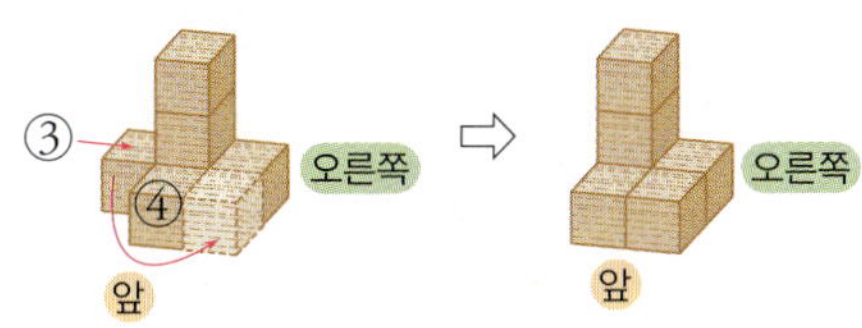

13 6=3+3이므로 변과 꼭짓점의 개수가 각각 3개
로 같습니다.
따라서 변 3개로 둘러싸인 도형이므로 **삼각형**입
니다.

14 가장 큰 조각을 먼저 놓은 다음 다른 조각들을
놓아가며 사각형을 만듭니다.

15

로도 만들 수 있습니다.

16

17 • 삼각형의 변: 3개 → ㉠=3
• 사각형의 꼭짓점: 4개 → ㉡=4
• 원의 변: 0개 → ㉢=0
⇨ ㉠+㉡-㉢=3+4-0=**7**

18 생각 열기 삼각형은 곧은 선들로 둘러싸여 있으며 변
과 꼭짓점이 각각 3개인 도형이고 사각형은 곧은 선
들로 둘러싸여 있으며 변과 꼭짓점이 각각 4개인 도
형입니다.

서술형 가이드 삼각형과 사각형의 특징을 알고 서로
같은 점과 다른 점을 한 가지씩 써야 합니다.

채점 기준		
같은 점과 다른 점을 모두 씀.	상
같은 점과 다른 점 중 한 가지만 씀.	중
둘 다 쓰지 못함.	하

19 생각 열기 사각형은 변과 꼭짓점이 각각 4개인 도형
입니다.

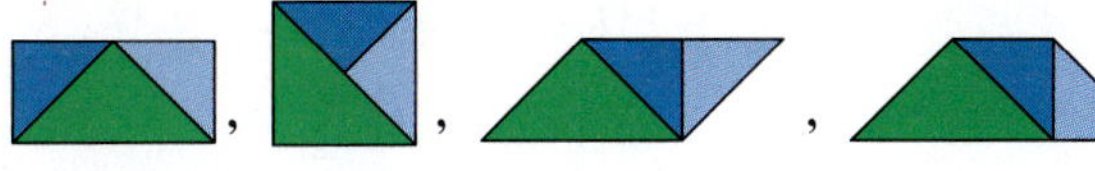

⇨ **4가지**

참고 뒤집거나 돌렸을 때 같은 모양은 한 가지이므로

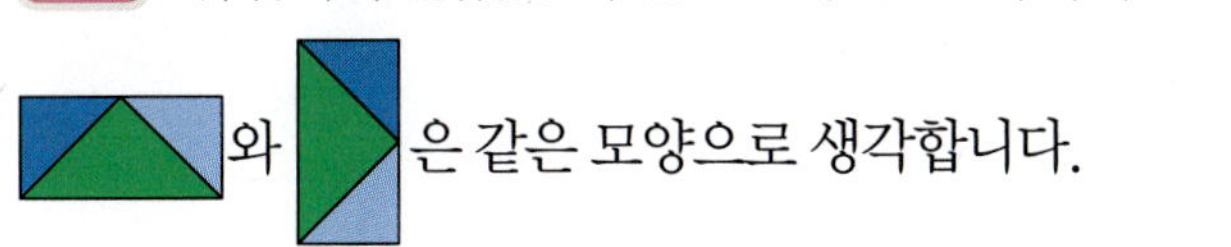

은 같은 모양으로 생각합니다.

20

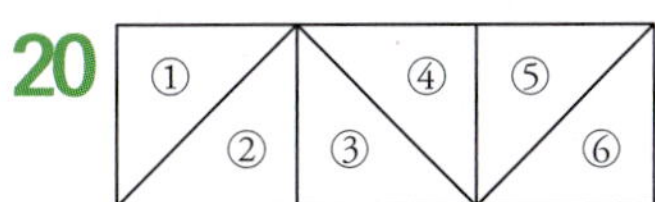

• 도형 1개로 이루어진 삼각형:
①, ②, ③, ④, ⑤, ⑥ → 6개
• 도형 2개로 이루어진 삼각형:
②③, ④⑤ → 2개
⇨ 6+2=**8(개)**

창의 사고력 52쪽

❶ ㉠

❷ 예

❶ ㉡, ㉢ 노란색 쌓기나무 앞에 보라색 쌓기나무가
없습니다.

❷ • 삼각형: 변과 꼭짓점이 각각 3개인 도형
• 사각형: 변과 꼭짓점이 각각 4개인 도형

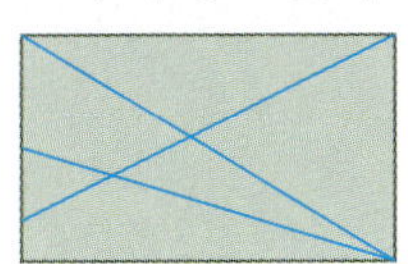

등으로 그을 수 있습니다.

3. 덧셈과 뺄셈

1-1 $76+19=76+10+9$
$=86+9=95$

1-2 $28+17=30+15=45$

1-3 (1) 10, 57, 64   (2) 60, 18, 78

1-4 [방법 1] 예 $36+17=30+10+6+7$
$=40+13$
$=53$
   [방법 2] 예 $36+17=40+13$
$=53$

2-1 (1) 31   (2) 114

2-2 129

2-3

2-4 73

2-5
$$\begin{array}{r} 6\,8 \\ +\ 2\,5 \\ \hline 9\,3 \end{array}$$

2-6 ㉢, ㉣, ㉡, ㉠

2-7 $59+23=82$; 82개

3-1 $53-27=53-20-7$
$=33-7=26$

3-2 $78-19=79-20=59$

3-3 (1) 30, 38, 29   (2) 30, 2, 32

3-4 [방법 1] 예 $60-18=62-20=42$
   [방법 2] 예 $60-18=60-10-8$
$=50-8=42$

4-1 (1) 37   (2) 65   (3) 25   (4) 49

4-2 <

4-3

4-4
$$\begin{array}{r} 5\,4 \\ -\ 1\,9 \\ \hline 3\,5 \end{array}$$

4-5 $80-24=56$; 56개

4-6 49개

1-1 76에 10을 먼저 더한 후 9를 더합니다.

1-2 28이 가까운 몇십인 30이 되도록 17에서 2를 옮깁니다. 따라서 $17-2=15$이므로 30과 15를 더하면 45입니다.

1-3 (1) 17을 10과 7로 가르기하여 47에 10을 더한 수에 7을 더합니다.
(2) 19와 59를 각각 몇십과 몇으로 가르기하여 몇십끼리 더한 수와 몇끼리 더한 수를 서로 더합니다.

1-4 [서술형 가이드] [방법 1] 두 자리 수를 몇십과 몇으로 생각하여 두 자리 수의 덧셈을 하는 방법이 들어 있어야 합니다.
[방법 2] 17에서 4를 옮겨 36을 40으로 만들어야 하므로 40과 13을 더하는 과정이 있어야 합니다.

채점 기준		
두 가지 방법 모두 과정을 바르게 계산함.	상
두 가지 방법 중에서 한 가지 방법만 과정을 바르게 계산함.	중
두 가지 방법 모두 과정이 바르지 못함.	하

2-1 (1)
일의 자리에서 받아올림
$$\begin{array}{r} 2\,4 \\ +\ \ 7 \\ \hline 3\,1 \end{array}$$
$1+2=3$ $4+7=11$

[참고] 일의 자리 수끼리의 합이 10이거나 10보다 크면 십의 자리로 받아올림합니다.

(2)
십의 자리에서 받아올림
일의 자리에서 받아올림
$$\begin{array}{r} 2\,9 \\ +\ 8\,5 \\ \hline 1\,1\,4 \end{array}$$
$9+5=14$
$1+2+8=11$
1

[참고] 각 자리 수끼리의 합이 10이거나 10보다 크면 바로 윗자리로 받아올림합니다.

2-2
$$\begin{array}{r} 5\,3 \\ +\ 7\,6 \\ \hline 1\,2\,9 \end{array}$$

2-3

$$\begin{array}{r} \overset{\scriptscriptstyle 1}{3}\ 5 \\ +\ \ 7 \\ \hline 4\ 2 \end{array}\ ,\quad \begin{array}{r} \overset{\scriptscriptstyle 1}{2}\ 3 \\ +\ \ 8 \\ \hline 3\ 1 \end{array}$$

2-4

$$\begin{array}{r} \overset{\scriptscriptstyle 1}{6}\ 9 \\ +\ \ 4 \\ \hline 7\ 3 \end{array}$$

2-5 일의 자리에서 받아올림한 수를 십의 자리 계산에서 더하지 않았습니다.

$$\begin{array}{r} \overset{\scriptscriptstyle 1}{6}\ 8 \\ +\ 2\ 5 \\ \hline 9\ 3 \end{array}$$

2-6 해법 순서

① 각각의 식을 계산합니다.

② 계산 결과가 큰 것부터 순서대로 기호를 씁니다.

㉠ $36+77=113$　　㉡ $52+65=117$

㉢ $64+59=123$　　㉣ $81+38=119$

➡ $123>119>117>113$이므로

　㉢, ㉣, ㉡, ㉠입니다.

2-7 (어제와 오늘 접은 종이학 수의 합)

　　=(어제 접은 종이학 수)

　　　+(오늘 접은 종이학 수)

　　=$59+23=82$(개)

3-1 53에서 20을 먼저 뺀 후 7을 뺍니다.

3-2 19가 가까운 몇십인 20이 되도록 두 수에 각각 1을 더합니다.

　　$78+1=79$, $19+1=20$

　➡ $78-19=79-20=59$

3-3 (1) 39를 10과 9로 가르기하여 68에서 30을 뺀 수에서 9를 뺍니다.

　　(2) 80을 70과 10으로 가르고, 48을 40과 8로 가르기하여 70에서 40을 뺀 수와 10에서 8을 뺀 수를 서로 더합니다.

3-4 서술형 가이드　방법 1 60에 2를 더한 수인 62에서 18에 2를 더한 수인 20을 빼는 과정이 들어 있어야 합니다.

　방법 2 60에서 10을 뺀 다음 8을 빼는 과정이 들어 있어야 합니다.

채점 기준	두 가지 방법 모두 과정을 바르게 계산함.	상
	두 가지 방법 중에서 한 가지 방법만 과정을 바르게 계산함.	중
	두 가지 방법 모두 과정이 바르지 못함.	하

4-1 (1)

$$\begin{array}{r} \overset{3}{\cancel{4}}\ \overset{10}{5} \\ -\ \ 8 \\ \hline 3\ 7 \end{array}$$

$4-1=3$　$10+5-8=7$

(2)

$$\begin{array}{r} \overset{6}{\cancel{7}}\ \overset{10}{1} \\ -\ \ 6 \\ \hline 6\ 5 \end{array}$$

$7-1=6$　$10+1-6=5$

십의 자리에서 받아내림

참고 일의 자리 수끼리 뺄 수 없을 때에는 십의 자리에서 받아내림합니다.

(3)

$$\begin{array}{r} \overset{5}{\cancel{6}}\ \overset{10}{0} \\ -\ 3\ 5 \\ \hline 2\ 5 \end{array}$$

$6-1-3=2$　$10-5=5$

(4)

$$\begin{array}{r} \overset{6}{\cancel{7}}\ \overset{10}{3} \\ -\ 2\ 4 \\ \hline 4\ 9 \end{array}$$

$7-1-2=4$　$10+3-4=9$

십의 자리에서 받아내림

4-2 $63-9=54$, $77-19=58$

　➡ $54<58$

4-3

$$\begin{array}{r} \overset{5}{\cancel{6}}\ \overset{10}{3} \\ -\ 2\ 6 \\ \hline 3\ 7 \end{array}\ ,\quad \begin{array}{r} \overset{8}{\cancel{9}}\ \overset{10}{0} \\ -\ 3\ 8 \\ \hline 5\ 2 \end{array}$$

4-4 십의 자리에서 일의 자리로 받아내림한 것을 빼지 않고 십의 자리 계산을 하였습니다.

$$\begin{array}{r} \overset{4}{\cancel{5}}\ \overset{10}{4} \\ -\ 1\ 9 \\ \hline 3\ 5 \end{array}$$

4-5 생각 열기 '~보다 적게 가지고'이므로 뺄셈을 이용합니다.

　(지섭이의 사탕 수)=(은수의 사탕 수)−24

　　　　　　　　=$80-24=56$(개)

4-6 (소담이가 딴 고추 수)=(아빠가 딴 고추 수)−46

　　　　　　　　=$95-46=49$(개)

2 STEP 응용 유형 익히기 60~65쪽

1-1 (1) 43, 38 (2) 81
1-2 33
1-3 141
2-1 (1) 5, 2 (2) 7
2-2 1
2-3 7
3-1 (1) 37장   (2) 45장   (3) 82장
3-2 62개
3-3 109번
4-1 (1) 6, 7 (2) 1, 3
  (3) 73+61=134(또는 71+63=134,
    61+73=134, 63+71=134)
4-2 25+49=74 (또는 29+45=74,
    49+25=74, 45+29=74)
4-3 62−58=4
5-1 (1) 8, 9 (2) 8
5-2 7
5-3 6, 7, 8, 9
6-1 (1) 3, 8, 9 (또는 3, 9, 8)
  (2) 3, 8, 9 ; 3, 9, 8
6-2 6, 1, 8 ; 6, 2, 9
6-3 1 6 + 2 9
  (또는 1 9 + 2 6, 1 7 + 2 8,
   1 8 + 2 7, 2 9 + 1 6,
   2 6 + 1 9, 2 8 + 1 7,
   2 7 + 1 8)

1-1 생각 열기 '~보다 큰 수'는 덧셈을, '~보다 작은
수'는 뺄셈을 이용합니다.
  (1) ㉠ 35+8=43
    ㉡ 43−5=38
  (2) ㉠+㉡=43+38=81
1-2 ㉠ 46+15=61
  ㉡ 54−26=28
  ⇨ ㉠−㉡=61−28=33

1-3 ㉠ 10이 6개이면 60, 1이 17개이면 17
  → 77
  77보다 8만큼 더 큰 수: 77+8=85
  ㉡ 10이 4개이면 40, 1이 21개이면 21
  → 61
  61보다 5만큼 더 작은 수: 61−5=56
  ⇨ ㉠+㉡=85+56=141

2-1 (1) • 일의 자리 계산: 4−9를 계산할 수 없으
  므로 받아내림이 있습니다.
    ⇨ 10+4−9=5, ㉠=5
  • 십의 자리 계산: 일의 자리로 받아내림하
  였으므로 5−1−㉡=2, 4−㉡=2,
  ㉡=2입니다.
  (2) ㉠+㉡=5+2=7

2-2 해법 순서
① ㉠에 알맞은 숫자를 구합니다.
② ㉡에 알맞은 숫자를 구합니다.
③ ㉠과 ㉡에 알맞은 숫자의 차를 구합니다.
  • 일의 자리 계산: 8+7=15, ㉠=5
  • 십의 자리 계산: 일의 자리에서 받아올림이
  있으므로 1+4+㉡=11, ㉡=6입니다.
  ⇨ ㉡−㉠=6−5=1

2-3 일의 자리 계산에서 ●+●=4 또는
●+●=14이므로 ●=2 또는 ●=7입니다.
  • ●=2이면
$$\begin{array}{r} 3\ 2 \\ +\ 1\ 2 \\ \hline 4\ 4 \end{array}\ (\times)$$
  • ●=7이면
$$\begin{array}{r} \overset{1}{3}\ 7 \\ +\ 1\ 7 \\ \hline 5\ 4 \end{array}\ (\bigcirc)$$

주의 일의 자리 계산에서 받아올림이 있을 때와
없을 때를 생각하여 ●+●=4와 ●+●=14
인 경우를 각각 알아봅니다.

3-1 (1) (진호가 가지고 있는 색종이 수)
$$=18+19=37(장)$$
(2) (윤호가 가지고 있는 색종이 수)
$$=18+27=45(장)$$
(3) (진호와 윤호가 가지고 있는 색종이 수의 합)
$$=37+45=82(장)$$

3-2 생각 열기 '~보다 ~개 더 많이 가지고 있습니다.'는 덧셈을 이용합니다.
'~보다 ~개 더 적게 가지고 있습니다.'는 뺄셈을 이용합니다.
(우빈이가 가지고 있는 수수깡의 수)
$$=(수연이가 가지고 있는 수수깡의 수)+15$$
$$=28+15=43(개)$$
(윤설이가 가지고 있는 수수깡의 수)
$$=(수연이가 가지고 있는 수수깡의 수)-9$$
$$=28-9=19(개)$$
⇨ (우빈이와 윤설이가 가지고 있는 수수깡 수의 합)
$$=43+19=62(개)$$

3-3 (정민이가 넘은 줄넘기 수)
$$=(민서가 넘은 줄넘기 수)+16$$
$$=75+16=91(번)$$
(주성이가 넘은 줄넘기 수)
$$=(정민이가 넘은 줄넘기 수)-8$$
$$=91-8=83(번)$$
(다은이가 넘은 줄넘기 수)
$$=(주성이가 넘은 줄넘기 수)+26$$
$$=83+26=109(번)$$

4-1 (1) 합이 가장 큰 두 자리 수의 덧셈식을 만들어야 하므로 두 자리 수의 십의 자리에는 가장 큰 숫자와 두 번째로 큰 숫자인 7과 6이 들어가야 합니다.
예 $7\square+6\square$

(2) 십의 자리에 7과 6이 들어가므로 일의 자리에는 나머지 숫자인 1과 3이 들어갑니다.
예 $7\boxed{3}+6\boxed{1}$ 또는
$7\boxed{1}+6\boxed{3}$
(3) 73과 61, 71과 63의 덧셈식을 바르게 쓰면 정답으로 인정합니다.
$$73+61=134,\ 71+63=134,$$
$$61+73=134,\ 63+71=134$$

4-2 생각 열기 합이 가장 작은 두 자리 수의 덧셈식을 만들려면 두 자리 수의 십의 자리에 가장 작은 숫자와 두 번째로 작은 숫자가 들어가야 합니다.
두 자리 수의 십의 자리에는 가장 작은 숫자와 두 번째로 작은 숫자인 2와 4가 들어가고, 일의 자리에는 나머지 숫자인 5와 9가 들어가야 합니다.
⇨ $25+49=74,\ 29+45=74,$
$49+25=74,\ 45+29=74$

4-3 차가 가장 작은 두 자리 수의 뺄셈식을 만들어야 하므로 십의 자리에는 두 수의 차가 가장 작은 5와 6이 들어가야 합니다.
⇨ $68-52=16,\ 62-58=4$이므로 차가 가장 작은 두 자리 수의 뺄셈식은
$62-58=4$입니다.
참고 • 차가 가장 작을 때: 두 자리 수의 십의 자리 수끼리의 차가 작아야 합니다.
• 차가 가장 클 때: (가장 큰 두 자리 수)
$$-(가장 작은 두 자리 수)$$

5-1 (1) $\square=6$일 때 $54+26=80$이고 식은 81보다 커야 하므로 $\square$ 안에 6보다 큰 수를 넣어 봅니다.
$\square=7$일 때 $54+27=81>81(\times)$,
$\square=8$일 때 $54+28=82>81(\bigcirc)$,
$\square=9$일 때 $54+29=83>81(\bigcirc)$
⇨ $\square$ 안에 들어갈 수 있는 수는 8, 9입니다.
(2) $\square$ 안에 들어갈 수 있는 수는 8, 9이고 그중에서 작은 수는 8입니다.

5-2 □=5일 때 65−35=30이고 식은 29보다 작아야 하므로 □ 안에 5보다 큰 수를 넣어 봅니다.

□=6일 때 65−36=29<29 (×),
□=7일 때 65−37=28<29 (○),
□=8일 때 65−38=27<29 (○),
□=9일 때 65−39=26<29 (○)

⇨ □ 안에 들어갈 수 있는 수는 7, 8, 9이고 그중에서 가장 작은 수는 **7**입니다.

다른 풀이 65−3□<29에서 65−3□=29일 때 65−29=3□, 36=3□, □=6입니다.
65−3□<29이므로 □ 안에는 6보다 큰 수가 들어가야 합니다.
따라서 □=7, 8, 9이고 그중에서 가장 작은 수는 7입니다.

5-3 **해법 순서**

① 56+1□>71에서 □ 안에 들어갈 수 있는 수를 구합니다.

② 70−2□<46에서 □ 안에 들어갈 수 있는 수를 구합니다.

③ ①과 ②에서 □ 안에 공통으로 들어갈 수 있는 수를 구합니다.

• 56+1□>71

□=4일 때 56+14=70이고 식은 71보다 커야 하므로 □ 안에 4보다 큰 수를 넣어 봅니다.

56+15=71>71 (×),
56+16=72>71 (○),
56+17=73>71 (○),
56+18=74>71 (○),
56+19=75>71 (○)

• 70−2□<46

□=4일 때 70−24=46이고 식은 46보다 작아야 하므로 □ 안에는 4보다 큰 수가 들어가야 합니다.

70−25=45<46 (○),
70−26=44<46 (○),
70−27=43<46 (○),
70−28=42<46 (○),
70−29=41<46 (○)

⇨ □ 안에 공통으로 들어갈 수 있는 수는 6, 7, 8, 9입니다.

6-1 (1) • 받아올림이 없는 경우 더해지는 두 자리 수의 십의 자리 수가 4가 되어야 하지만 카드가 없으므로 받아올림이 있는 덧셈식이 되어야 합니다. 따라서 두 자리 수의 십의 자리 수는 3입니다.

• 받아올림이 있는 덧셈이어야 하므로 더해서 17이 되는 두 수는 8과 9입니다.

(2) 4 7 = 3 8 + 9 ,
4 7 = 3 9 + 8

6-2 5 3 = ㉠ ㉡ − ㉢

받아내림이 없는 경우 ㉠이 5가 되어야 하지만 카드가 없으므로 받아내림이 있는 뺄셈식이 되어야 합니다. 따라서 ㉠=6입니다. 결과의 일의 자리 수가 3이 되는 경우를 알아보면 ㉡=1, ㉢=8과 ㉡=2, ㉢=9이므로 만들 수 있는 식은 53=61−8, 53=62−9입니다.

주의 주어진 수 카드 7장 중 3장을 골라야 합니다.

6-3 받아올림이 없는 덧셈에서 두 자리 수의 십의 자리 수가 1과 3인 경우 일의 자리 수는 1과 4, 2와 3이 되어야 하지만 카드가 없으므로 받아올림이 있는 덧셈식을 만들어야 합니다.

받아올림이 있는 덧셈의 경우 두 자리 수의 십의 자리 수는 1과 2입니다.

일의 자리 수끼리의 합이 15가 되는 경우를 찾으면 6과 9, 7과 8입니다.

⇨ 16+29=45, 29+16=45,
19+26=45, 26+19=45,
17+28=45, 28+17=45,
18+27=45, 27+18=45

STEP 1 기본 유형 익히기 66~69쪽

5-1 (계산 순서대로) 56, 56, 27 ; 27

5-2 ⑴ 38 ⑵ 81

5-3 90

5-4 ⑴ > ⑵ <

5-5 71권

5-6 $31-5+16=42$; 42개

6-1 $36+\boxed{45}=81$;

$\boxed{81}-\boxed{45}=\boxed{36}$,

$\boxed{81}-\boxed{36}=\boxed{45}$

두 식의 순서가 바뀌어도 정답입니다.

6-2 $90-57=33$, $90-33=57$

6-3 $44+28=72$, $28+44=72$

6-4 ⑴ 38, 19 ⑵ 54, 82

6-5 $16+19=35$ (또는 $19+16=35$) ;

$35-16=19$, $35-19=16$

두 식의 순서가 바뀌어도 정답입니다.

7-1 ○○○○○, 5

7-2 ⑴ 6 ⑵ 25

7-3 8, 44

7-4

7-5 $5+\square=17$; 12

7-6 $\square+3=16$; 13

8-1 16

8-2 $12-\square=8$; 4

8-3 ㉡, ㉢, ㉠

8-4 $\square-32=9$(또는 $\square-9=32$) ; 41

8-5 3개

5-1 앞에서부터 차례로 계산합니다.

$$19+37-29=27$$

$$\begin{array}{r} 1\,9 \\ +\ 3\,7 \\ \hline 5\,6 \end{array} \qquad \begin{array}{r} 5\,6 \\ -\ 2\,9 \\ \hline 2\,7 \end{array}$$

5-2 ⑴ $54+32-48=86-48=38$

⑵ $45-19+55=26+55=81$

5-3 $91-67+24=24+24=48$, ▲$=48$

$37+17-12=54-12=42$, ■$=42$

⇨ $48+42=90$

5-4 ⑴ $16+39-26=55-26=29$

⇨ $29>27$

⑵ $75-19+38=56+38=94$

⇨ $94<99$

5-5 생각 열기 ~권을 빌려 갔다가'는 뺄셈으로,

'~권을 반납했어요.'는 덧셈으로 계산합니다.

(오늘 학급 문고에 있는 동화책 수)

=(처음에 있던 동화책 수)−(빌려 간 동화책 수)+(오늘 반납한 동화책 수)

$=90-36+17$

$=54+17=71$(권)

5-6 생각 열기 동생에게 준 구슬 수는 빼고, 친구에게서 받은 구슬 수는 더합니다.

(지금 지후가 가지고 있는 구슬 수)

=(처음에 가지고 있던 구슬 수)

−(동생에게 준 구슬 수)

+(친구에게서 받은 구슬 수)

$=31-5+16=26+16=42$(개)

6-1 덧셈식을 보고 뺄셈식을 2개 만들 수 있습니다.

$$36+45=81 \qquad 36+45=81$$

$$81-45=36 \qquad 81-36=45$$

6-2 $33+57=90 \qquad 33+57=90$

$$90-57=33 \qquad 90-33=57$$

참고 덧셈식을 보고 2개의 뺄셈식으로 나타내기

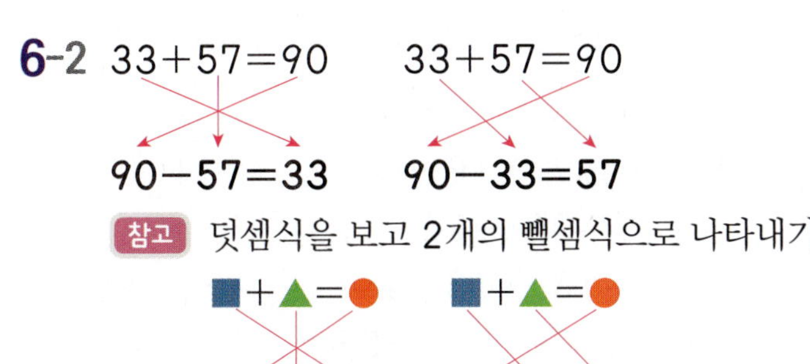

6-3
$$72-28=44 \qquad 72-28=44$$
$$44+28=72 \qquad 28+44=72$$

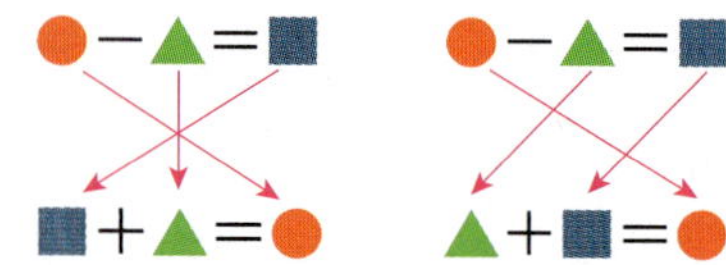

참고 뺄셈식을 보고 2개의 덧셈식으로 나타내기

● − ▲ = ■   ● − ▲ = ■
■ + ▲ = ●   ▲ + ■ = ●

6-4
$$38+19=57 \qquad 82-54=28$$
$$57-19=38 \qquad 28+54=82$$

6-5 두 수를 더한 합이 주어진 수 중에 있는지 찾아 봅니다. 이때 주어진 수 중에서 가장 큰 수가 35이므로 35는 더하는 수가 될 수 없습니다.
$16+25=41$, $\underline{16+19=35}$, $25+19=44$
따라서 $16+19=35$를 이용하여 뺄셈식을 만 듭니다.

7-1 ○를 5개 그리면 사탕이 20개가 됩니다.
⇨ $15+\boxed{5}=20$

7-2 ⑴ $29+\square=35 \rightarrow 35-29=\square$, $\square=6$
⑵ $\square+8=33 \rightarrow 33-8=\square$, $\square=25$

7-3
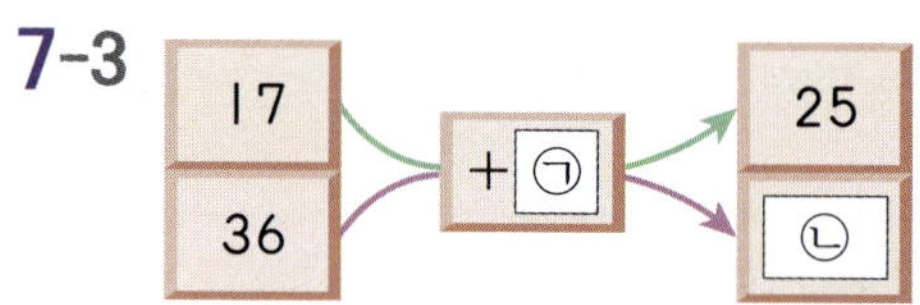

㉠을 먼저 구한 다음 ㉡을 구합니다.
· $17+㉠=25 \rightarrow 25-17=㉠$, $㉠=8$
· $36+㉠=36+8=44 \rightarrow ㉡=44$

7-4 $8+\square=19 \rightarrow 19-8=\square$, $\square=11$
$\square+17=26 \rightarrow 26-17=\square$, $\square=9$
$\square+4=13 \rightarrow 13-4=\square$, $\square=9$
$28+\square=39 \rightarrow 39-28=\square$, $\square=11$
$\square+8=24 \rightarrow 24-8=\square$, $\square=16$

7-5 $5+\square$와 17이 같습니다.
$5+\square=17 \rightarrow 17-5=\square$, $\square=12$

7-6 $\square+3=16 \rightarrow 16-3=\square$, $\square=13$

8-1 $43-\square=27 \rightarrow 43-27=\square$, $\square=16$

8-2 $12-\square=8 \rightarrow 12-8=\square$, $\square=4$

8-3 ㉠ $22-\square=20 \rightarrow 22-20=\square$, $\square=2$
㉡ $\square-9=52 \rightarrow 52+9=\square$, $\square=61$
㉢ $28-\square=19 \rightarrow 28-19=\square$, $\square=9$

8-4 $\square-32=9 \rightarrow 9+32=\square$, $\square=41$

8-5 생각 열기 동생에게 준 지우개의 수를 $\square$로 놓고 뺄셈식으로 나타냅니다.
$12-\square=9 \rightarrow 12-9=\square$, $\square=3$

STEP 2 응용 유형 익히기   70~75쪽

7-1 ⑴ 27, 63 ⑵ 90
7-2 24   **7-3** 110
8-1 ⑴ 36 ⑵ 65 ⑶ 7
8-2 16   **8-3** 19
9-1 ⑴ 79쪽, 81쪽 ⑵ 정환, 2쪽
9-2 민석, 5번   **9-3** 누리, 4개
10-1 ⑴ 73 ⑵ 예 $36+\square=73$; 37
10-2 18   **10-3** 36명
11-1 ⑴ 74 ⑵ 6 ⑶ 7, 8, 9
11-2 6, 7, 8, 9
11-3 13개
12-1 ⑴ $\square-17=28$ ⑵ 45 ⑶ 62
12-2 17   **12-3** 36

7-1 (1) · ㉠+44=71
  → 71−44=㉠, ㉠=**27**
 · ㉡−44=19
  → 19+44=㉡, ㉡=**63**
(2) ㉠+㉡=27+63=**90**

7-2 [생각 열기] 덧셈과 뺄셈의 관계를 이용하여 ㉠과 ㉡
을 각각 구합니다.
[해법 순서]
① ㉠을 구합니다.
② ㉡을 구합니다.
③ ㉠과 ㉡의 차를 구합니다.
 · 66+㉠=95
  → 95−66=㉠, ㉠=**29**
 · ㉡−18=35
  → 35+18=㉡, ㉡=**53**
 ⇨ ㉡−㉠=53−29=**24**

7-3 · ㉠−37=25
  → 25+37=㉠, ㉠=**62**
 · 14+㉡=㉠, 14+㉡=62
  → 62−14=48, ㉡=**48**
 ⇨ ㉠+㉡=62+48=**110**

[참고]

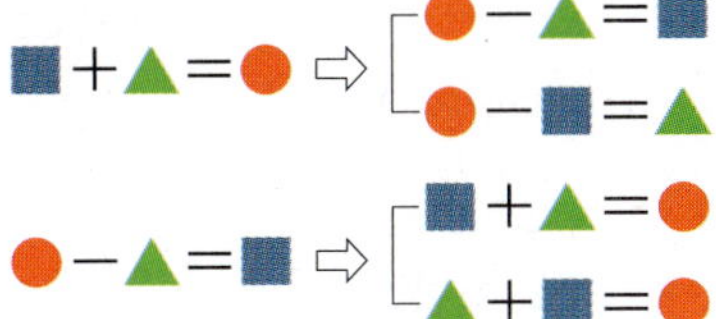

8-1 (1) ■+■=▲
  → 18+18=▲, ▲=**36**
(2) ▲+29=●
  → 36+29=●, ●=**65**
(3) ▲+▲−●=36+36−65
  =72−65=**7**

8-2 [생각 열기] ▲, ●, ◆의 순서로 구합니다.
 · ■+■=▲
  → 27+27=▲, ▲=54
 · ▲−19=●
  → 54−19=●, ●=35
 · ●+●−▲=◆
  → 35+35−54=70−54=◆,
   ◆=16

8-3 [해법 순서]
① ▲를 구합니다.
② ●를 구합니다.
③ ◆를 구합니다.
④ ★를 구합니다.
 · ■+■+■=▲
  → 5+5+5=▲, ▲=15
 · ▲−6=● → 15−6=●, ●=9
 · ●+●=◆ → 9+9=◆, ◆=18
 · ◆+■+■−●=★
  → 18+5+5−9=23+5−9
    =28−9=★,
   ★=19

9-1 (1) (세연이가 3일 동안 읽은 쪽수)
  =25+36+18
  =61+18=**79**(쪽)
 (정환이가 3일 동안 읽은 쪽수)
  =39+19+23
  =58+23=**81**(쪽)
(2) 79<81이므로 **정환**이가
  81−79=**2**(쪽) 더 많이 읽었습니다.

9-2 (수연이의 윗몸 일으키기 기록의 합)
  =16+23+18=57(번)
 (민석이의 윗몸 일으키기 기록의 합)
  =28+19+15=62(번)
 ⇨ 57<62이므로 **민석**이가 윗몸 일으키기를
  62−57=**5**(번) 더 많이 했습니다.

9-3 〔생각 열기〕 '~개를 잃고'는 뺄셈을, '~개를 따고'는 덧셈을 이용합니다.

〔해법 순서〕

① 누리가 가지고 있는 딱지의 수를 구합니다.

② 민수가 가지고 있는 딱지의 수를 구합니다.

③ 누리와 민수 중에서 누가 딱지를 몇 개 더 많이 가지고 있는지 구합니다.

(누리가 가지고 있는 딱지 수)
$=60-25+38=73$(개)

(민수가 가지고 있는 딱지 수)
$=77+14-22=69$(개)

➡ $73>69$이므로 **누리**가 딱지를
$73-69=$**4(개)** 더 많이 가지고 있습니다.

10-1 (1) (준서가 가지고 있는 두 카드의 수의 합)
$=25+48=$**73**

(2) 가현이의 카드 중에서 수가 무엇인지 모르는 카드의 수를 □라 놓고 덧셈식을 만들면 $36+□=73$입니다.

$36+□=73$
→ $73-36=□$, $□=37$

➡ 가현이의 카드 중에서 수가 무엇인지 모르는 카드의 수는 **37**입니다.

10-2 〔해법 순서〕

① 희수가 가지고 있는 두 카드의 수의 합을 구합니다.

② 규하의 카드 중에서 수가 무엇인지 모르는 카드의 수를 □로 놓고 덧셈식을 만듭니다.

③ 덧셈과 뺄셈의 관계를 이용하여 □의 값을 구합니다.

(희수가 가지고 있는 두 카드의 수의 합)
$=39+26=65$

규하의 카드 중에서 수가 무엇인지 모르는 카드의 수를 □라 놓고 덧셈식을 만들면
$47+□=65 → 65-47=□$, $□=18$입니다.

➡ 규하의 카드 중에서 수가 무엇인지 모르는 카드의 수는 **18**입니다.

10-3 (2학년 남학생과 여학생 수의 합)
$=48+49=97$(명)

(3학년 남학생과 여학생 수의 합)
$=97-15=82$(명)

3학년 여학생 수를 □라 놓고 덧셈식을 만들면 $46+□=82$

→ $82-46=□$, $□=36$입니다.

➡ 3학년 여학생은 **36명**입니다.

11-1 (1)
$$\begin{array}{r} 5\ 5 \\ +\ 1\ 9 \\ \hline 7\ 4 \end{array}$$

(2) $74+□=80$
→ $80-74=□$, $□=6$

(3) $74+□>80$이어야 하므로 □는 6보다 커야 합니다.

➡ □ 안에 들어갈 수 있는 수는 **7, 8, 9** 입니다.

11-2 $73-28=45$

$45-□=40 → □+40=45$,
$45-40=□$, $□=5$

$45-□<40$이어야 하므로 □는 5보다 커야 합니다.

➡ □ 안에 들어갈 수 있는 수는 **6, 7, 8, 9** 입니다.

11-3 $16+35=51$

$28+□=51 → 51-28=□$, $□=23$

$28+□<51$이어야 하므로 □는 23보다 작아야 합니다.

➡ 23보다 작은 두 자리 수는
$10, 11, \cdots, 21, 22$이므로 모두 **13개**입니다.

〔참고〕

(■부터 ▲까지의 자연수의 개수)
$=(▲-■+1)$개

12-1 (2) $□-17=28$
→ $28+17=□$, $□=45$

(3) $45+17=62$

12-2 생각 열기 먼저 잘못 계산한 식을 이용하여 어떤
수를 구합니다.
어떤 수를 □라 하면 □+37=91입니다.
□+37=91
→ 91-37=□, □=54
⇨ 바르게 계산하면 54-37=17입니다.

12-3 해법 순서
① 어떤 수를 □라 하여 잘못 계산한 식을 만듭
니다.
② 어떤 수를 구합니다.
③ 바르게 계산한 값을 구합니다.
어떤 수를 □라 하면
□+26-17=54입니다.
□+26-17=54,
□+26=54+17, □+26=71,
→ 71-26=□, □=45입니다.
⇨ 바르게 계산하면
　45+17-26=62-26=**36**입니다.

---

3 STEP **응용 유형 뛰어넘기** 76~81쪽

1 17

2 49 ; 23, 49 ; 49, 72 ; 49, 23, 72

3 ㊿-⑮+㊷(또는 ㊷-⑮+㊿) ; 77

4 57, 8에 ◯표　　　**5** 4

6 예 75>60>49>28>16이므로 가장 큰 수
는 75이고, 가장 작은 수는 16입니다. 따라서
가장 큰 수와 가장 작은 수의 차는
75-16=59입니다.
　; 59

7 42

8 68+9=67

9 13자루　　　　**10** 72

11 183

---

12 예 • 8>7>5>3>0이므로 만들 수 있는
가장 큰 두 자리 수는 87입니다.
　• 0<3<5<7<8이므로 만들 수 있는 가
장 작은 두 자리 수는 30, 둘째로 작은 두
자리 수는 35입니다.
　따라서 가장 큰 두 자리 수와 둘째로 작은
두 자리 수의 합은 87+35=122입니다.
　; 122

13 43, 29, 28

14 7, 16, 10, 8, 17, 11

15 예 한 원 안에 있는 네 수의 합은
　44+4+1+6=48+1+6
　　　　　　=49+6=55입니다.
주황색 원과 보라색 원 안에 있는 네 수의 합
도 55이어야 하므로
ㄱ=55-5-1-4=50-1-4
　=49-4=45이고
ㄴ=55-5-1-6=50-1-6
　=49-6=43입니다.
; 45, 43

16 8개

17 예 어떤 수를 □라 하면 □+28=60
→ 60-28=□, □=32입니다.
따라서 바르게 계산하면 32-15=17입니다.
; 17

18 3

---

1 ㉠ 10이　4개이면 40 ⎤
　　1이 25개이면 25 ⎦ 65
ㄴ 57-9=48
⇨ ㉠-ㄴ=65-48=17

참고
•■보다 ▲만큼 더 큰 수 ⇨ ■+▲
•■보다 ▲만큼 더 작은 수 ⇨ ■-▲

2 뺄셈식을 보고 덧셈식을 2개 만들 수 있습니다.
┌ 72-49=23
└ 72-23=49
⇨ ┌ 23+49=72
　└ 49+23=72

3 계산 결과가 가장 큰 식을 만들어야 하므로 더하는 수는 되도록 크게, 빼는 수는 되도록 작게 만듭니다. 따라서 가장 큰 수에서 가장 작은 수를 뺀 다음 두 번째로 큰 수를 더합니다.
$50-15+42=35+42=77$

4 해법 순서
① 두 수의 차의 일의 자리 숫자가 9가 되는 두 수씩 짝 지어 봅니다.
② 짝 지은 두 수의 차가 49가 되는 것을 찾습니다.
두 수의 차의 일의 자리 숫자가 9가 되는 경우를 찾습니다.
$57-8=49$ (○),　$66-7=59$ (×)

5 생각 열기 일의 자리 수끼리의 합이 10이거나 10보다 크면 십의 자리로 받아올림합니다.
해법 순서
① ●에 알맞은 수를 구합니다.
② ★에 알맞은 수를 구합니다.
일의 자리 계산: $4+8=12$ ⇨ ●=2
십의 자리 계산: $1+●+1=1+2+1=4$
　　　　　　　⇨ ★=4

6 서술형 가이드 가장 큰 수와 가장 작은 수를 찾은 다음 두 수의 차를 바르게 계산해야 합니다.

채점기준		
가장 큰 수와 가장 작은 수를 찾아 두 수의 차를 바르게 구함.	상
가장 큰 수와 가장 작은 수를 찾았으나 두 수의 차를 구하는 과정에서 실수가 있어 답이 틀림.	중
가장 큰 수와 가장 작은 수를 찾지 못하여 답이 틀림.	하

7 $35+17+46$의 결과는 $\square+56$과 같습니다.
$35+17+46=52+46=98$,
$\square+56=98 \rightarrow 98-56=\square$, $\square=42$

8 $68+9=77$이고 $58+9=67$이므로 68에서 성냥개비 한 개를 지워 58로 만듭니다.

9 해법 순서
① 민수가 가지고 있는 연필 수를 구합니다.
② 진호가 가지고 있는 연필 수를 구합니다.
③ 해진이가 가지고 있는 연필 수를 구합니다.
(민수가 가지고 있는 연필 수)
$=20-5=15$(자루)
(진호가 가지고 있는 연필 수)
$=15-8=7$(자루)
⇨ (해진이가 가지고 있는 연필 수)
　　$=7+6=13$(자루)

10 생각 열기 주사위의 눈의 수는 1부터 6까지입니다.
㉠이 가장 크려면 주사위의 눈의 수 중 가장 큰 수인 6이 3번 들어가야 합니다.
⇨ $66+6=72$

11 $39-24=15$, $54-39=15$, $69-54=15$이므로 15씩 커지는 규칙입니다.
$69+15=84$, $84+15=99$이므로 ■는 84이고, ▲는 99입니다. 따라서 두 수의 합은 $84+99=183$입니다.

12 생각 열기 두 자리 수를 만들 때 십의 자리에 0은 올 수 없습니다.
서술형 가이드 가장 큰 두 자리 수와 둘째로 작은 두 자리 수를 구한 다음 두 수의 합을 바르게 구해야 합니다.

채점기준		
가장 큰 두 자리 수와 둘째로 작은 두 자리 수를 구한 다음 두 수의 합을 바르게 구함.	상
가장 큰 두 자리 수와 둘째로 작은 두 자리 수를 구하였으나 두 수의 합을 바르게 구하지 못함.	중
가장 큰 두 자리 수와 둘째로 작은 두 자리 수를 바르게 구하지 못하여 답이 틀림.	하

13 생각 열기 세 수의 합에서 일의 자리 숫자가 0인 경우를 찾아봅니다.
$43+19+18=62+18=80$ (×)
$43+19+28=62+28=90$ (×)
$43+29+18=72+18=90$ (×)
$43+29+28=72+28=100$ (○)
⇨ 합이 100이 되는 세 수는 **43, 29, 28**입니다.

14 생각 열기 앞에서부터 세 카드의 수의 합은 31, 두 번째부터 세 카드의 수의 합은 32, 세 번째부터 세 카드의 수의 합은 33, …이 되어야 합니다.

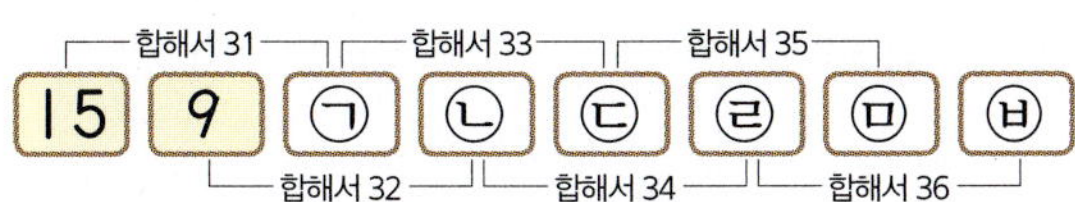

$15+9+㉠=31 \Rightarrow ㉠=7$
$9+7+㉡=32 \Rightarrow ㉡=16$
$7+16+㉢=33 \Rightarrow ㉢=10$
$16+10+㉣=34 \Rightarrow ㉣=8$
$10+8+㉤=35 \Rightarrow ㉤=17$
$8+17+㉥=36 \Rightarrow ㉥=11$

15 생각 열기 먼저 한 원 안에 있는 네 수의 합을 구해야 합니다.

서술형 가이드 원 안에 있는 네 수의 합을 구한 다음 ㉠과 ㉡에 알맞은 수를 바르게 구해야 합니다.

채점 기준		
㉠과 ㉡의 값을 바르게 구함.	상
㉠과 ㉡ 중에서 한 개의 값만 바르게 구함.	중
원 안에 있는 네 수의 합을 바르게 구하지 못하여 ㉠과 ㉡의 값이 모두 틀림.	하

16 해법 순서
① ㉠ 접시와 ㉡ 접시에 있는 못의 수의 차를 구합니다.
② 옮겨야 할 못의 수를 구합니다.
못이 ㉠ 접시에는 ㉡ 접시보다
$50-34=16$(개) 더 놓여 있습니다.
$16=8+8$이므로 ㉠ 접시에 있는 못 **8개**를 ㉡ 접시로 옮기면 양쪽 접시에 놓인 못의 수가 ㉠ $50-8=42$(개), ㉡ $34+8=42$(개)로 같아져 저울이 수평이 됩니다.

17 서술형 가이드 잘못 계산한 식에서 어떤 수를 구하는 과정과 바르게 계산하는 식을 쓰고 계산하는 과정이 들어 있어야 합니다.

채점 기준		
잘못 계산한 식을 이용하여 어떤 수를 구한 다음 바르게 계산한 값을 구함.	상
잘못 계산한 식을 이용하여 어떤 수를 구했지만 바르게 계산한 값을 구하지 못함.	중
잘못 계산한 식을 이용하여 어떤 수를 구하지 못하여 바르게 계산한 값도 틀림.	하

18 해법 순서
① □ 안에 공통으로 들어갈 수 있는 수를 구합니다.
② ①에서 구한 수 중 가장 큰 수를 구합니다.
$16+㉠+8<32-㉡$이라 하면
$24+㉠<32-㉡$입니다.
㉠과 ㉡에 1부터 수를 차례로 넣어 보면
$24+\boxed{1}=25 < 32-\boxed{1}=31 \,(\bigcirc)$,
$24+\boxed{2}=26 < 32-\boxed{2}=30 \,(\bigcirc)$,
$24+\boxed{3}=27 < 32-\boxed{3}=29 \,(\bigcirc)$,
$24+\boxed{4}=28 < 32-\boxed{4}=28 \,(\times)$, …
따라서 ㉠과 ㉡에 공통으로 들어갈 수 있는 수는 1, 2, 3이고, 이 중에서 가장 큰 수는 **3**입니다.

실력 평가 82~85쪽

1 108

2 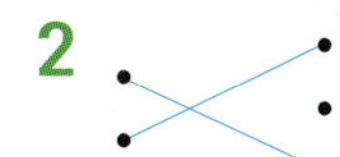

3 35　　　　**4** <　　　　**5** 28
6 $34+58=92,\ 58+34=92$
7 (위부터) 158, 76, 82
8 ㉣, ㉠, ㉢, ㉡
9 (위부터) (1) 7, 6　(2) 6, 7
10 85
11 $27+8=35$; 35마리
12 9명　　　　**13** 11　　　　**14** 117
15 $24+48=72,\ 48+24=72$
　　$;72-24=48,\ 72-48=24$
16 71　　　　　**17** 17
18 예 (남은 빨간색 색종이 수)
　　$=51-19=32$(장)
　　(남은 파란색 색종이 수)
　　$=40-25=15$(장)
　　따라서 빨간색 색종이가 파란색 색종이보다
　　$32-15=17$(장) 더 많이 남았습니다.
　　; 빨간색 색종이, 17장
19 4, 1, 5(또는 4, 5, 9)
20 5, 8

1

$$
\begin{array}{r}
\overset{1}{}6\,1 \\
+\,4\,7 \\
\hline
1\,0\,8
\end{array}
$$

2

$$
\begin{array}{r}
\overset{1}{}2\,9 \\
+\,5\,3 \\
\hline
8\,2
\end{array}
\qquad
\begin{array}{r}
\overset{7}{\cancel{8}}\,\overset{10}{5} \\
-\,1\,8 \\
\hline
6\,7
\end{array}
$$

> [주의] 받아올림과 받아내림에 주의하여 계산합니다.

3 [생각 열기] 앞에서부터 두 수씩 차례로 계산합니다.

$$
\begin{array}{r}
\overset{4}{\cancel{5}}\,\overset{10}{7} \\
-\,3\,8 \\
\hline
1\,9
\end{array}
\qquad
\begin{array}{r}
\overset{1}{}1\,9 \\
+\,1\,6 \\
\hline
3\,5
\end{array}
$$

4

$$
\begin{array}{r}
\overset{1\,1}{}5\,8 \\
+\,4\,5 \\
\hline
1\,0\,3
\end{array}
,\qquad
\begin{array}{r}
\overset{1}{}9\,2 \\
+\,2\,7 \\
\hline
1\,1\,9
\end{array}
\;\Rightarrow\; 103 < 119
$$

5 [해법 순서]

① 덧셈식을 뺄셈식으로 나타냅니다.
② □의 값을 구합니다.
□+25=53
→ 53−25=□, □=28

6 [생각 열기] 뺄셈식을 보고 덧셈식을 2개 만들 수 있습니다.

$$
\bullet - \blacktriangle = \blacksquare \;\Rightarrow\;
\begin{cases}
\blacksquare + \blacktriangle = \bullet \\
\blacktriangle + \blacksquare = \bullet
\end{cases}
$$

92−58=34　　92−58=34
34+58=92　　58+34=92

7 ・29+47=76
・47+35=82
・76+82=158

8 ㉠ 33+8=41　㉡ 46+46=92
㉢ 83−9=74　㉣ 43−27=16

9 (1) 일의 자리 계산: □+8=15
　　→ 15−8=□, □=7
　　십의 자리 계산: 1+2+□=9,
　　3+□=9 → 9−3=□, □=6

(2) 일의 자리 계산: 10+3−□=6,
　　13−□=6 → □+6=13, 13−6=□,
　　□=7
　　십의 자리 계산: □−1−4=1,
　　□−1=5 → 1+5=□, □=6

10 ㉠ 92−33=59
㉡ □+24=50 → 50−24=□, □=26
㉢ 60−□=17 → 60−17=□, □=43
⇨ 26<43<59
⇨ 59+26=85

11 (혜지네 농장에 있는 소와 염소의 수)
=(소의 수)+(염소의 수)
=27+8=35(마리)

12 24>22>19>15이므로
가장 많이 참가한 반: 3반(24명)
가장 적게 참가한 반: 4반(15명)
⇨ 24−15=9(명)

13 (가야금의 줄의 수)+(거문고의 줄의 수)
−(아쟁의 줄의 수)
=12+6−7
=18−7=11(줄)

14 [해법 순서]

① 20보다 크고 57보다 작은 두 자리 수 중에서
　일의 자리 수가 9인 수를 구합니다.
② ①에서 구한 수들의 합을 구합니다.

20보다 크고 57보다 작은 두 자리 수 중에서
일의 자리 수가 9인 수: 29, 39, 49
$\Rightarrow$ 29+39+49=68+49=117

15 24<34<48<72
합이 72인 두 수를 찾으면 24, 48이므로 덧셈
식을 만들면 **24+48=72, 48+24=72**입
니다.
$\Rightarrow$ **72-24=48, 72-48=24**

16 어떤 수를 □라 하면 □-26=19입니다.
□-26=19 → 19+26=□, □=45
$\Rightarrow$ 바르게 계산하면 45+26=**71**입니다.

17 47+28+1□>92, 75+1□>92
□=5일 때 75+15=90이고 식은 92보다
커야 하므로 □ 안에 5보다 큰 수를 넣어 봅니다.
75+16=91>92 ($\times$)
75+17=92>92 ($\times$)
75+18=93>92 ($\bigcirc$)
75+19=94>92 ($\bigcirc$)
$\Rightarrow$ 8+9=**17**

18 서술형 가이드 남은 빨간색 색종이 수와 파란색 색
종이 수를 각각 구한 다음 어떤 색종이가 몇 장 더
많이 남았는지 바르게 구해야 합니다.

채점 기준		
남은 빨간색 색종이 수와 파란색 색종이 수를 각각 구한 다음 어떤 색종이가 몇 장 더 많이 남았는지 바르게 구함.	상
남은 빨간색 색종이 수와 파란색 색종이 수를 바르게 구하였으나 답이 틀림.	중
남은 빨간색 색종이 수와 파란색 색종이 수를 바르게 구하지 못하여 답이 틀림.	하

19 ㉠㉡-㉢=3 6
받아내림이 없는 경우 ㉠이 3이 되어야 하지만
카드가 없으므로 받아내림이 있는 뺄셈식이 되
어야 합니다. 따라서 ㉠=4입니다.
계산 결과의 일의 자리 수가 6이 되는 경우를
알아보면 ㉡=1, ㉢=5와 ㉡=5, ㉢=9이므
로 **41-5=36, 45-9=36**입니다.

20 생각 열기 ▲+▲=6에서 받아올림이 없는 경우와
받아올림이 있는 경우를 모두 생각해 봅니다.
해법 순서
① ▲를 구합니다.
② ●를 구합니다.
일의 자리 계산 ▲+▲=6에서 ▲는 3이거나
8입니다.
• ▲=3일 때, 받아올림이 없으므로
●+▲=●+3=14,
●=11 ($\times$)
• ▲=8일 때, 받아올림이 있으므로
1+●+▲=1+●+8=14,
●=5 ($\bigcirc$)

창의 사고력   86쪽

❶ 91   ❷ 25

❶ 수를 계속 더하면 1+2+3+4+5+6+7+8
+9+10+11+12+13=91,
91+14=105이므로 삼각수 중에서 가장 큰
두 자리 수는 **91**입니다.

참고

1+2+3 …… 10+11+12+13
13   13   13
=13+13+13+13+13+13+13
   39   39
=39+39+13=91

❷ 생각 열기 각각의 기호가 나타내는 수를 알아본 다음
식으로 나타내어 □의 값을 구합니다.
이집트 수로 나타낸 식을 알아보면
58+14-□=47입니다.
58+14-□=47, 72-□=47
→ 72-47=□, □=25

4. 길이 재기

1 STEP 기본 유형 익히기 90~93쪽

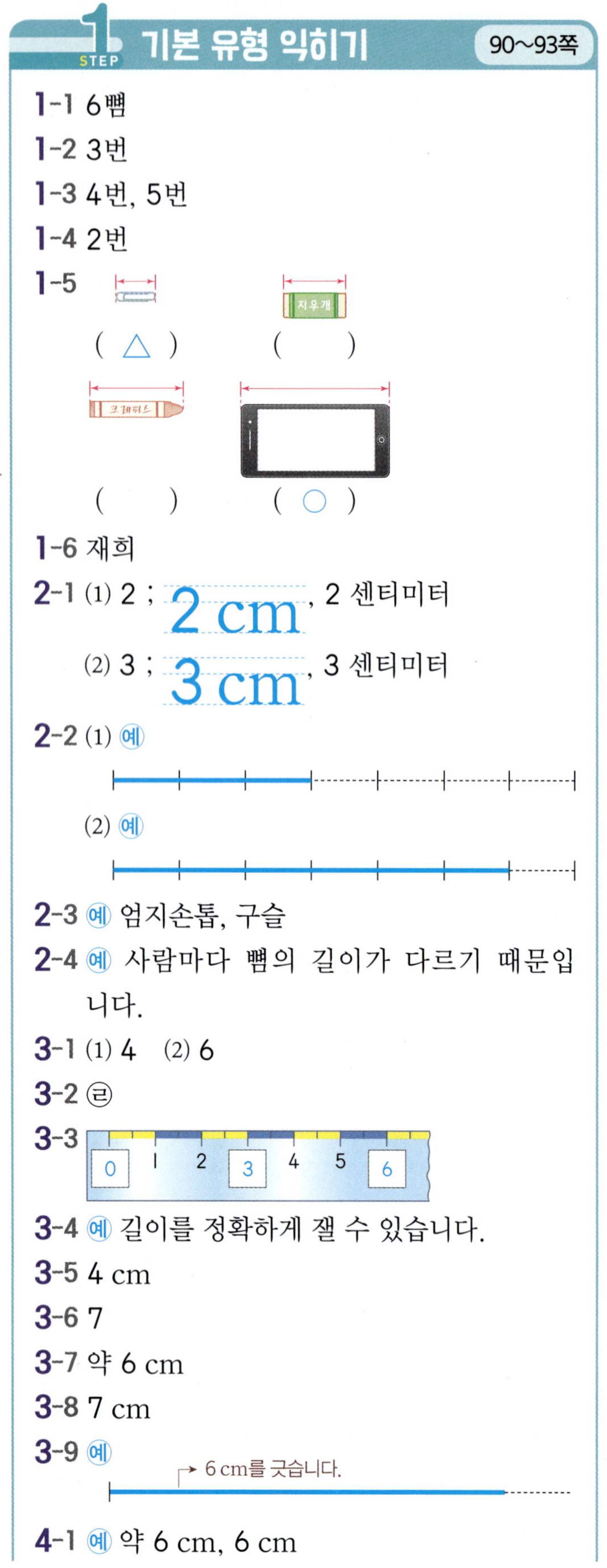

1-1 6뼘

1-2 3번

1-3 4번, 5번

1-4 2번

1-5
(△) (   )
(   ) (○)

1-6 재희

2-1 (1) 2 ; 2 cm , 2 센티미터
(2) 3 ; 3 cm , 3 센티미터

2-2 (1) 예

(2) 예

2-3 예 엄지손톱, 구슬

2-4 예 사람마다 뼘의 길이가 다르기 때문입니다.

3-1 (1) 4 (2) 6

3-2 ㄹ

3-3

3-4 예 길이를 정확하게 잴 수 있습니다.

3-5 4 cm

3-6 7

3-7 약 6 cm

3-8 7 cm

3-9 예

4-1 예 약 6 cm, 6 cm

4-2
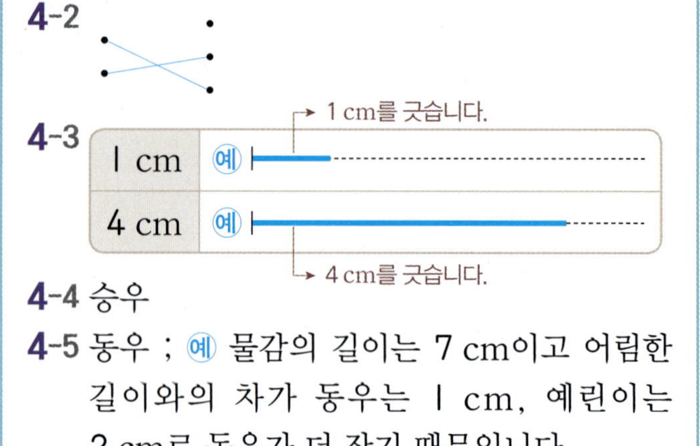

4-3

4-4 승우

4-5 동우 ; 예 물감의 길이는 7 cm이고 어림한 길이와의 차가 동우는 1 cm, 예린이는 2 cm로 동우가 더 작기 때문입니다.

1-1 우산의 길이는 뼘으로 6번 잰 길이와 같습니다.

1-2 리코더의 길이는 풀로 **3번** 잰 길이와 같습니다.

1-3 연필의 길이는 지우개로 **4번**, 클립으로 **5번** 잰 길이와 같습니다.

1-4 우표의 짧은 쪽의 길이는 엄지손가락 너비로 **2번** 잰 길이와 같습니다.

1-5
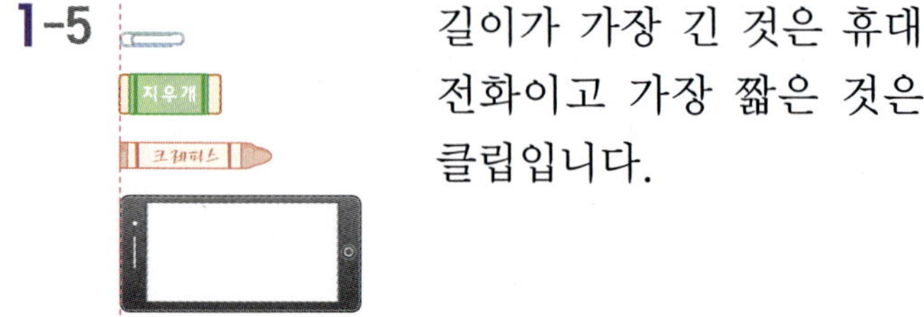
길이가 가장 긴 것은 휴대 전화이고 가장 짧은 것은 클립입니다.

1-6 모형으로 모양 만들기를 하면 위치와 모양에 따라 길이가 다르게 보이므로 모형의 개수를 세어 비교합니다.

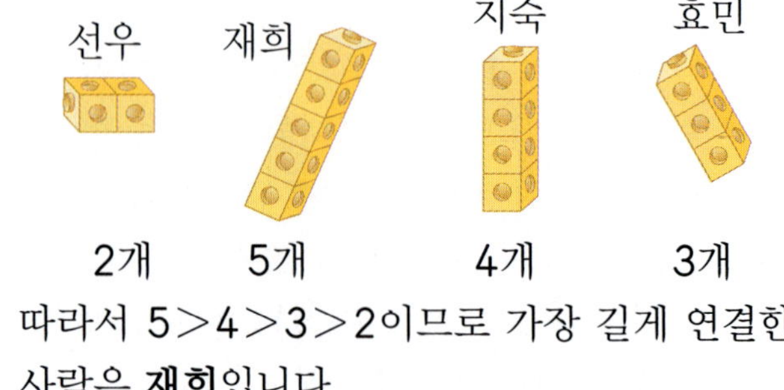

따라서 5>4>3>2이므로 가장 길게 연결한 사람은 **재희**입니다.

2-1 (1)

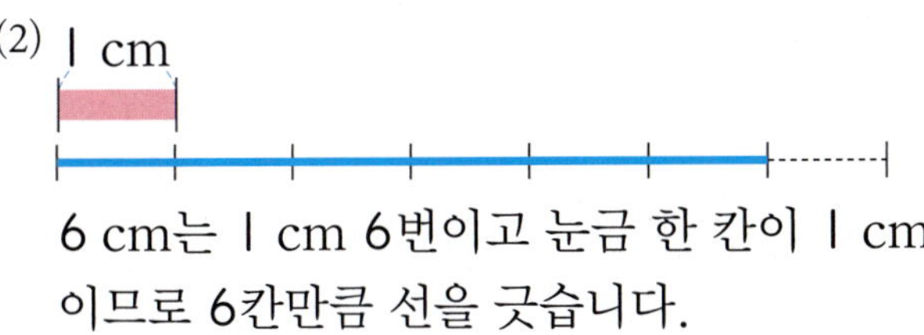

Ⅰ cm가 **2**번이므로 **2 cm**라 쓰고
2 센티미터라고 읽습니다.

(2)

Ⅰ cm가 **3**번이므로 **3 cm**라 쓰고
3 센티미터라고 읽습니다.

참고 Ⅰ cm가 ■번이면 ■ cm라 쓰고 ■ 센티
미터라고 읽습니다.

2-2 (1) Ⅰ cm

3 cm는 Ⅰ cm 3번이고 눈금 한 칸이 Ⅰ cm
이므로 3칸만큼 선을 긋습니다.

(2) Ⅰ cm

6 cm는 Ⅰ cm 6번이고 눈금 한 칸이 Ⅰ cm
이므로 6칸만큼 선을 긋습니다.

2-3 **엄지손톱, 구슬, 공깃돌, 콩** 등 우리 주변에서
길이가 Ⅰ cm인 것을 찾아봅니다.

2-4 서술형 가이드 뼘으로 길이를 잴 때 사람마다 잰 횟
수가 다른 까닭을 바르게 써야 합니다.

채점 기준	왜 다른 결과가 나왔는지 바르게 씀.	상
	왜 다른 결과가 나왔는지 썼으나 미흡함.	중
	왜 다른 결과가 나왔는지 전혀 쓰지 못함.	하

3-1 막대와 자를 나란히 놓고 길이를 잽니다.

(1)

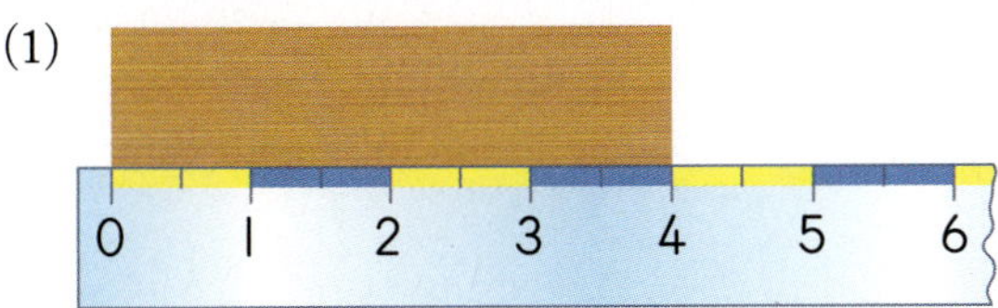

막대의 한쪽 끝을 자의 눈금 0에 맞추고 막
대의 다른 쪽 끝에 있는 자의 눈금을 읽으면
4 cm입니다.

(2)

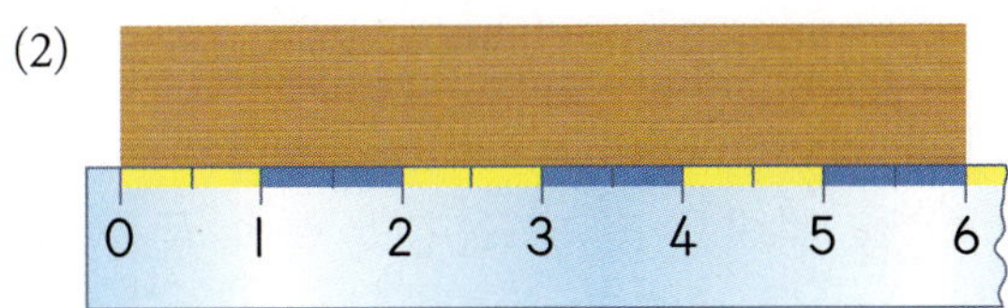

막대의 한쪽 끝을 자의 눈금 0에 맞추고 막
대의 다른 쪽 끝에 있는 자의 눈금을 읽으면
6 cm입니다.

3-2 선과 자를 나란히 놓고 선의 한쪽 끝을 자의 눈
금 0에 맞추고 선의 다른 쪽 끝에 있는 자의 눈
금을 읽습니다.

㉠ 

선과 자를 나란히 놓지 않았습니다.

㉡

선의 한쪽 끝을 자의 눈금 0에 맞추지 않았
습니다.

㉢

선과 자를 나란히 놓지 않았습니다.

3-3 자의 처음 시작은 0에서 시작하고 2와 4 사이
에는 3을, 5 다음에는 6을 적어야 합니다.

3-4 자가 있으면 길이를 쉽게 알 수 있고, 누가 재
든 길이가 같습니다.

서술형 가이드 자가 있으면 좋은 점을 바르게 써야
합니다.

채점 기준	자가 있으면 좋은 점을 바르게 씀.	상
	자가 있으면 좋은 점을 썼으나 미흡함.	중
	자가 있으면 좋은 점을 전혀 쓰지 못함.	하

3-5 리본의 길이는 5부터 9까지 1 cm가 4번 있기 때문에 **4 cm**입니다.

> **참고** 길이를 잴 때 물건의 한쪽 끝을 자의 0이 아닌 한 눈금에 맞추었을 때는 1 cm가 몇 번 들어 가는지 세어 길이를 잽니다.

> **다른 풀이** 리본의 다른 쪽 끝이 눈금 9를 가리키지만 한쪽 끝이 눈금 5에 맞추어져 있으므로 길이는 $9-5=4$ (cm)입니다.

3-6

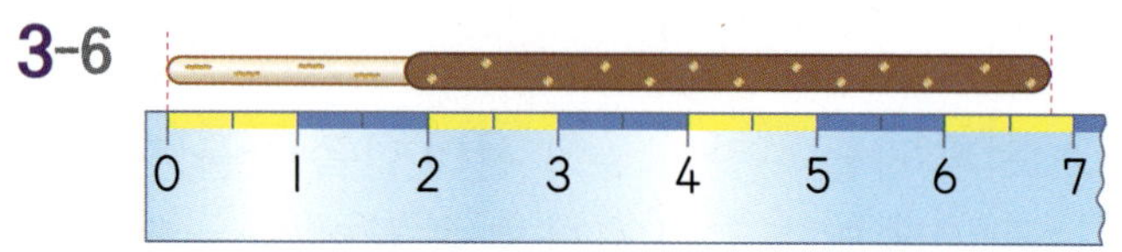

막대 과자의 길이는 6 cm와 7 cm 사이에 있고, 7 cm에 가깝기 때문에 약 **7 cm**입니다.

3-7 이쑤시개의 길이는 1 cm 6번에 가깝기 때문에 **약 6 cm**입니다.

> **주의** 이쑤시개의 다른 쪽 끝이 8 cm에 가까운 것만 보고 약 8 cm라고 답하지 않도록 주의합니다.

3-8

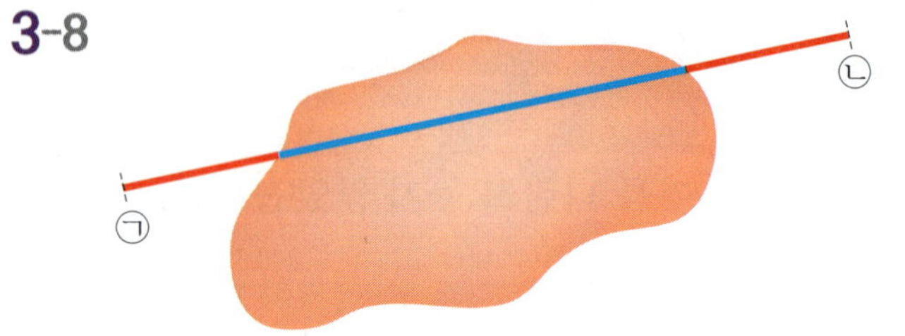

㉠에서 ㉡까지 자로 선을 그은 후 ㉠을 자의 눈금 0에 맞추고 ㉡에 있는 자의 눈금을 읽으면 **7 cm**입니다.

3-9 **생각 열기** 재려고 하는 물건의 한쪽 끝을 자의 눈금 0에 맞추고 물건의 다른 쪽 끝에 있는 자의 눈금을 읽습니다.

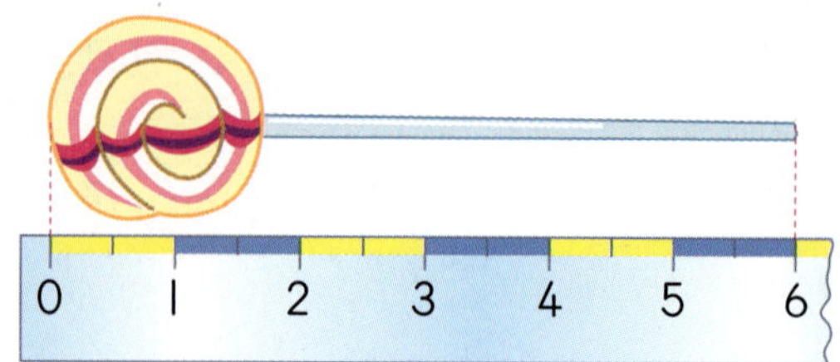

막대 사탕의 길이를 재면 6 cm입니다.
6 cm만큼 점선을 따라 선을 긋습니다.

4-1 자를 사용하지 않고 바늘의 길이를 어림할 때는 1 cm가 몇 번 정도인지 세어 어림해 봅니다.

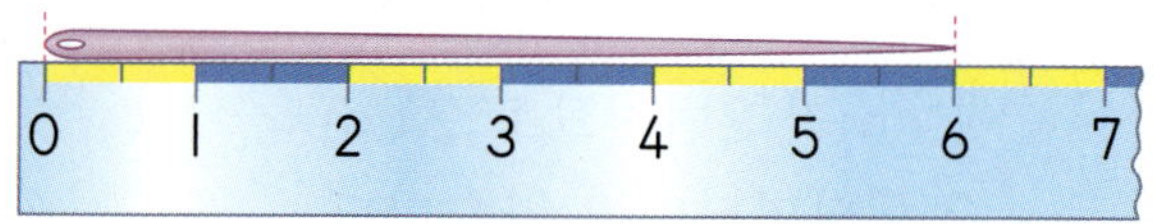

바늘의 길이는 **6 cm**입니다.

4-2 100원짜리 동전의 실제 길이는 약 2 cm입니다.
1000원짜리 지폐의 실제 길이는 약 13 cm입니다.

4-3 엄지손톱의 너비가 약 1 cm이므로 1 cm는 엄지손톱 1번만큼, 4 cm는 엄지손톱 4번만큼 그어 봅니다.

4-4 종이의 길이를 재어 보면 승우는 5 cm이고, 미도는 약 4 cm이므로 **승우**가 더 가깝게 어림하였습니다.

4-5 **서술형 가이드** 물감의 길이를 재어 더 가깝게 어림한 사람을 쓰고 그 까닭을 바르게 써야 합니다.

채점 기준		
물감의 길이를 재어 누가 더 가깝게 어림을 했는지 쓰고 까닭도 바르게 씀.	상
물감의 길이를 재어 누가 더 가깝게 어림을 했는지 쓰고 까닭을 썼으나 미흡함.	중
더 가깝게 어림한 사람을 찾지 못함.	하

2 STEP 응용 유형 익히기 `94~97쪽`

1-1 (1) 6 cm, 7 cm   (2) 1 cm

1-2 2 cm

1-3 3 cm

2-1 (1) 같습니다.

(2) 익힘책의 긴 쪽

(3) 석주

2-2 재희

2-3 석희

3-1 (1) 5번   (2) 4번   (3) 성호

3-2 성수

3-3 예 → 7 cm를 긋습니다.

4-1 (1) 약 7 cm, 약 8 cm, 약 5 cm

(2) 현민, 수진, 정아

4-2 석진, 수현, 민희

4-3 민우

1-1 (1) ㉮ 연필의 길이는 1 cm가 6번이므로 **6 cm**입니다.

㉯ 연필의 길이는 한쪽 끝이 눈금 0에 맞추어져 있고 다른 쪽 끝에 눈금 7이 있으므로 **7 cm**입니다.

(2) 7−6＝1 (cm)

참고 1 cm가 ■번이면 ■ cm라 쓰고 ■ 센티미터라고 읽습니다.

1-2 ㉮ 붓의 길이는 1 cm가 13번이므로 13 cm입니다.

㉯ 붓의 길이는 한쪽 끝이 눈금 0에 맞추어져 있고 다른 쪽 끝에 눈금 11이 있으므로 11 cm입니다.

⇨ ㉮ 붓은 13 cm, ㉯ 붓은 11 cm이므로 길이의 차는 13−11＝**2 (cm)**입니다.

참고 ㉮ 붓의 다른 쪽 끝이 눈금 15를 가리키지만 한쪽 끝이 눈금 2에 맞추어져 있으므로 길이는 15−2＝13 (cm)입니다.

1-3 ㉮: 1 cm가 7번이므로 7 cm입니다.

㉯: 1 cm가 4번이므로 4 cm입니다.

㉰: 1 cm가 6번이므로 6 cm입니다.

가장 긴 선은 ㉮로 7 cm이고, 가장 짧은 선은 ㉯로 4 cm입니다.

⇨ 7−4＝**3 (cm)**

2-1 (1) 우정, 석주, 민현이가 털실의 길이를 잰 횟수는 8번으로 모두 **같습니다**.

(2) 뼘, 익힘책의 긴 쪽, 크레파스 중 길이가 가장 긴 것은 **익힘책의 긴 쪽**입니다.

(3) 길이를 잰 횟수는 같지만 익힘책의 긴 쪽의 길이가 가장 길므로 가장 긴 털실을 가지고 있는 친구는 **석주**입니다.

참고 잰 횟수가 같으면 잰 단위의 길이가 길수록 그 길이가 깁니다.

㉠으로 3번
㉡으로 3번
㉢으로 3번

2-2 길이를 잰 횟수는 같지만 신발, 스케치북의 긴 쪽, 새끼손가락의 길이를 비교해 보면 새끼손가락이 가장 짧습니다.

따라서 가장 짧은 우산을 가지고 있는 친구는 **재희**입니다.

2-3 연필과 리코더의 길이를 머릿속으로 그려 보고 주어진 횟수만큼 연결하였을 때의 길이를 생각해 봅니다. 연필은 리코더보다 길이가 짧으므로 횟수로는 많이 연결하였지만 전체적인 길이는 리코더로 잰 길이가 더 깁니다.

따라서 재환이와 석희 중에서 더 긴 줄넘기를 가지고 있는 친구는 **석희**입니다.

3-1

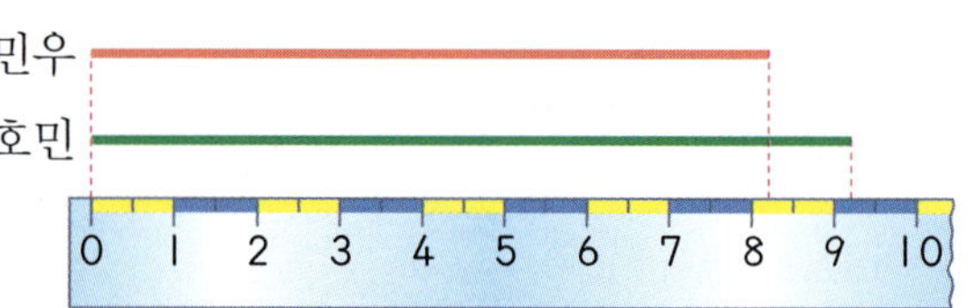

(1) 진우가 가지고 있는 리본은 옷핀으로 **5번**입니다.
(2) 성호가 가지고 있는 리본은 옷핀으로 **4번**입니다.
(3) 길이가 옷핀으로 4번인 리본을 가지고 있는 친구는 **성호**입니다.

3-2

성수의 볼펜은 클립으로 7번이고 정환이의 볼펜은 클립으로 8번입니다.
따라서 길이가 클립으로 7번인 볼펜을 가지고 있는 친구는 **성수**입니다.

3-3 점선을 따라 공깃돌의 7번만큼 선을 긋습니다.

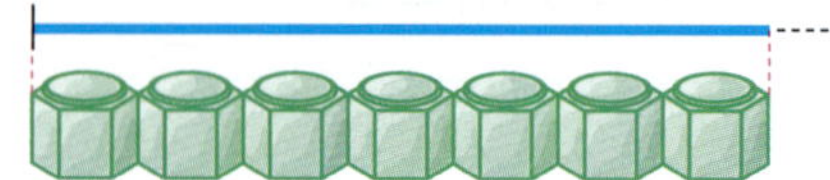

4-1 (1)

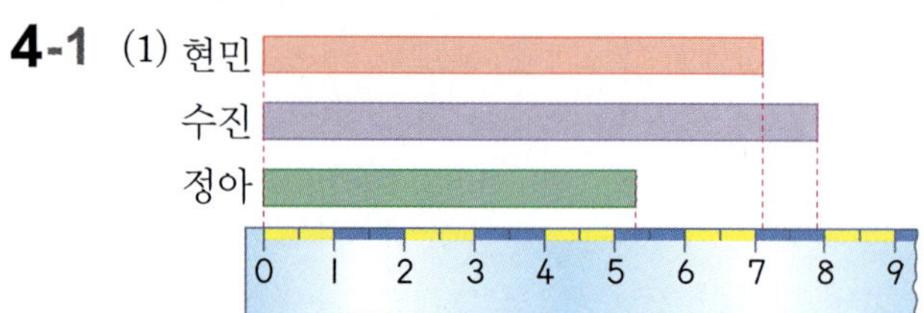

현민: **약 7 cm**, 수진: **약 8 cm**,
정아: **약 5 cm**

(2) 현민이의 종이의 길이는 약 7 cm입니다. 종이의 길이가 7 cm와 수진이는 1 cm 차이가 나고, 정아는 2 cm 차이가 납니다. 따라서 7 cm에 가깝게 어림한 사람부터 차례로 쓰면 **현민**, **수진**, **정아**입니다.

참고 어림한 길이와 실제 길이의 차가 작을수록 가깝게 어림을 한 것입니다.

4-2

수현: 약 11 cm, 민희: 약 8 cm,
석진: 약 10 cm
털실의 길이가 10 cm와 수현이는 1 cm 차이가 나고, 민희는 2 cm 차이가 납니다.
따라서 10 cm에 가깝게 어림한 사람부터 차례로 쓰면 **석진**, **수현**, **민희**입니다.

4-3 색연필의 길이는 8 cm입니다.

민우가 그은 선의 길이는 약 8 cm, 호민이가 그은 선의 길이는 약 9 cm입니다.
따라서 8 cm에 더 가깝게 어림한 사람은 **민우**입니다.

3 STEP 응용 유형 뛰어넘기 98~103쪽

1 (위부터) 예 4, 4 ; 예 4, 4

2 예 사람마다 뼘의 길이가 다르기 때문입니다.

3 지우개

4 3 cm

5 빨간색, 4 cm

6 예 선의 길이를 자로 재어 보면 8 cm입니다.
어림한 길이와 실제 길이의 차가 윤지는 1 cm,
성태는 3 cm, 지혜는 2 cm이므로 가장 가깝
게 어림한 사람은 윤지입니다.
; 윤지

7 예 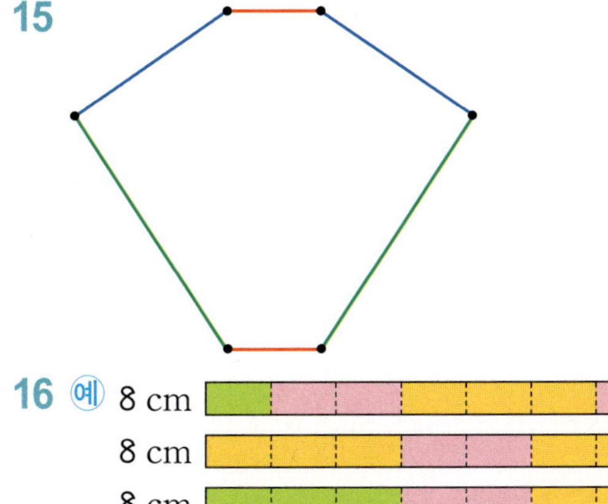

8 11 cm, 10 cm

9 3 cm

10 방법1 예 주어진 자로 7 cm를 재고 5 cm를
더 재어서 12 cm를 만들었습니다.

방법2 예 주어진 자로 6 cm를 재고 6 cm를
더 재어서 12 cm를 만들었습니다.

11 18 cm

12 예 한 뼘의 길이가 짧을수록 뼘으로 잰 횟수
가 많습니다. 따라서 6>5>4이므로 뼘의
길이가 가장 짧은 사람은 희지입니다.
; 희지

13 유리

14 ㉠, ㉢

15

16 예 8 cm
8 cm
8 cm

17 3번

18 9 cm

---

1 선의 길이는 1 cm가 몇 번인지 어림해서 알아봅
니다.

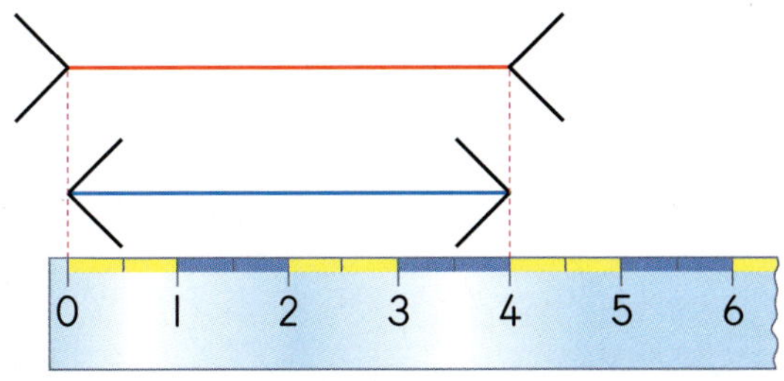

빨간색 선이 파란색 선보다 길어 보이지만 자로
잰 길이는 4 cm로 같습니다.

2 서술형 가이드 뼘으로 길이를 쟀을 때 사람마다 다른
결과가 나오는 까닭을 알아봅니다.

채점기준	길이를 뼘으로 쟀을 때 다른 결과가 나오는 까닭을 바르게 씀.	상
	길이를 뼘으로 쟀을 때 다른 결과가 나오는 까닭을 썼으나 미흡함.	중
	길이를 뼘으로 쟀을 때 다른 결과가 나오는 까닭을 알지 못함.	하

3 색연필: 1 cm로 5번 → 5 cm
빨대: 1 cm로 10번 → 10 cm
지우개: 1 cm로 4번 → 4 cm
따라서 4<5<10이므로 길이가 가장 짧은 것
은 **지우개**입니다.

4 ㉮: 2 cm, ㉯: 1 cm가 5번이므로 5 cm입니다.
⇨ 5−2=3 (cm)

5 빨간색 리본: 4+4+4+4+4+4=24 (cm)
파란색 리본: 4+4+4+4+4=20 (cm)
따라서 **빨간색** 리본이 파란색 리본보다
24−20=4 (cm) 더 깁니다.

6 서술형 가이드 선의 길이를 자로 재고 그 길이와 비교
하여 누가 가장 가깝게 어림했는지 구해야 합니다.

채점기준	선의 길이를 재고 누가 가장 가깝게 어림했는지 바르게 구함.	상
	선의 길이를 재었으나 누가 가장 가깝게 어림했는지 구하지 못함.	중
	선의 길이도 재지 못하고 누가 가장 가깝게 어림했는지도 구하지 못함.	하

7 ㉮에서 옷핀으로 2번 잰 길이가 4칸이므로 옷핀의 길이는 2칸과 같습니다.
따라서 ㉯에 옷핀으로 3번 잰 길이인
2+2+2=6(칸)을 색칠합니다.

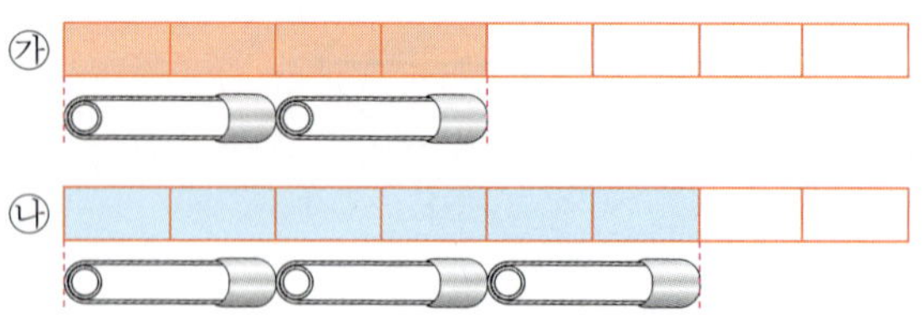

8 12 cm는 4 cm로 3번이므로 ㉠은 4 cm로 2번, 3 cm로 1번입니다.
㉠=4+4+3=11 (cm)
15 cm는 5 cm로 3번이므로 ㉡은 5 cm로 2번입니다.
㉡=5+5=10 (cm)

9

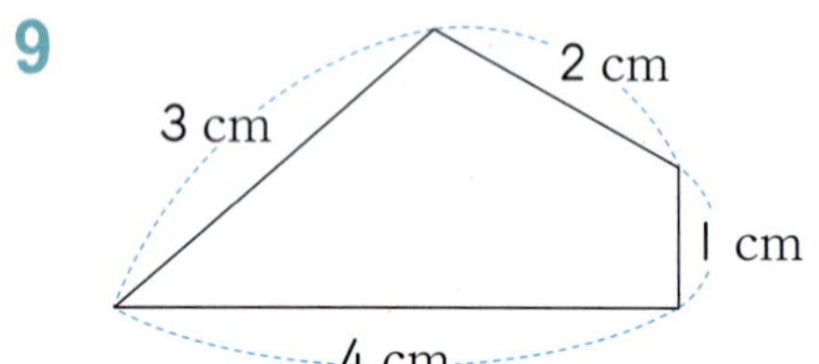

가장 긴 변의 길이는 4 cm이고, 가장 짧은 변의 길이는 1 cm입니다.
따라서 4-1=3이므로 길이의 차는 **3 cm**입니다.

10 4 cm, 4 cm, 4 cm로 3번 재어 길이를 잴 수도 있습니다.

서술형 가이드 주어진 자로 잴 수 있는 길이를 알고 12 cm를 재는 방법 2가지를 씁니다.

채점기준		
12 cm를 재는 2가지 방법을 바르게 씀.	상
12 cm를 재는 1가지 방법을 바르게 씀.	중
12 cm를 재는 방법을 쓰지 못함.	하

11 그린 선의 길이는 2 cm로 9번입니다.
⇨ 2+2+2+2+2+2+2+2+2
=18 (cm)

12 한 뼘의 길이가 가장 짧은 사람은 뼘으로 잰 횟수가 가장 많은 사람입니다.

서술형 가이드 뼘의 길이와 뼘으로 잰 횟수의 관계를 알고 한 뼘의 길이가 가장 짧은 사람을 찾습니다.

채점기준		
한 뼘의 길이가 짧을수록 뼘으로 잰 횟수가 많다는 것을 알고 한 뼘의 길이가 가장 짧은 사람을 바르게 구함.	상
한 뼘의 길이가 짧을수록 뼘으로 잰 횟수가 많다는 것은 알고 있으나 한 뼘의 길이가 가장 짧은 사람을 잘못 구함.	중
한 뼘의 길이가 짧을수록 뼘으로 잰 횟수가 많다는 것을 알지 못함.	하

참고

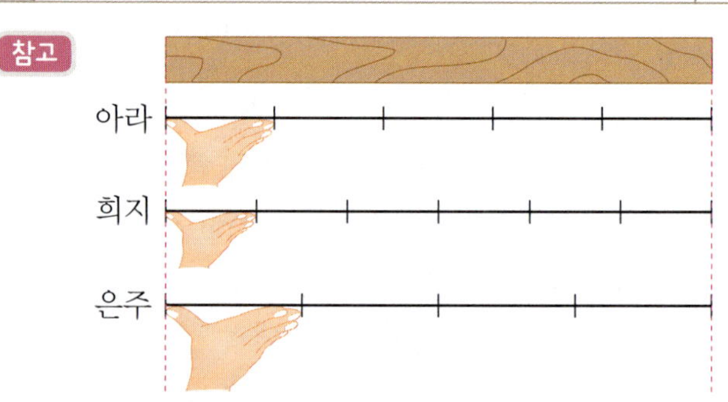

희지의 한 뼘의 길이가 가장 짧습니다.

13 경주와 진아의 색 테이프를 비교해 보면 젓가락이 단소보다 더 짧으므로 경주의 색 테이프가 더 짧습니다.
경주와 유리의 색 테이프를 비교해 보면 잰 횟수는 옷핀이 더 많지만 옷핀이 젓가락보다 더 짧으므로 유리의 색 테이프가 더 짧습니다.
따라서 **유리**의 색 테이프가 가장 짧습니다.

14 생각 열기 두 막대를 길게 이어 붙이거나 두 줄로 맞대어 길이를 잴 수 있습니다.
㉡ 8-3=5 (cm)
㉣ 3+8=11 (cm)

15 ㅡ, ㅣ, ╱, ╲와 같이 여러 가지 방향으로 재어 선을 긋습니다.

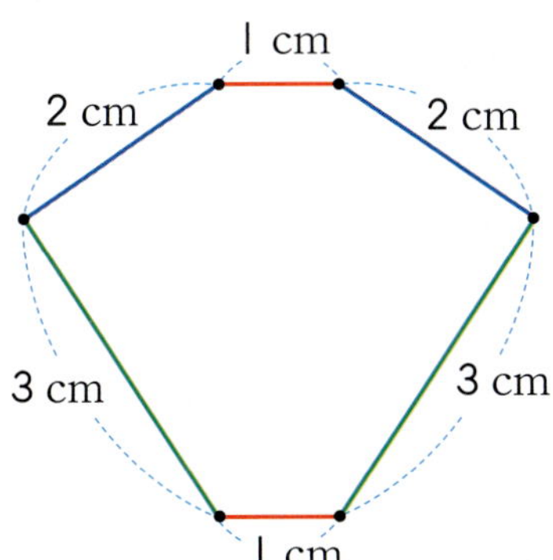

16 1 cm, 2 cm, 3 cm로 8 cm를 서로 다르게 만들어 봅니다. 이때 세 가지 막대를 모두 사용할 필요는 없습니다.

17
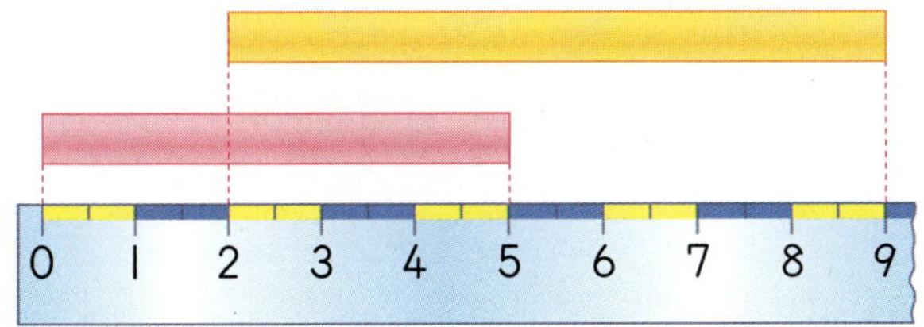

➡ 크레파스의 길이는 클립으로 **3번**입니다.

18 빨간색 분필의 길이는 5 cm이므로 노란색 분필의 길이는 7 cm입니다. 노란색 분필의 한쪽 끝이 2 cm부터 시작하므로 1 cm가 7번이려면 다른 쪽 끝은 **9 cm**를 가리켜야 합니다.

---

1 4

2 3 cm, 3 센티미터

3 4, 6

4 ⑤

5 예 선의 한쪽 끝을 자의 눈금 0에 맞추지 않고 길이를 재었기 때문입니다.

6 우산

7 예 약 7 cm, 7 cm

8 14 cm

9 ㉡

10 예 2부터 5까지 1 cm가 3번이므로 나무 막대의 길이는 3 cm입니다.
　; 3 cm

11 ㉠

12 예 정확한 길이를 잴 수 있습니다.

13 무

14 약 4 cm

15 광현

16 선우

17 4, 3, 2 ;

18 예

19 칫솔

20 예 노끈의 길이는 7 cm이므로 원준이는 실제 길이와 1 cm 차이가 나고 원석이는 2 cm 차이가 납니다. 따라서 원준이가 더 가깝게 어림하였습니다.
　; 원준

---

1 국자의 길이는 포크를 **4**번쯤 놓은 길이와 같습니다.

2 1 cm가 3번이므로 3 cm입니다.
　쓰기 **3 cm**　읽기 **3 센티미터**

3 각 크레파스의 길이가 엄지손가락의 너비로 몇 번인지 세어 봅니다.

4 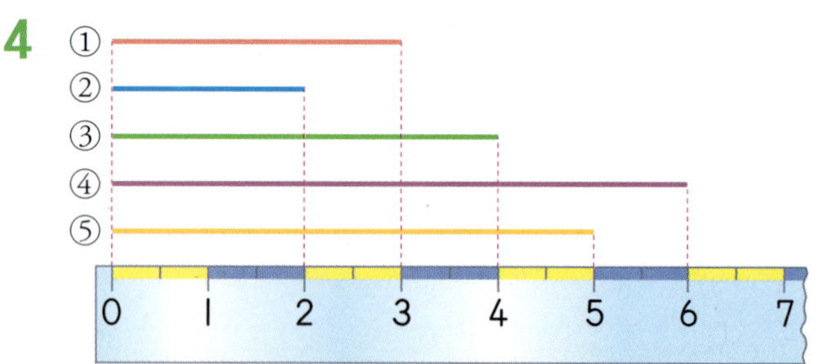

⇨ 길이가 5 cm인 선은 ⑤입니다.

5 서술형 가이드 자를 사용하여 길이를 재는 방법을 알고 길이 재기가 잘못된 까닭을 씁니다.

채점 기준	자를 사용하여 길이를 재는 방법을 알고 길이 재기가 잘못된 까닭을 바르게 씀.	상
	자를 사용하여 길이를 재는 방법을 알고 길이 재기가 잘못된 까닭을 썼으나 그 내용이 미흡함.	중
	자를 사용하여 길이를 재는 방법을 알지 못하여 답을 쓰지 못함.	하

6 **우산**은 교과서의 짧은 쪽과 비교하면 너무 길어서 길이를 재는 데 적당하지 않습니다.

참고 길이를 잴 때는 재려는 길이보다 단위의 길이가 길지 않아야 합니다.

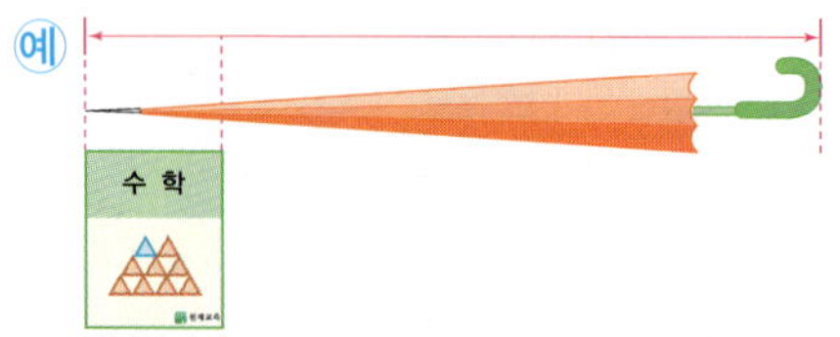

재려는 길이보다 단위의 길이가 너무 짧으면 여러 번 재어야 하므로 불편합니다.

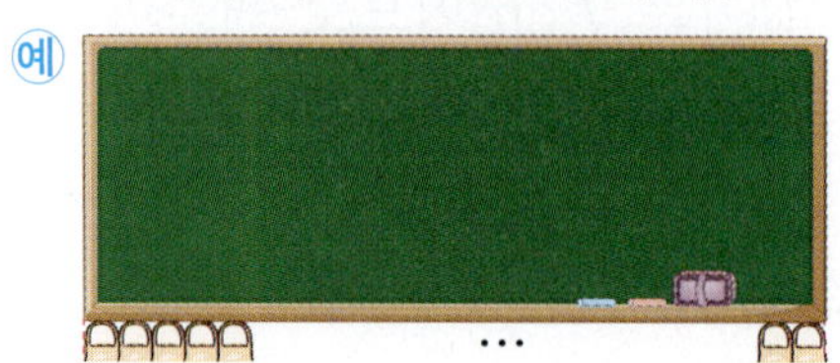

7 1 cm가 몇 번 있는지 생각하여 길이를 어림하고, 자로 잽니다.

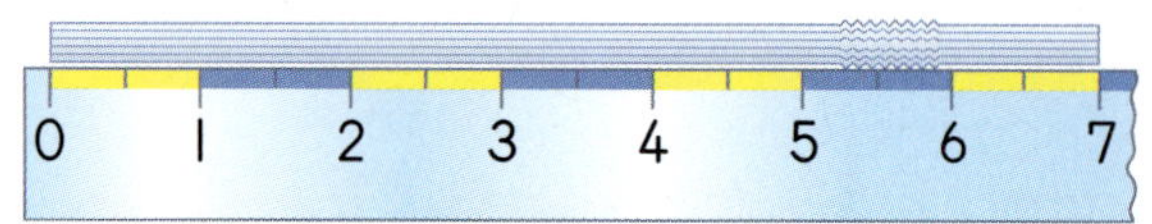

빨대의 길이는 **7 cm**입니다.

8 1 cm가 14번이면 **14 cm**입니다.

9 가장 작은 한 칸을 단위로 생각하여 각각 몇 칸인지 세어 봅니다.

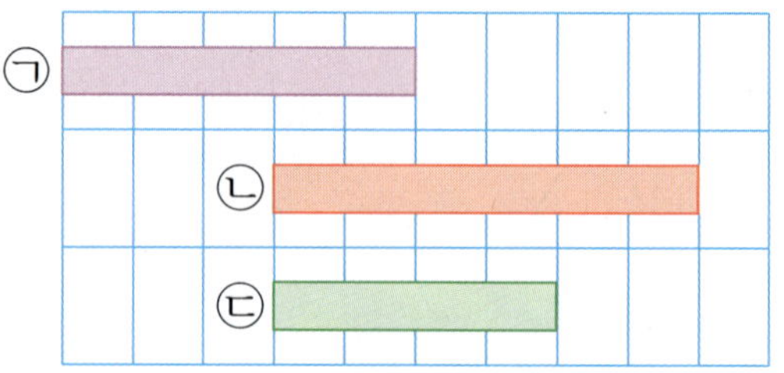

㉠ 5칸 ㉡ 6칸 ㉢ 4칸

⇨ 6>5>4이므로 가장 긴 것은 ㉡입니다.

10 서술형 가이드 자의 눈금 0에서 시작하지 않고 길이 재는 방법을 알고 길이를 재어야 합니다.

채점 기준	자를 사용하여 길이 재는 방법을 알고 나무 막대의 길이를 바르게 구함.	상
	자를 사용하여 길이 재는 방법을 알고 있으나 실수가 있어 나무 막대의 길이를 바르게 구하지 못함.	중
	자를 사용하여 길이 재는 방법을 알지 못함.	하

주의 나무 막대의 한쪽 끝을 눈금 0에 맞추지 않았다는 것을 생각하지 않고 다른 쪽 끝이 가리키는 눈금만 읽어 5 cm라고 답하지 않도록 주의합니다.

11 ㉠과 ㉡ 비누로 칫솔의 길이를 재어 봅니다.

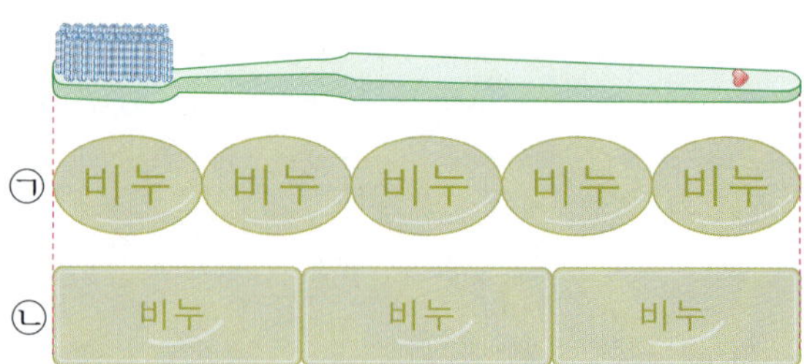

칫솔은 ㉠ 비누로 5번, ㉡ 비누로 3번 잰 길이와 같습니다. 따라서 칫솔의 길이는 ㉠ 비누로 5번 잰 길이와 같습니다.

12 뼘의 길이는 사람마다 다르므로 잰 길이가 서로 다를 수 있습니다.

13

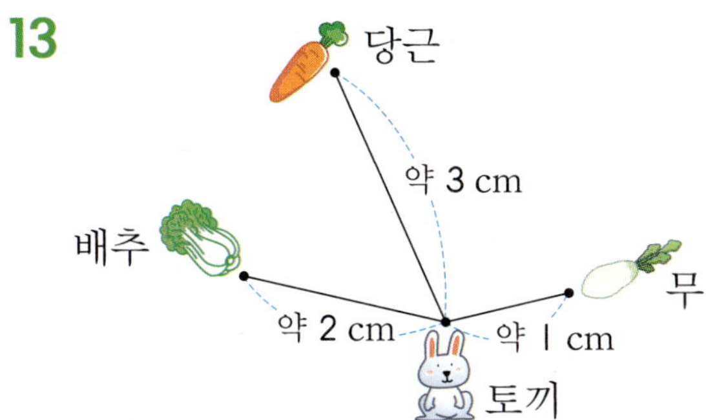

따라서 무가 가장 가까이에 있으므로 토끼는 **무**를 먹습니다.

14 비스킷의 길이는 1 cm로 4번 정도 되므로 **약 4 cm**입니다.

15 잰 횟수가 같으므로 단위의 길이가 길수록 탑이 높습니다. 옷핀, 빨대, 풀 중 가장 긴 것은 빨대이므로 가장 높은 탑을 만든 친구는 **광현**입니다.

16 횟수는 지우개가 더 많지만 지우개보다 가위가 더 길므로 전체적인 길이는 **선우**의 막대가 더 깁니다.

18 ㉠은 6 cm, ㉡은 5 cm, ㉢은 4 cm이므로 가장 짧은 선은 ㉢입니다.
따라서 점선을 따라 길이가 4 cm인 선을 그어 봅니다.

19 단위의 길이가 길수록 잰 횟수는 적습니다.
6<7<8이므로 **칫솔**의 길이가 가장 깁니다.
주의 단위의 길이가 길수록 잰 횟수가 적어지므로 잰 횟수만 생각하여 가장 긴 것을 볼펜이라고 답하지 않도록 주의합니다.

20 **서술형 가이드** 노끈의 길이를 재고 잰 길이와 비교하여 누가 더 가깝게 어림했는지 구해야 합니다.

채점기준	노끈의 길이를 재고 누가 더 가깝게 어림했는지 바르게 구함.	상
	노끈의 길이를 재었으나 누가 더 가깝게 어림했는지 구하지 못함.	중
	노끈의 길이를 재지 못하고 누가 더 가깝게 어림했는지도 구하지 못함.	하

창의 사고력 108쪽

❶ 9 cm   **❷** 44 cm

❶ **생각 열기** 아래에 있는 연필은 위에 있는 연필에 가려진 부분이 있습니다.
해법 순서
① 위에 있는 연필부터 차례로 알아봅니다.
② 가장 밑에 있는 연필의 길이를 자로 재어 봅니다.

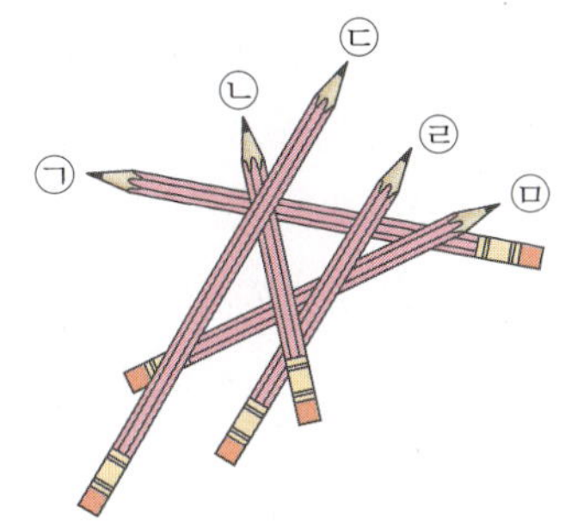

위에 있는 연필부터 차례로 기호를 쓰면
㉢－㉡－㉣－㉤－㉠입니다.
따라서 가장 밑에 있는 연필은 ㉠이고 문제의 그림에서 자로 길이를 재어 보면 **9 cm**입니다.

❷
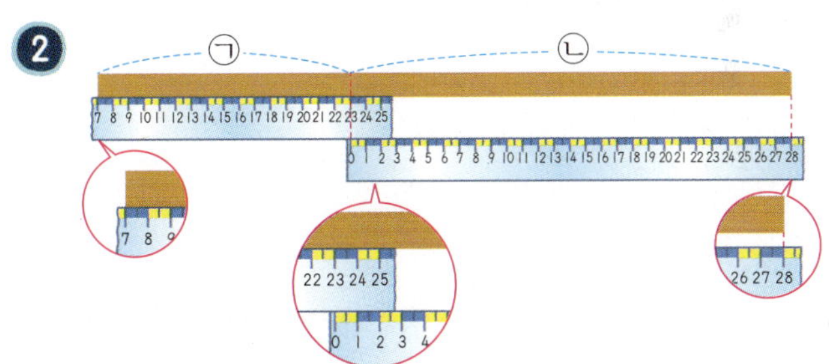

㉠ 부분의 길이는 1 cm가 16번이므로 16 cm입니다.
㉡ 부분의 길이는 28 cm입니다.
따라서 막대의 길이는 1 cm가
16+28=44(번)이므로 **44 cm**입니다.

5. 분류하기

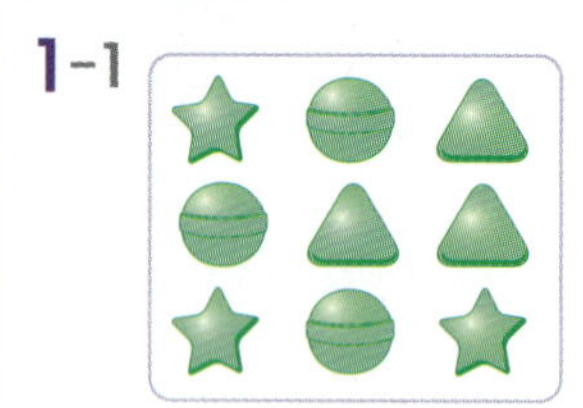 기본 유형 익히기 112~115쪽

1-1

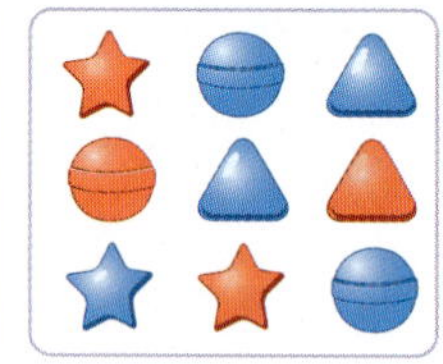

( )   (○)

1-2 ㉠, ㉡, ㉣   **1-3** ①

1-4 예 동물과 학용품으로 분류합니다.

1-5 ㉡

2-1

활동하는 곳	동물의 번호
물	①, ⑦
땅	②, ③, ⑤, ⑥
하늘	④, ⑧

2-2

다리의 수	동물의 번호
없음.	①, ⑦
2개	④, ⑤, ⑧
4개	②, ③, ⑥

2-3 예 남자와 여자, 사는 마을

2-4 예

분류 기준	모양	
종류	삼각형	사각형
기호	㉠, ㉢, ㉤, ㉥	㉡, ㉣

2-5

	여학생	남학생
모자를 쓴 학생	희주	우성, 종원
모자를 안 쓴 학생	소민, 다희	석호

3-1

종류	강아지	고양이	거북
세면서 표시하기			
수(마리)	5	3	2

3-2 예

분류 기준	글자의 종류		
종류	한글	한자	알파벳
글자	가, 나, 다, 라, 마, 바	月, 火, 水	A, B, C, D
수(개)	6	3	4

3-3

색깔 수	한 가지	두 가지	세 가지
나라 이름	덴마크, 그리스, 스위스, 일본	베트남, 스웨덴	대한민국, 독일
수(개국)	4	2	2

3-4 예

기준 만들기   ; 3

• 초록색입니다.

• 원입니다.

4-1

종류	커피	오렌지 주스	녹차	사과 주스
세면서 표시하기				
수(명)	5	3	3	1

4-2 커피

4-3 빨간색 모자 ; 예 빨간색 모자를 좋아하는 학생이 가장 많으므로 빨간색 모자를 많이 준비하면 좋을 것 같습니다.

4-4

종류	연필	색연필	볼펜
수(자루)	6	12	3
연필꽂이	나	다	가

1-1 ㉠  ㉡ 

㉡은 빨간색과 파란색으로 분류할 수 있지만 ㉠은 같은 색깔이므로 색깔로는 분류할 수 없습니다.

주의 ㉠을 같은 색끼리 분류한 것으로 생각하여 ㉠이라고 답하지 않도록 주의합니다.

1-2 분명한 기준인 것은 ㉠, ㉡, ㉣입니다.
㉢, ㉤은 분명한 기준이 아니므로 분류 기준으로 알맞지 않습니다.

참고 각각의 분류 기준으로 다음과 같이 분류할 수 있습니다.

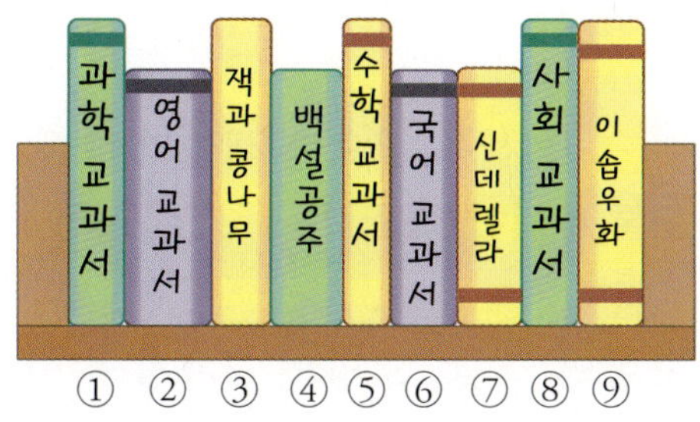

① ② ③ ④ ⑤ ⑥ ⑦ ⑧ ⑨

㉠ 보라색, 노란색, 초록색 책

보라색	노란색	초록색
②, ⑥	③, ⑤, ⑦, ⑨	①, ④, ⑧

㉡ 교과서와 동화책

교과서	동화책
①, ②, ⑤, ⑥, ⑧	③, ④, ⑦, ⑨

㉣ 길이가 같은 것

긴 것	짧은 것
①, ③, ⑤, ⑧, ⑨	②, ④, ⑥, ⑦

1-3 분명한 분류 기준은 ①입니다.
나머지 기준은 사람마다 분류 결과가 다를 수 있습니다.

1-4 글자 수에 따라 분류할 수도 있습니다.

서술형 가이드 알맞은 기준을 찾아 글자 카드를 두 가지로 분류해 봅니다.

채점 기준	알맞은 기준을 정해 글자 카드를 두 가지로 바르게 분류함.	상
	기준을 정해 글자 카드를 두 가지로 분류하였으나 기준이 분명하지 않음.	중
	글자 카드를 분류해야 하는 것을 알지 못함.	하

참고 • 동물과 학용품으로 분류할 수 있습니다.

동물	학용품
사자 치타 호랑이 고양이 판다 돼지 원숭이	공책 연습장 연필 지우개 필통

• 글자 수에 따라 분류할 수 있습니다.

두 글자	세 글자
사자 공책 치타 연필 판다 돼지 필통	연습장 호랑이 고양이 지우개 원숭이

1-5 젤리의 크기가 거의 비슷하므로 분류 기준으로 나누어지지 않습니다.

주의 분류를 할 때는 분명한 기준을 세워야 합니다.

2-1 물에서 활동하는 동물은
① 열대어, ⑦ 고래입니다.
땅에서 활동하는 동물은
② 돼지, ③ 사자, ⑤ 닭, ⑥ 호랑이입니다.
하늘에서 활동하는 동물은
④ 매, ⑧ 독수리입니다.

주의 닭은 날지 못하므로 땅에서 활동하는 동물로 분류해야 한다는 것에 주의합니다.

2-2 다리가 없는 동물은
① 열대어, ⑦ 고래입니다.
다리가 2개인 동물은
④ 매, ⑤ 닭, ⑧ 독수리입니다.
다리가 4개인 동물은
② 돼지, ③ 사자, ⑥ 호랑이입니다.

2-3 안경을 쓴 학생과 쓰지 않은 학생, 동생이 있는 학생과 없는 학생 등 여러 가지 분류 기준을 세울 수 있습니다.

> **서술형 가이드** 학생들을 분류할 수 있는 분류 기준 2가지를 바르게 씁니다.

채점 기준		
2가지 분류 기준을 바르게 씀.		상
2가지 분류 기준을 썼으나 1가지만 맞음.		중
분류 기준을 바르게 쓰지 못함.		하

> **주의** 학생들을 분류할 때는 분명한 기준을 세우도록 합니다.

2-4 삼각형은 ㉠, ㉢, ㉤, ㉥이고, 사각형은 ㉡, ㉣입니다.

2-5 성별로 분류한 다음 모자로 분류하거나 모자로 분류한 다음 성별로 분류합니다.

   예) 여학생: 희주, <u>소민</u>, 다희
                모자

       남학생: <u>우성</u>, 석호, <u>종원</u>
            모자   모자

3-1 동물별로 같은 표시를 하여 수를 세어 봅니다.

① 강아지는 ✓표, 고양이는 ◯표, 거북은 △표로 각각 표시를 합니다.
② 각각 표시한 것을 보고 ▨에 차례로 표시합니다.
③ ▨에 표시한 것을 보고 키우고 있는 동물의 수를 각각 구합니다.

3-2 칠판에 쓰여 있는 글자를 한글, 한자, 알파벳으로 분류할 수 있습니다.

3-3

대한민국 : 빨강, 파랑, 검정 ⇨ 3가지

덴마크 : 빨강 ⇨ 1가지

독일 : 검정, 빨강, 노랑 ⇨ 3가지

그리스 : 파랑 ⇨ 1가지

베트남 : 빨강, 노랑 ⇨ 2가지

스웨덴 : 파랑, 노랑 ⇨ 2가지

스위스 : 빨강 ⇨ 1가지

일본 : 빨강 ⇨ 1가지

> **주의** 흰색을 필요한 색깔의 수에 포함하지 않도록 주의합니다.

3-4 도형의 색깔, 모양의 2가지 속성을 생각하여 문제를 만든 다음 조건에 맞는 도형을 분류하고 그 수를 세어 봅니다.

예)

┌── 기준 만들기 ──┐
• 파란색입니다.
• 사각형입니다.   ⇨ 2개

4-1 커피, 오렌지 주스, 녹차, 사과 주스를 각각 표시를 하며 수를 세어 봅니다.

4-2 가장 많은 어머니들이 좋아하는 음료가 커피이므로 가장 많이 준비하면 좋을 음료는 **커피**입니다.

4-3

학생들이 좋아하는 모자를 색깔별로 수를 세어 봅니다.

색깔	빨간색	검은색	노란색
학생 수(명)	6	2	4

서술형 가이드 분류한 결과를 보고 어떤 색깔의 모자를 가장 많이 준비하면 좋을지 쓰고 그 까닭을 바르게 써야 합니다.

채점 기준	어떤 색깔 모자를 가장 많이 준비하면 좋을지 쓰고 그 까닭도 바르게 씀.	상
	어떤 색깔 모자를 가장 많이 준비하면 좋을지 썼으나 그 까닭을 바르게 쓰지 못함.	중
	어떤 색깔 모자를 가장 많이 준비하면 좋을지도 쓰지 못하고 까닭도 쓰지 못함.	하

4-4

종류	연필	색연필	볼펜
수(자루)	6	12	3

색연필이 12자루로 가장 많으므로 가장 큰 연필꽂이인 다에 꽂고, 볼펜이 3자루로 가장 적으므로 가장 작은 연필꽂이인 가에 꽂습니다.

STEP 2 응용 유형 익히기 116~119쪽

1-1 (1) 예 바퀴의 수

(2) 예

바퀴의 수	2개	4개
번호	②, ③, ⑤	①, ④, ⑥, ⑦

1-2 예

분류 기준	소리내는 방법		
소리내는 방법	부는 것	치는 것	줄로 소리 내는 것
악기 이름	트럼펫, 플루트, 리코더	북, 팀파니	바이올린, 첼로, 콘트라베이스, 하프, 기타

2-1 (1)

계절	봄	여름	가을	겨울
세면서 표시하기				
학생 수(명)	5	7	3	6

(2) 여름

2-2 예

다리 수	없음.	2개	4개
세면서 표시하기			
동물 수(마리)	7	9	12

; 9마리

3-1 (1) 변이 있는 도형

(2) ②, 변이 없는 도형

3-2 예 ⑤를 사각형으로 옮겨야 합니다.

4-1 (1) 예술, 문화

(2) 예 다른 책보다 수가 적은 예술이나 문화 관련 책을 더 사면 좋을 것 같습니다.

4-2 여자 ; 예 모자를 쓴 남자 어린이는 4명이고 모자를 쓴 여자 어린이는 7명이므로 여자 쪽이 모자를 더 즐겨 쓴다고 할 수 있습니다. 따라서 주성이네 학교 주변 모자 가게에서는 여자 모자를 더 준비하는 것이 좋을 것 같습니다.

1-1 (1) 움직이는 방법 등에 따라 분류할 수도 있습니다.

1-2 · 불어서 소리를 내는 악기:
트럼펫, 플루트, 리코더
· 쳐서 소리를 내는 악기: 북, 팀파니
· 줄로 소리를 내는 악기:
바이올린, 첼로, 콘트라베이스, 하프, 기타

2-1 ⑴ 은수네 반 친구들 21명이 좋아하는 계절을
빠뜨리지 않고 모두 셉니다.
➡ 봄: 5명, 여름: 7명, 가을: 3명, 겨울: 6명
⑵ 7>6>5>3이므로 **여름**을 좋아하는 학생
이 7명으로 가장 많습니다.

2-2 · 다리가 없는 동물:
고래, 뱀, 열대어, 금붕어, 달팽이, 상어, 잉어
➡ 7마리
· 다리가 2개인 동물:
독수리, 앵무새, 닭, 기러기, 비둘기, 오리,
참새, 구관조, 부엉이
➡ 9마리
· 다리가 4개인 동물:
토끼, 돼지, 호랑이, 염소, 소, 사자, 너구리,
양, 말, 표범, 기린, 낙타
➡ 12마리
따라서 다리가 2개인 동물은 모두 **9마리**입니다.

3-1 ⑴ 변이 있는 도형에서 ②는 변이 없는 도형이
므로 잘못 분류되었습니다.

3-2 ⑤의 바깥쪽 도형이 사각형이므로 사각형으로
옮겨야 합니다.
주의 바깥쪽 도형의 모양에 따라 분류한 것이
므로 안쪽 도형은 생각하지 않도록 합니다.

4-1 ⑴ 가장 적은 책은 **예술**(3권), 두 번째로 적은
책은 **문화**(5권)입니다.

4-2 모자를 쓴 학생을 남자와 여자로 분류하여 그
수를 세어 봅니다.

성별	남자	여자
모자를 쓴 학생 수(명)	4	7

③ STEP 응용 유형 뛰어넘기　120~125쪽

1 예 날 수 있는 것과 날 수 없는 것;
예 비행기, 헬리콥터, 열기구는 하늘을 날 수
있는 것이고, 기차, 버스, 자전거, 승용차,
구급차는 땅 위로 달리는 것입니다.

2

	구멍 2개	구멍 4개
연두색	㉠	㉦, ㉧
노란색	㉨	㉡, ㉣
분홍색	㉢, ㉥, ㉲	㉤, ㉩, ㉪

3 다리 수, 글자 수　**4** ㉦
5 1층
6 강아지
7 예 신발의 색깔
8 딸기초콜릿 맛
9 ㉠, ㉢, ㉡, ㉣
10 예

분류 기준	도형 조각의 모양

모양	사각형	삼각형	원
조각 수 (개)	10	9	5

11 예 빨간색이면서 사각형인 도형 조각은 6개
이고, 초록색이면서 삼각형인 도형 조각은
4개입니다. 따라서 빨간색이면서 사각형
인 도형 조각은 초록색이면서 삼각형인 도
형 조각보다 6-4=2(개) 더 많습니다.
; 2개
12 6개, 9개
13 지폐
14 5명
15 예 16일 ; 16일에 올 수 없는 학생은 4명이
고, 23일에 올 수 없는 학생은 11명입니
다. 따라서 23일에 올 수 없는 학생이 더
많으므로 생일 파티를 16일에 하면 좋을
것입니다.
16 6명
17 10개

1 서술형 가이드 분류한 것을 보고 각각의 특징을 찾아 분류 기준을 씁니다.

채점 기준	분류한 것을 보고 알맞은 분류 기준을 찾아 씀.	상
	분류한 것을 보고 분류 기준을 찾아 썼으나 미흡함.	중
	분류한 것을 보고 분류 기준을 찾지 못함.	하

2 단추의 모양에 관계없이 단추의 색깔과 구멍의 수에 따라 분류합니다.

3 기린, 여우, 개구리, 코끼리는 다리가 4개인 동물, 고래, 상어, 지렁이, 달팽이는 다리가 없는 동물입니다.
기린, 여우, 고래, 상어는 이름이 2글자인 동물, 개구리, 코끼리, 지렁이, 달팽이는 이름이 3글자인 동물입니다.

4 공을 사용하는 운동은 농구, 야구, 배구, 골프, 축구입니다. 그중 주로 한 명이 하는 운동은 **골프**입니다.

5 1층 – 피자, 수박, 김치, 김
2층 – 양말, 바지
3층 – 의자, 장식장
따라서 사야 할 물건의 종류가 가장 많은 층은 **1층**입니다.

6 조사한 그림에서 강아지는 4마리, 새는 4마리입니다. 따라서 새보다 강아지를 키우는 친구가 더 많으려면 강아지를 키우는 친구가 더 있어야 하므로 빈 곳에 알맞은 동물은 **강아지**입니다.

7

• 보라색 신발을 신은 학생: ㉠, ㉡, ㉢, ㉯ ⇨ 4명
• 연두색 신발을 신은 학생: ㉣, ㉤ ⇨ 2명
따라서 **신발의 색깔**에 따라 분류하면 4명과 2명으로 나눌 수 있습니다.

8

종류	초콜릿 바닐라 맛	딸기 초콜릿 맛	초콜릿 녹차 맛	딸기 바닐라 맛	녹차 바닐라 맛
수(개)	4	6	3	2	1

⇨ 6>4>3>2>1이므로 가장 많이 팔린 아이스크림은 **딸기초콜릿 맛**입니다.

9

맛	초콜릿	바닐라	딸기	녹차
수(개)	13	7	8	4

⇨ 13 > 8 > 7 > 4
　㉠　㉢　㉡　㉣

참고 맛별로 팔린 아이스크림 수를 셀 때 한 아이스크림의 두 가지 맛을 각각 한 가지로 셉니다.
예를 들어 팔린 아이스크림이 초콜릿바닐라 맛 아이스크림이면 초콜릿 맛 1개, 바닐라 맛 1개로 셉니다.

10 **도형 조각의 모양**에 따라 분류하면 사각형, 삼각형, 원의 3가지로 분류할 수 있습니다.

11

빨간색이면서 사각형인 도형 조각(○표): 6개
초록색이면서 삼각형인 도형 조각(△표): 4개
서술형 가이드 두 가지 분류 기준을 만족하는 도형 조각을 바르게 찾아 그 수의 차를 구합니다.

채점 기준	분류 기준을 만족하는 도형 조각의 수를 각각 구하고 그 차를 바르게 구함.	상
	분류 기준을 만족하는 도형 조각의 수를 각각 구하고 그 차를 구했으나 실수가 있어 답이 틀림.	중
	분류 기준을 만족하는 도형 조각의 수를 바르게 구하지 못하고 답도 틀림.	하

12 초록색 도형 조각은 7개이므로 1개를 친구에게 주면 **6개**가 됩니다.
사각형 조각은 10개이므로 1개를 친구에게 주면 **9개**가 됩니다.

13

돈	백 원	오백 원	천 원	오천 원
수	4	5	6	4

동전은 백 원짜리 4개, 오백 원짜리 5개로 모두 9개입니다.
지폐는 천 원짜리 6장, 오천 원짜리 4장으로 모두 10장입니다.
10>9이므로 동전과 지폐 중 수가 더 많은 것은 **지폐**입니다.

14 6+(귤)+4+7=22, 17+(귤)=22,
(귤)=**5(명)**

15

〈올 수 없는 날〉

16일 23일 23일 23일 16일
23일 16일 23일 23일 23일
23일 23일 16일 23일 23일

올 수 없는 날	16일	23일
학생 수(명)	4	11

서술형 가이드 생일 파티를 언제 해야 하는지 쓰고 그 까닭을 바르게 설명합니다.

채점 기준		
16일과 23일에 올 수 없는 학생으로 분류하여 언제 생일 파티를 하면 좋을지 바르게 설명함.	상
16일과 23일에 올 수 없는 학생으로 분류하여 언제 생일 파티를 하면 좋을지 설명했으나 설명이 미흡함.	중
16일과 23일에 올 수 없는 학생으로 분류하지 못함.	하

16 효린이와 현아를 제외하고 수를 세어 봅니다.
사과를 좋아하는 학생은 현정, 민수, 하나, 혜정, 소윤입니다.(5명)
포도를 좋아하는 학생은 정현, 가영, 재민입니다.(3명)
귤을 좋아하는 학생은 슬기, 소민입니다.(2명)
포도를 좋아하는 학생이 3명이라고 했으므로 효린이와 현아 중 한 명은 사과, 한 명은 귤을 좋아합니다. 따라서 사과를 좋아하는 학생은 5+1=**6(명)**입니다.

17 단추는 모두 3+8+6+4=21(개)입니다.
○ 모양 단추와 □ 모양 단추는 모두 21−5=16(개)입니다.
16은 (1, 15), (2, 14), (3, 13), (4, 12), (5, 11), (6, 10), (7, 9), (8, 8)로 가르기를 할 수 있고 이 중에서 차가 4인 것은 (6, 10)입니다.
○ 모양이 □ 모양보다 4개 더 많으므로 ○ 모양 단추는 10개입니다.

실력 평가
126~129쪽

1 ㉠

2 예 윗옷과 아래옷

3

종류	과일	채소	고기
번호	①, ③, ⑦	②, ⑤, ⑥	④, ⑧

4

종류	하늘색	분홍색	노란색
번호	①, ④, ⑦, ⑫	②, ③, ⑥, ⑨, ⑪	⑤, ⑧, ⑩

5

종류	∧∧∧	———	⋯⋯
번호	①, ②, ⑥, ⑧, ⑪	④, ⑦, ⑩	③, ⑤, ⑨, ⑫

6

	∧∧∧	———	⋯⋯
하늘색	①	④, ⑦	⑫
분홍색	②, ⑥, ⑪		③, ⑨
노란색	⑧	⑩	⑤

7

날씨	맑은 날	흐린 날	비 온 날
세면서 표시하기			
날 수(일)	13	9	9

8 맑은 날

9 13일

10 9일

11 

; 예 같은 색깔끼리 분류한 것인데 빨간색에 초록색이 있으므로 잘못 분류되었습니다.

12

모양	♡	✿	◇	◯
수(개)	5	4	2	1

13 4개

14

색깔	청색	백색
카드 수(장)	10	13

15 예 백색이 청색보다 많으므로 백팀이 이겼습니다.

16

색깔	빨간색	파란색	노란색
공 수(개)	12	5	9

17 파란색　　　　**18** 2명

19 예　기준 만들기　　　; 예 2명
- 남자입니다.
- O형입니다.

20 예 여자이면서 O형인 학생은 5명입니다.
남자이면서 B형인 학생은 2명입니다.
따라서 여자이면서 O형인 학생이
5−2=3(명) 더 많습니다. ; 3명

1 분명한 기준이 되는 것은 ㉠입니다.
㉡, ㉢은 분명한 기준이 아니므로 분류 기준으로 알맞지 않습니다.

2

윗옷　　　　　　　아래옷

4 다른 기준은 생각하지 않고 색깔에 따라 분류합니다.

5 다른 기준은 생각하지 않고 무늬에 따라 분류합니다.

6 색깔과 무늬 두 가지 기준을 모두 생각하여 분류합니다.
색깔에 따라 분류한 다음 무늬로 분류하거나 무늬에 따라 분류한 다음 색깔로 분류합니다.

7 날씨에 따라 표시하면서 그 수를 세어 봅니다.
　주의　맑은 날: 13일, 흐린 날: 9일, 비 온 날: 9일
7월 1일부터 31일까지의 날씨를 빠뜨리지 않고 모두 셉니다.

8 **맑은 날**이 13일로 가장 많았습니다.

9 7월 한 달 동안 맑은 날은 13일이었습니다.

10 비 온 날은 9일이므로 7월 한 달 동안 우산이 필요했던 날은 모두 **9일**이었습니다.

11 　서술형 가이드　잘못 분류된 것을 찾고 그 까닭을 바르게 써 봅니다.

채점기준		
잘못 분류된 것을 찾고 그 까닭도 바르게 설명함.	상
잘못 분류된 것을 찾았으나 그 까닭을 바르게 설명하지 못함.	중
잘못 분류된 것도 찾지 못하고 그 까닭도 바르게 설명하지 못함.	하

12 머리핀을 색깔에 관계없이 모양에 따라 분류하고 그 수를 세어 봅니다.

13 가장 많은 모양: ♡ 모양 (5개)
가장 적은 모양: ◯ 모양 (1개)
⇨ 가장 많은 모양은 가장 적은 모양보다
5−1=4(개) 더 많습니다.

14 색깔에 따라 카드에 표시를 하고 그 수를 세어 봅니다.

15 카드를 청색과 백색으로 분류하고 그 수를 센 것을 보고 더 많은 색깔의 카드가 무엇인지 찾아봅니다.

서술형 가이드 분류하고 그 수를 센 것을 보고 어느 팀이 이겼는지 바르게 말해 봅니다.

채점 기준	분류하고 그 수를 센 것을 보고 어느 팀이 이겼는지 바르게 씀.	상
	분류하고 그 수를 센 것을 보고 어느 팀이 이겼는지 썼으나 설명이 미흡함.	중
	어느 팀이 이겼는지 바르게 쓰지 못함.	하

16 각 색깔에 따라 표시를 하며 수를 세어 봅니다.

17 빨간색 공이 가장 많으므로 가장 큰 통 나에 담고 파란색 공이 가장 적으므로 가장 작은 통 가에 담습니다.

18 여자인 학생: 현아, 하나, 소윤, **미희**, 미선, 미영, 진아, 유진, 수정, 세진, 예림, **혜정**
A형인 학생: 규형, **미희**, 혁관, 우성, **혜정**
여자이면서 A형인 학생은 미희, 혜정으로 **2명**입니다.

19 예 남자인 학생: **성우**, 규형, 혁관, 현종, 인근, 우성, 성호, **준수**
O형인 학생: **성우**, 소윤, 민선, 수정, 세진, **준수**, 예림
남자이면서 O형인 학생은 성우, 준수로 **2명**입니다.

20 • 여자이면서 O형인 학생
　: 소윤, 민선, 수정, 세진, 예림 ⇨ 5명
• 남자이면서 B형인 학생
　: 현종, 성호 ⇨ 2명

서술형 가이드 두 가지 분류 기준을 만족하는 학생 수를 각각 구하고 그 차를 구해 봅니다.

채점 기준	두 가지 분류 기준을 만족하는 학생 수를 각각 구하고 그 차를 바르게 구함.	상
	두 가지 분류 기준을 만족하는 학생 수를 각각 구했으나 그 차를 구하는 데 실수가 있음.	중
	두 가지 분류 기준을 만족하는 학생 수를 바르게 구하지 못해 답이 틀림.	하

❶ A: 삼각형 2개로 이루어진 모양
B: 사각형 2개로 이루어진 모양
C: 삼각형 1개와 사각형 1개로 이루어진 모양

⑴ 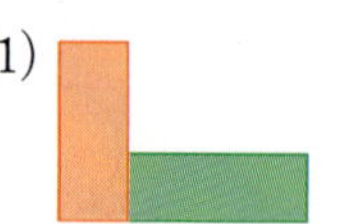
사각형 2개로 이루어진 모양
⇨ B

⑵ 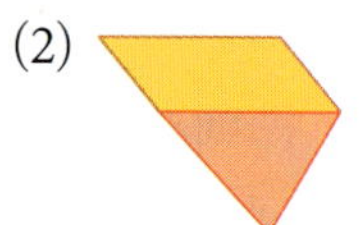
삼각형 1개와 사각형 1개로 이루어진 모양
⇨ C

❷

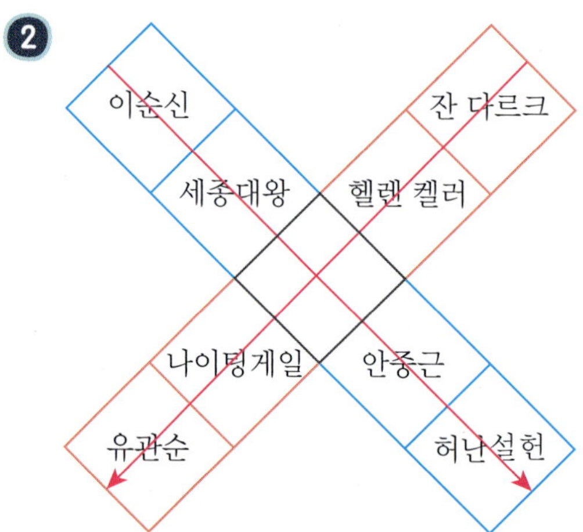

• ↘ 방향은 이순신, 세종대왕, 안중근, 허난설헌으로 우리나라 위인입니다.
• ↙ 방향은 잔 다르크, 헬렌 켈러, 나이팅게일, 유관순으로 여성 위인입니다.
따라서 빈 곳에 들어갈 위인은 우리나라의 여성 위인으로 **신사임당**이 알맞습니다.

참고 아인슈타인과 뉴턴은 우리나라의 위인도 아니고 여성 위인도 아닙니다.
강감찬은 우리나라의 위인이지만 여성 위인이 아닙니다.

6. 곱셈

1 STEP 기본 유형 익히기 134~137쪽

1-1 8개

1-2 ③ — ⑥ — ⑨ — ⑫ — ⑮ ; 15개

1-3 16마리

1-4 6, 12

1-5 14개 ; 예 2씩 묶어 세었습니다.

2-1 (1)

3	6	9	12

　　　(2) 12개

2-2 (1)

2	2	2	2

2	4	6	8

　　　(2) 8개

2-3 (1) 3묶음　(2) 12송이　(3) 예 6, 2

2-4 진호 ; 예 구슬의 수는 4씩 4묶음입니다.

3-1 (1) 7, 21　(2) 7, 7　(3) 7, 21

3-2 4, 9, 9, 9, 9, 36

3-3 3배

3-4 14살

3-5 예 사과는 4개이고 참외는 12개입니다. 참외의 수는 사과의 수의 3배입니다.

4-1 (1) 3　(2) $8+8+8=24$
　　　(3) $8\times3=24$

4-2 3 ; $4+4+4=12$; $4\times3=12$

4-3

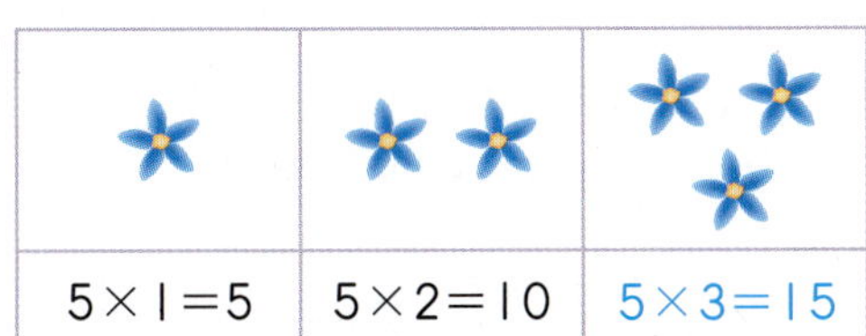

$5\times1=5$	$5\times2=10$	$5\times3=15$

4-4 $2+2+2+2+2+2=12$; $2\times6=12$

4-5 $3\times2=6$; 6개

1-1 하나씩 세어 보면 1, 2, 3, 4, 5, 6, 7, 8이므로 모두 **8개**입니다.

　　[다른 풀이] 2씩 뛰어 세면 2, 4, 6, 8로 모두 8개입니다.
　　4씩 묶어 세면 2묶음이므로 모두 8개입니다.

1-2

3씩 뛰어 세면 3, 6, 9, 12, 15로 모두 **15개**입니다.

1-3 [생각 열기] 4씩 묶어 세어 봅니다.

4씩 묶어 세면 4묶음이므로 모두 **16마리**입니다.

1-4 [생각 열기] 2씩 묶어 세어 봅니다.

2씩 묶어 세면 6묶음이므로 모두 **12개**입니다.

1-5 [서술형 가이드] 모두 몇 개인지 알맞게 세어 보고 센 방법을 바르게 설명했는지 확인합니다.

채점 기준	모두 몇 개인지 알맞게 세어 보고 센 방법을 바르게 설명함.	상
	모두 몇 개인지 알맞게 세어 보고 센 방법을 설명하였으나 미흡함.	중
	모두 몇 개인지 세지 못함.	하

[참고] 여러 가지 방법으로 세기

① 하나씩 세기
　1, 2, 3, 4, 5, 6, 7, 8, 9, 10, 11, 12, 13, 14이므로 모두 14개입니다.

② 뛰어 세기
　2씩 뛰어 세면 2, 4, 6, 8, 10, 12, 14로 모두 14개입니다.

③ 묶어 세기
　2씩 묶어 세면 7묶음이므로 모두 14개입니다.

2-1 (1) 

3씩 묶으면 4묶음입니다.

(2) 3씩 4묶음이므로 모두 **12**개입니다.

2-2 (1) 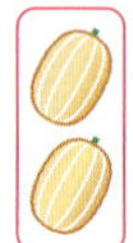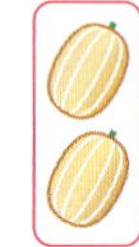

2씩 묶으면 4묶음입니다.

(2) 2씩 4묶음이므로 모두 **8**개입니다.

2-3 (1) 

4씩 묶으면 **3**묶음입니다.

(2) 4씩 3묶음이므로 모두 **12**송이입니다.

(3) 2씩, 3씩, 6씩 묶어 봅니다.

참고 물건의 수를 여러 가지 방법으로 묶어 세기를 할 수 있습니다.

① 2씩 묶어 세기

2−4−6−8−10−12

⇨ 2씩 6묶음

② 3씩 묶어 세기

3−6−9−12

⇨ 3씩 4묶음

③ 6씩 묶어 세기

6−12

⇨ 6씩 2묶음

2-4 서술형 가이드 구슬의 수가 2씩 8묶음, 4씩 4묶음임을 알고 설명이 잘못된 사람의 이름을 쓰고 잘못된 설명을 바르게 고쳤는지 확인합니다.

채점 기준	설명이 잘못된 사람의 이름을 쓰고 잘못된 설명을 바르게 고침.	상
	설명이 잘못된 사람의 이름을 쓰고 잘못된 설명을 고쳤으나 미흡함.	중
	설명이 잘못된 사람의 이름을 쓰지 못하고 바르게 고치지도 못함.	하

참고 물건의 수를 여러 가지 방법으로 묶어 세기를 할 수 있습니다.

· 

⇨ 2씩 8묶음

· 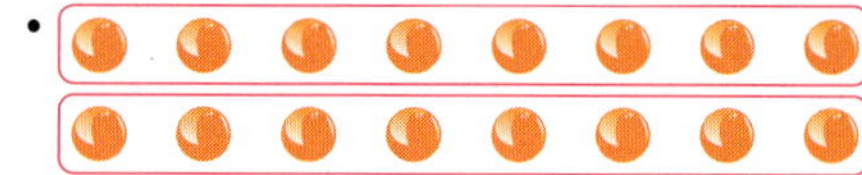

⇨ 4씩 4묶음

· 

⇨ 8씩 2묶음

3-1 생각 열기 우표의 수는 3씩 7묶음입니다.

(1) 3씩 **7**묶음은 **21**입니다.

(2) 3씩 **7**묶음은 3의 **7**배입니다.

(3) 3의 **7**배는

3+3+3+3+3+3+3=**21**입니다.

3-2 생각 열기 ☆의 수는 9씩 4묶음입니다.

9씩 4묶음은 9의 **4**배입니다.

⇨ 9+9+9+9=**36**

3-3 생각 열기 해주가 가진 딱지의 수는 2씩 3묶음입니다.

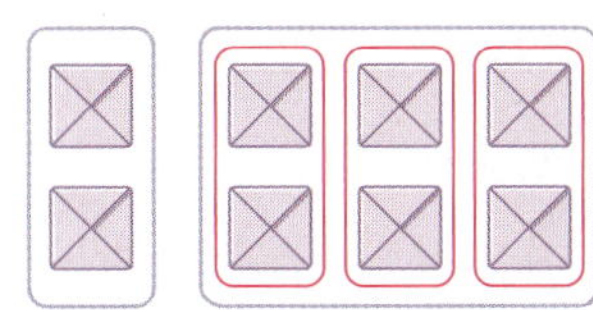

6은 2씩 3묶음입니다.
⇨ 6은 2의 3배입니다.
따라서 해주가 가진 딱지의 수는 미라가 가진
딱지의 수의 **3배**입니다.
참고 ■씩 ●묶음 ⇨ ■의 ●배

3-4 생각 열기 지수가 놀이터에서 만난 언니의 나이는
지수의 나이의 2배입니다.
7의 2배 ⇨ 7+7=14
따라서 지수가 놀이터에서 만난 언니의 나이는
14살입니다.

3-5

12는 4씩 3묶음입니다.
⇨ 12는 4의 3배입니다.
서술형 가이드 그림을 보고 참외의 수는 사과의 수
의 몇 배인지 글로 바르게 썼는지 확인합니다.

채점기준		
그림을 보고 글로 바르게 씀.	상
그림을 보고 글로 썼으나 내용이 미흡함.	중
그림을 보고 글로 쓰지 못함.	하

4-1 생각 열기 과자의 수는 8씩 3묶음입니다.

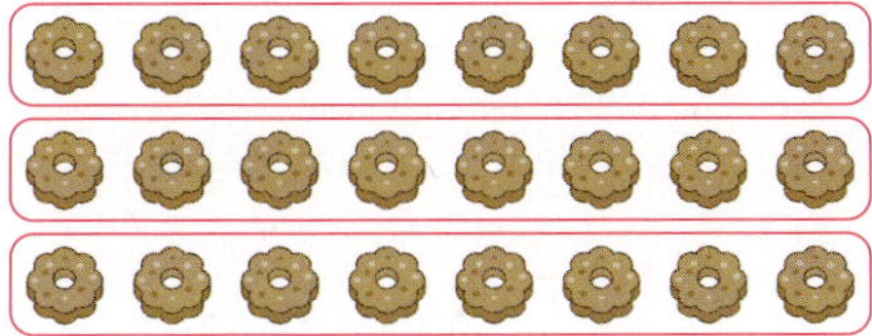

(1) 8씩 3묶음 ⇨ 8의 3배
(2), (3) 8씩 3묶음
   덧셈식 8+8+8=24
   곱셈식 8×3=24

4-2 생각 열기 모자의 수는 4씩 3묶음입니다.

4씩 3묶음
덧셈식 4+4+4=12
곱셈식 4×3=12

4-3 생각 열기 꽃 한 개에 꽃잎이 5장씩 있습니다.
5씩 3묶음
덧셈식 5+5+5=15
곱셈식 5×3=15

4-4

2씩 6묶음
덧셈식 2+2+2+2+2+2=12
곱셈식 2×6=12

4-5 서술형 가이드 해주가 가지고 있는 구슬의 수가 3
의 2배임을 알고 곱셈식으로 바르게 나타내고 답
을 구했는지 확인합니다.

채점기준		
곱셈식으로 바르게 나타내고 답을 구함.	상
답은 맞았으나 곱셈식으로 바르게 나타내지 못함.	중
곱셈식으로 나타내지 못하고 답도 틀림.	하

2 STEP 응용 유형 익히기 138~141쪽

1-1 (1) 5 (2) 2 (3) 10개
1-2 3, 5 ; 5, 3 ; 15개
1-3 2, 6 ; 3, 4 ; 4, 3 ; 6, 2 ; 12자루
2-1 (1) 6묶음 (2) 4×6=24
2-2 5×5=25
2-3 6+6+6+6+6+6+6=42
  ; 6×7=42
3-1 (1) 14개 (2) 20개 (3) 보라
3-2 노란색
3-3 35개
4-1 (1) 6쪽 (2) 42쪽
4-2 63컵
4-3 56세

1-1 생각 열기 2씩, 5씩 묶어 봅니다.

(1)
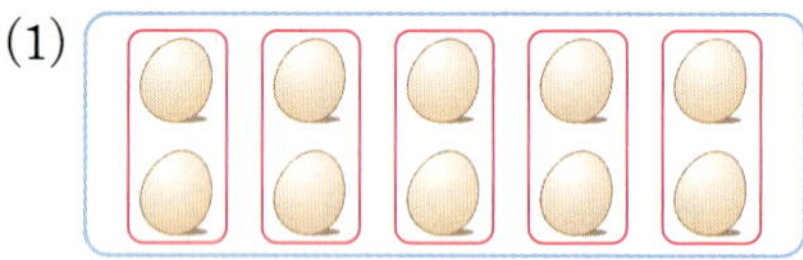

달걀을 2씩 묶으면 5묶음입니다.

(2)
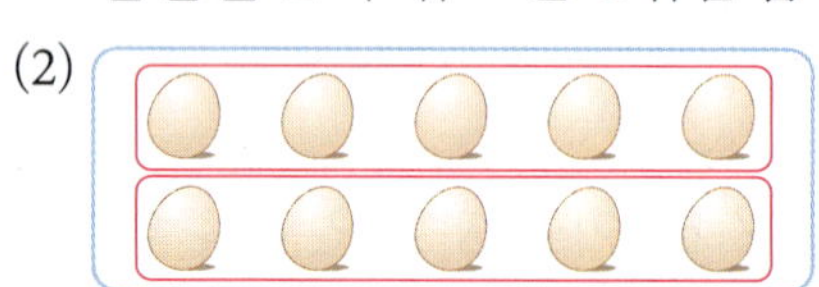

달걀을 5씩 묶으면 2묶음입니다.

(3) • 2씩 5묶음이므로 모두 10개입니다.
  (2-4-6-8-10)
  • 5씩 2묶음이므로 모두 10개입니다.
  (5-10)

1-2 생각 열기 3씩, 5씩 묶어 봅니다.

•
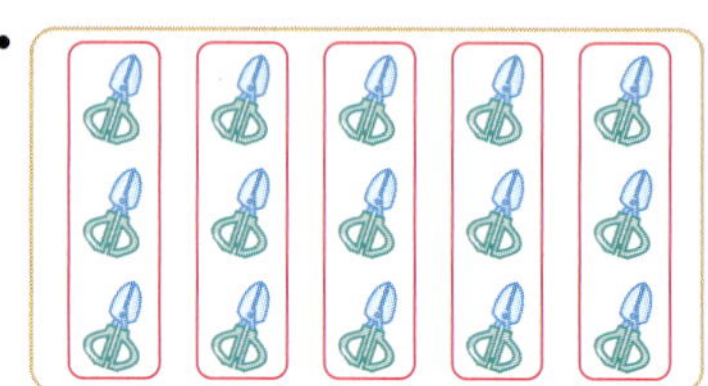

가위를 3씩 묶으면 5묶음입니다.
  ⇨ 15개

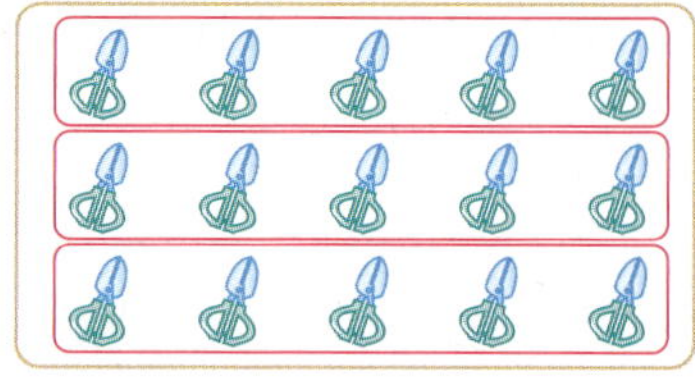

가위를 5씩 묶으면 3묶음입니다.
  ⇨ 15개

1-3 생각 열기 2씩, 3씩, 4씩, 6씩 묶어 봅니다.

•
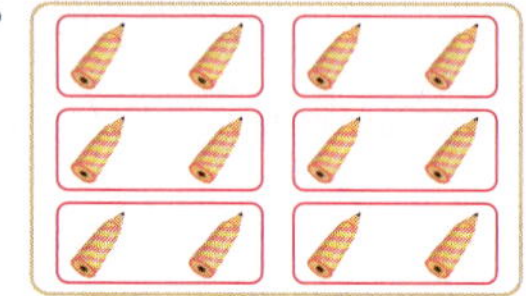

연필을 2씩 묶으면 6묶음입니다.
  ⇨ 12자루

•
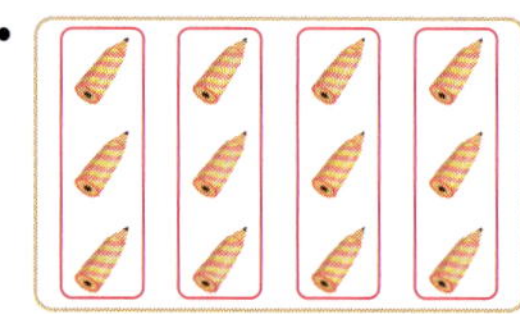

연필을 3씩 묶으면 4묶음입니다.
  ⇨ 12자루

•
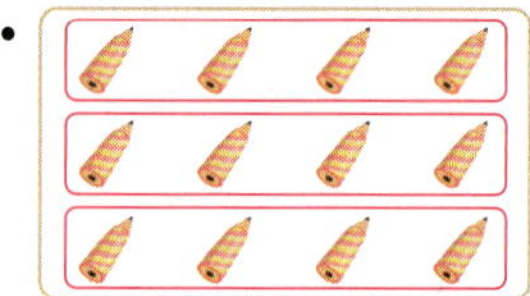

연필을 4씩 묶으면 3묶음입니다.
  ⇨ 12자루

•

연필을 6씩 묶으면 2묶음입니다.
  ⇨ 12자루

2-1 생각 열기 모양을 1개 만드는 데 필요한 수수깡은 4개입니다.

(2)

4씩 6묶음
덧셈식 4+4+4+4+4+4=24
곱셈식 4×6=24

2-2 해법 순서

① 모양을 1개 만드는 데 필요한 모양 블록 수를 구합니다.

② 모양을 5개 만드는 데 필요한 모양 블록 수는 몇씩 몇 묶음인지 알아봅니다.

③ 모양을 5개 만드는 데 필요한 모양 블록 수를 곱셈식으로 나타냅니다.

모양을 1개 만드는 데 필요한 모양 블록은 5개입니다.

모양을 5개 만드는 데 필요한 모양 블록 수: 5씩 5묶음

덧셈식 $5+5+5+5+5=25$

곱셈식 $5\times5=25$

2-3 모양을 1개 만드는 데 필요한 성냥개비는 6개입니다.

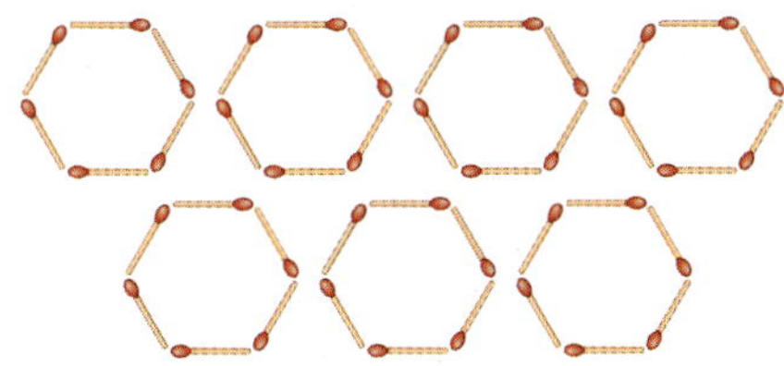

모양을 7개 만드는 데 필요한 성냥개비 수: 6씩 7묶음

덧셈식 $6+6+6+6+6+6+6=42$

곱셈식 $6\times7=42$

3-1 (1) 2씩 7묶음

⇨ $2+2+2+2+2+2+2=14$

따라서 범준이가 가지고 있는 모형은 **14개**입니다.

(2) 4씩 5묶음

⇨ $4+4+4+4+4=20$

따라서 보라가 가지고 있는 모형은 **20개**입니다.

(3) 14<20이므로 모형을 더 많이 가지고 있는 사람은 **보라**입니다.

3-2 생각 열기 소영이가 가지고 있는 빨간색 구슬 수와 노란색 구슬 수를 각각 구합니다.

• 빨간색 구슬 수:

6씩 8묶음

⇨ $6+6+6+6+6+6+6+6=48$

• 노란색 구슬 수:

7씩 7묶음

⇨ $7+7+7+7+7+7+7=49$

48<49이므로 **노란색** 구슬을 더 많이 가지고 있습니다.

3-3 해법 순서

① 민재와 소희가 가지고 있는 야구공의 수를 각각 구합니다.

② ①에서 구한 두 수를 더합니다.

• 민재가 가지고 있는 야구공 수:

2씩 5묶음

⇨ $2+2+2+2+2=10$

• 소희가 가지고 있는 야구공 수:

5씩 5묶음

⇨ $5+5+5+5+5=25$

따라서 민재와 소희가 가지고 있는 야구공은 모두 $10+25=$**35(개)**입니다.

4-1 (1) 2의 3배 ⇨ $2+2+2=6$

따라서 태희가 하루에 읽은 책은 **6쪽**입니다.

(2) 6의 7배

⇨ $6+6+6+6+6+6+6=42$

따라서 태희가 7일 동안 읽은 책은 모두 **42쪽**입니다.

4-2 생각 열기 지혜가 하루에 마신 우유는 3컵의 3배입니다.

• 지혜가 하루에 마신 우유 수:

3의 3배 ⇨ $3+3+3=9$

• 지혜가 7일 동안 마신 우유 수:

9의 7배

⇨ $9+9+9+9+9+9+9=63$

따라서 지혜가 7일 동안 마신 우유는 모두 **63컵**입니다.

4-3 생각 열기 윤이의 나이는 4살의 2배입니다.

해법 순서

① 윤이의 나이를 구합니다.

② 윤이의 할아버지의 연세를 구합니다.

윤이의 나이: 4의 2배 ⇨ $4+4=8$(살)

윤이의 할아버지의 연세: 8의 7배

⇨ $8+8+8+8+8+8+8=56$(세)

STEP 3 응용 유형 뛰어넘기 142~147쪽

1 20개 ; 예 5개씩 묶어서 세었습니다.

2 $3\times6=18$; 18개

3 14

4 ㉡, ㉣

5 2, 7 ; 7, 2 ; 14개

6 3개

7 ㉡

8 돌고래, 16개

9 6묶음

10 18개

11 $4\times5=20$; 20개

12 24

13 30알

14 32개

15 20개

16
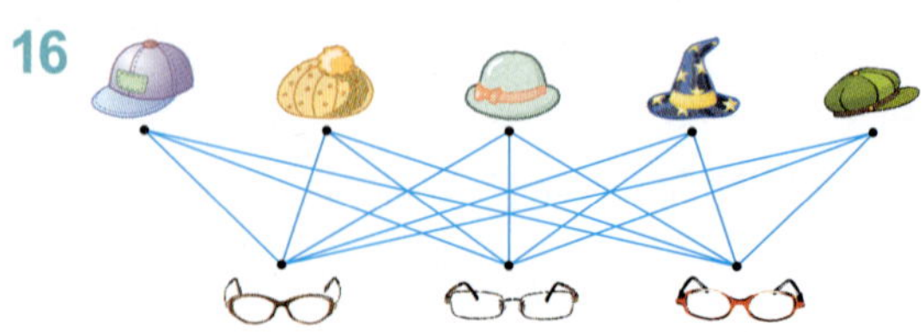

; $3\times5=15$; 15가지

17 32권

1 예
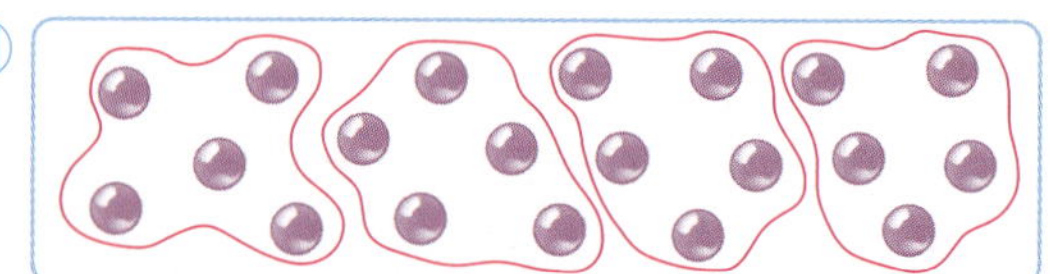

5씩 묶어 세면 4묶음이므로 모두 **20개**입니다.

서술형 가이드 모두 몇 개인지 묶어 세고 센 방법을 바르게 설명했는지 확인합니다.

채점기준		
모두 몇 개인지 알맞게 묶어 세고 센 방법을 바르게 설명함.	상
모두 몇 개인지 알맞게 묶어 세고 센 방법을 설명하였으나 미흡함.	중
모두 몇 개인지 묶어 세지 못하고 방법을 설명하지도 못함.	하

2 생각 열기 사탕의 수는 3씩 6묶음입니다.

3씩 6묶음 ⇨ $3\times6=18$

서술형 가이드 모두 몇 개인지 곱셈식으로 바르게 나타내고 답을 구했는지 확인합니다.

채점기준		
모두 몇 개인지 곱셈식으로 바르게 나타내고 답을 구함.	상
답은 맞았으나 곱셈식으로 바르게 나타내지 못함.	중
모두 몇 개인지 곱셈식으로 나타내지 못하고 답도 틀림.	하

3 생각 열기 6씩 ㉠묶음, 4씩 ㉡묶음입니다.

• $6+6+6+6+6+6+6=6\times7$이므로

  7번 더함.

  ㉠=7입니다.

• $4+4=4\times2$이므로 ㉡=2입니다.

  2번 더함.

따라서 ㉠의 ㉡배는 7의 2배이므로

7의 2배 ⇨ $7+7=14$입니다.

4 • 4씩 9묶음 ⇨ ㉢ 4×9

• 9씩 4묶음 ⇨ ㉣ 9×4

참고 다른 방법으로 나타낼 수도 있습니다.

예 6씩 6묶음 ⇨ 6×6

5 생각 열기 2씩, 7씩 묶어 봅니다.

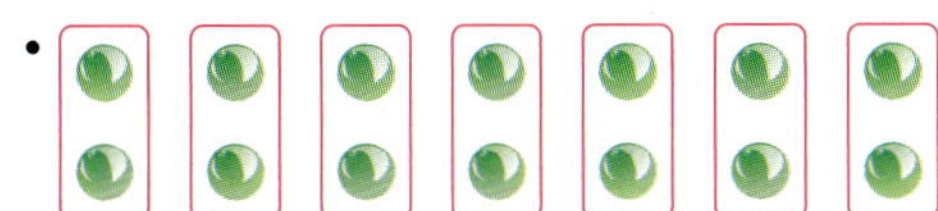

구슬을 2씩 묶으면 7묶음입니다. ⇨ 14개

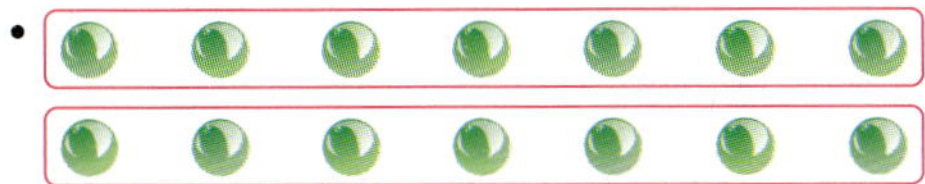

구슬을 7씩 묶으면 2묶음입니다. ⇨ 14개

6 (쿠키의 수)=6×4=24(개)
8+8+8=24이므로 24개를 8묶음으로 똑같이 나누면 한 묶음에 3개씩입니다.

7 ㉠ 5씩 6묶음 ⇨ 5+5+5+5+5+5=30
㉡ 8의 4배 ⇨ 8+8+8+8=32
⇨ 30<32이므로 ㉠<㉡입니다.

8 ♠ 모양이 4개씩 6줄로 규칙적으로 있으므로 모두 4×6=24(개)입니다.
★ 모양이 8개씩 5줄로 규칙적으로 있으므로 모두 8×5=40(개)입니다.
따라서 **돌고래**가 있는 이불에 그려진 ★ 모양이 40-24=**16(개)** 더 많습니다.

9 9의 4배 ⇨ 9+9+9+9=36
36은 6씩 묶으면 **6묶음**입니다.

10

왼쪽 모양을 가로로 6개 그릴 수 있고 세로로 3개 그릴 수 있습니다.
6씩 3묶음 ⇨ 6×3=18
따라서 왼쪽 모양을 모두 **18개** 그릴 수 있습니다.

11 쌓기나무는 4층으로 쌓여 있습니다.
4의 5배 ⇨ **4×5=20**

12 8+8+8+8=32이므로 8×4=32이고
◆=4입니다. ⇨ 4+4+4+4+4+4=24

13 (하루에 먹어야 하는 알약의 수)=2×3=6(알)
(5일 동안 먹어야 하는 알약의 수)
=(하루에 먹어야 하는 알약의 수)×5
=6×5=30(알)

14 (처음 초콜릿의 수)=7×5=35(개)
(남은 초콜릿의 수)=35-3=32(개)

15 3명이 가위를 내서 이겼으므로 4명은 보를 내서 졌습니다. 한 명이 보를 냈을 때 펼친 손가락은 5개입니다.
4명이 보를 냈을 때 펼친 손가락 수:
5의 4배 ⇨ 5+5+5+5=20
따라서 가위바위보에서 진 사람들이 펼친 손가락은 모두 **20개**입니다.

16

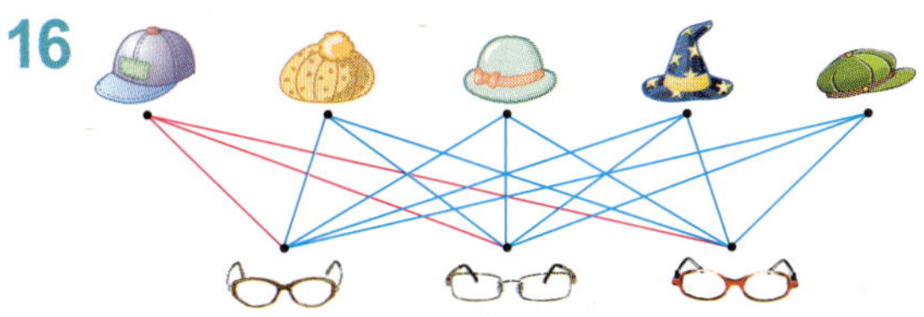

모자 한 개와 안경 3개로 모자와 안경을 함께 쓸 수 있는 방법은 3가지 있습니다.
모자 5개와 안경 3개로 모자와 안경을 함께 쓸 수 있는 방법의 수: 3의 5배 ⇨ **3×5=15**
따라서 모두 **15가지**입니다.

서술형 가이드 모자와 안경을 선으로 이어 보고 모자와 안경을 함께 쓸 수 있는 방법의 수를 곱셈식으로 바르게 나타내고 답을 구했는지 확인합니다.

채점 기준		
모자와 안경을 선으로 이어 보고 모자와 안경을 함께 쓸 수 있는 방법의 수를 곱셈식으로 바르게 나타내고 답을 구함.	상
모자와 안경을 선으로 이었으나 모자와 안경을 함께 쓸 수 있는 방법의 수를 곱셈식으로 바르게 나타내지 못하고 답도 틀림.	중
모자와 안경을 선으로 바르게 잇지 못하고 모자와 안경을 함께 쓸 수 있는 방법의 수를 곱셈식으로 바르게 나타내지 못함.	하

17 해주가 읽은 책의 수: 4의 2배 ⇨ 4+4=8
미라가 읽은 책의 수:
8의 5배 ⇨ 8+8+8+8+8=40
따라서 미라가 읽은 책은 해주가 읽은 책보다 40-8=**32(권)** 더 많습니다.

실력 평가 148~151쪽

1 3 — 6 — 9 — 12 ; 12개

2 3묶음

3 18개

4 예 2, 9

5 (선 잇기)

6 4, 5

7 $9+9+9=27$

8 $9\times3=27$

9 $7+7+7=21$; $7\times3=21$

10 형인

11 예 참외의 수는 $6+6+6+6$으로 나타낼 수 있습니다.

12 $2\times5=10$; 10개

13 3, 7 ; 7, 3 ; 21개

14 9개

15 24문제

16 예 $2\times8=16$, $8\times2=16$

17 35개

18 36세

19 36개

20 6개

1

3 — 6 — 9 — 12

3씩 뛰어 세면 3, 6, 9, 12로 모두 12개입니다.

2

6씩 묶으면 **3묶음**입니다.

3 6씩 3묶음이므로 모두 18개입니다.

---

4 2씩, 3씩, 9씩 묶어 봅니다.

참고 · 

⇨ 2씩 9묶음

· 

⇨ 3씩 6묶음

· 

⇨ 9씩 2묶음

5 3씩 3묶음 ⇨ $3+3+3=9$
4씩 2묶음 ⇨ $4+4=8$
4씩 3묶음 ⇨ $4+4+4=12$

참고 ■씩 ▲묶음 ⇨ ■＋■＋…＋■＋■
▲번 더함.

6 · 5를 4번 더한 것은 5×4입니다.
· 2를 5번 더한 것은 2×5입니다.

7~8

9씩 3묶음

덧셈식 $9+9+9=27$

곱셈식 $9\times3=27$

9 ■의 ▲배 ⇨ ■＋■＋…＋■＋■
▲번 더함.

⇨ ■×▲

10 ·

참외의 수는 3씩 8묶음입니다.

·

참외의 수는 6씩 4묶음이므로 6+6+6+6
으로 나타낼 수 있습니다.
따라서 잘못 설명한 사람은 **형인**입니다.

11 서술형 가이드 형인이의 잘못된 설명을 바르게 고쳤
는지 확인합니다.

채점기준	잘못된 설명을 바르게 고침.	상
	잘못된 설명을 고쳤으나 미흡함.	중
	잘못된 설명을 고치지 못함.	하

12 2의 5배 ⇨ $2 \times 5 = 10$
서술형 가이드 바퀴의 수가 2의 5배임을 알고 곱셈
식으로 바르게 나타내고 답을 구했는지 확인합니다.

채점기준	곱셈식으로 바르게 나타내고 답을 구함.	상
	답은 맞았으나 곱셈식으로 바르게 나타내지 못함.	중
	곱셈식으로 나타내지 못하고 답도 틀림.	하

13 생각 열기 3씩, 7씩 묶어 봅니다.
·

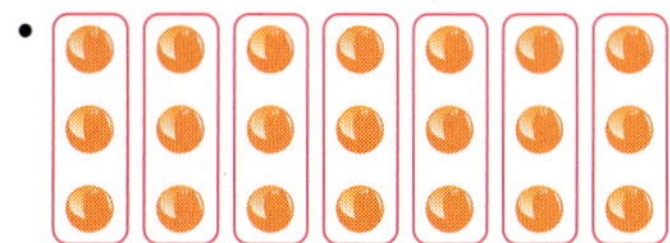

구슬을 3씩 묶으면 7묶음입니다. ⇨ 21개
·

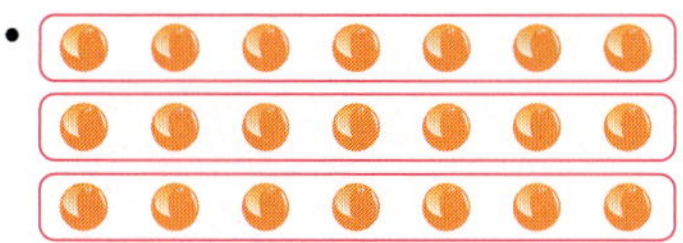

구슬을 7씩 묶으면 3묶음입니다. ⇨ 21개

14 주어진 쌓기나무는 3층으로 쌓여 있습니다.
3의 3배 ⇨ $3 \times 3 = 9$
따라서 필요한 쌓기나무는 모두 **9개**입니다.

15 생각 열기 세진이가 푼 수학 문제의 수는 4의 6배입
니다.
4의 6배 ⇨ $4+4+4+4+4+4 = 24$
따라서 세진이가 푼 수학 문제는 모두 **24문제**입
니다.

16 ·

4씩 4묶음 ⇨ $4 \times 4 = 16$
·

2씩 8묶음 ⇨ $2 \times 8 = 16$
·

8씩 2묶음 ⇨ $8 \times 2 = 16$

서술형 가이드 여러 가지 곱셈식으로 바르게 나타내
었는지 확인합니다.

채점기준	여러 가지 곱셈식으로 바르게 나타냄.	상
	1가지 곱셈식만 바르게 나타냄.	중
	곱셈식으로 나타내지 못함.	하

17 모양을 1개 만드는 데 필요한 이쑤시개는 5개입
니다.

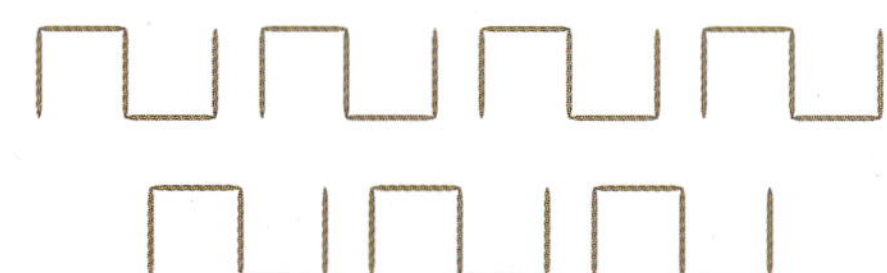

모양을 7개 만드는 데 필요한 이쑤시개 수:
5씩 7묶음 ⇨ $5+5+5+5+5+5+5 = 35$
따라서 필요한 이쑤시개는 모두 **35개**입니다.

18 미진이의 오빠의 나이: $7+2 = 9$(살)
미진이의 어머니의 연세:
9의 4배 ⇨ $9+9+9+9 = 36$
따라서 미진이의 어머니의 연세는 **36세**입니다.

19

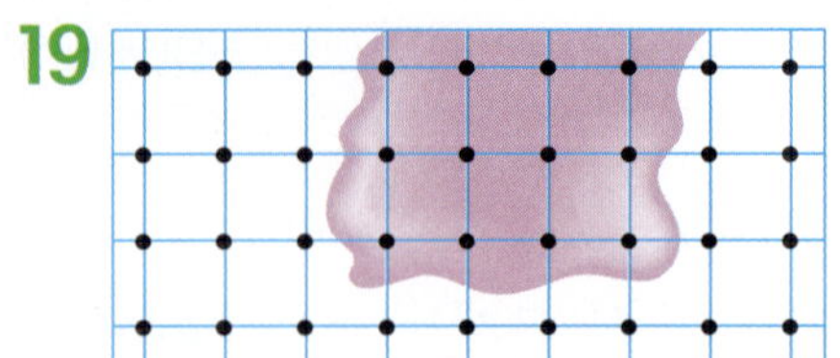

세로선 하나에 점이 4개씩 있고 세로선은 모두
9개입니다.
처음에 있던 점의 수: 4의 9배 $\Rightarrow$ $4 \times 9 = 36$

20 인형의 수: 9씩 4묶음 $\Rightarrow$ $9+9+9+9=36$
36개를 6씩 묶으면 6묶음이므로 작은 상자는
6개 필요합니다.

창의 사고력 152쪽

❶ 49, 72

❷
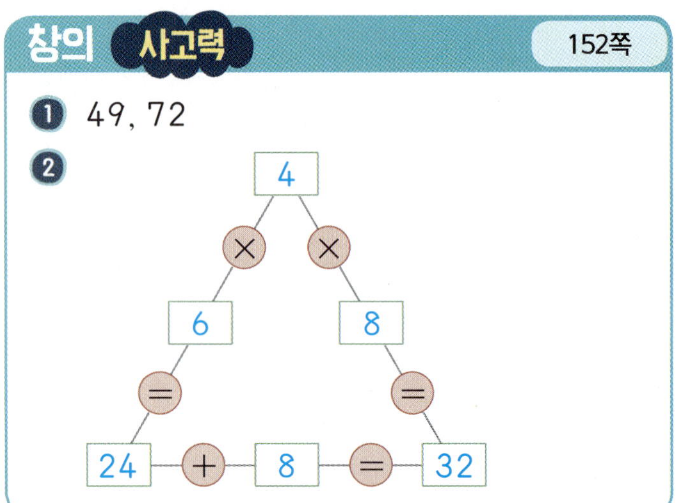

❶
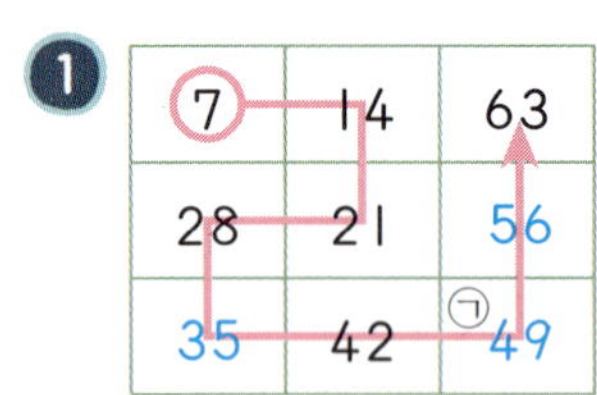

7에서 시작하여 화살표 방향
으로 7씩 뛰어 셉니다.

$\Rightarrow$ $7-14-21-28-35-42-\underset{㉠}{49}-56-63$

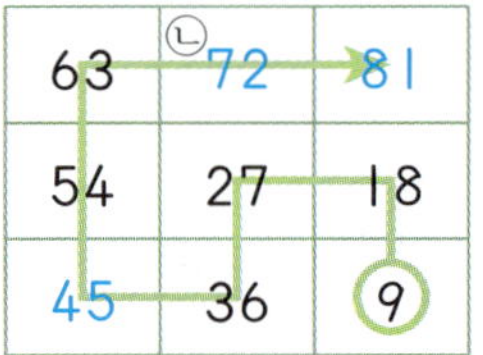

9에서 시작하여 화살표 방향
으로 9씩 뛰어 셉니다.

$\Rightarrow$ $9-18-27-36-45-54-63-\underset{㉡}{72}-81$

❷
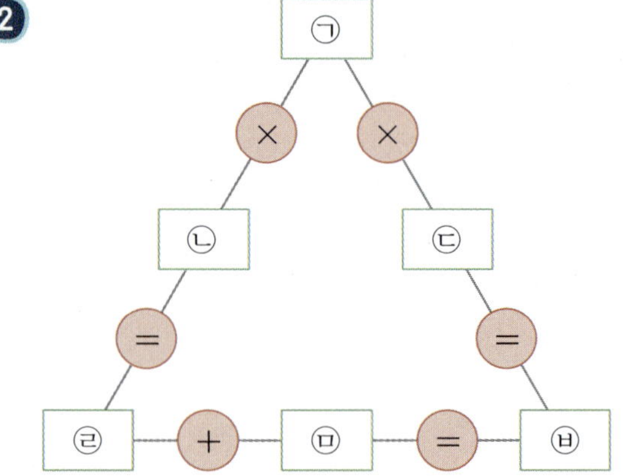

• 계산 결과가 들어가는 자리는 ㉣, ㉖이므로 ㉣,
㉖에 큰 수인 24와 32가 들어갑니다.
㉣+㉤=㉖에서 ㉖>㉣이므로 ㉖=32,
㉣=24입니다.
• ㉣+㉤=㉖에서 24+㉤=32, ㉤=32−24
이므로 ㉤=8입니다.
• ㉠×㉢=㉖에서 ㉠×㉢=32이고 남은 수 6,
8, 4로 곱이 32가 되는 곱셈식을 만들면
$4 \times 8 = 32$ 또는 $8 \times 4 = 32$입니다.
• ㉠×㉡=㉣에서 ㉠×㉡=24이고 남은 수 6,
8, 4로 곱이 24가 되는 곱셈식을 만들면
$4 \times 6 = 24$ 또는 $6 \times 4 = 24$입니다.
그런데 ㉠=4이어야 하므로
㉠=4, ㉡=6, ㉢=8입니다.

MEMO

MEMO

참 잘했어요

 수학의 모든 응용 문제를 풀 정도로
실력이 성장한 것을 축하하며
이 상장을 드립니다. 

이름 ____________________________

날짜 ________ 년 ____ 월 ____ 일

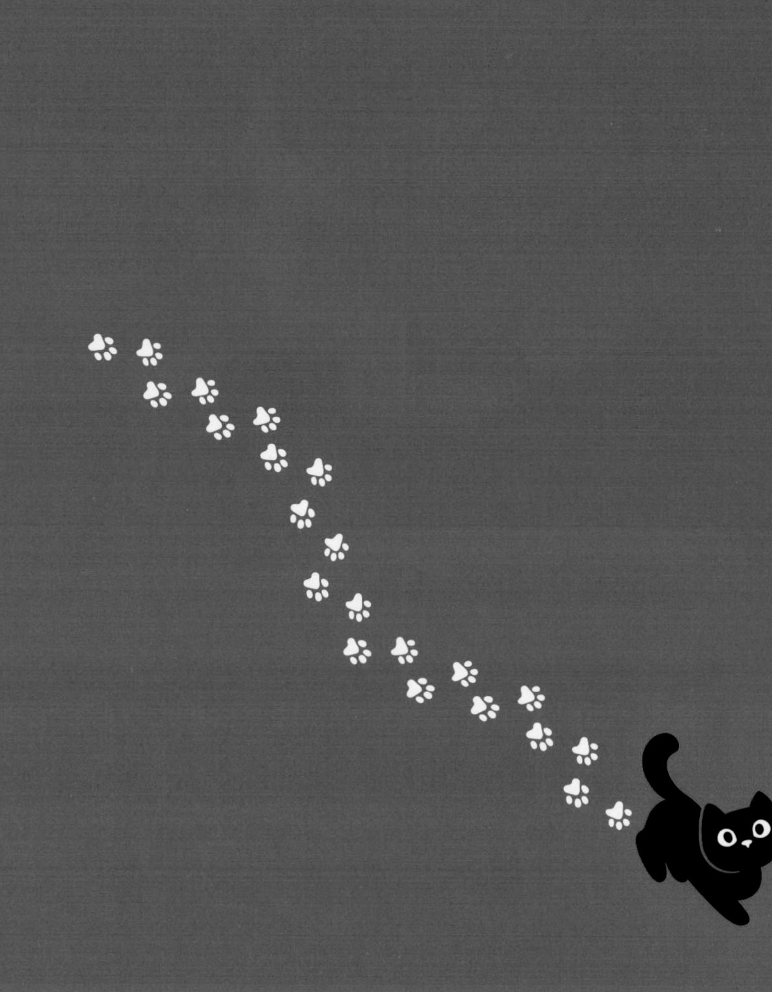

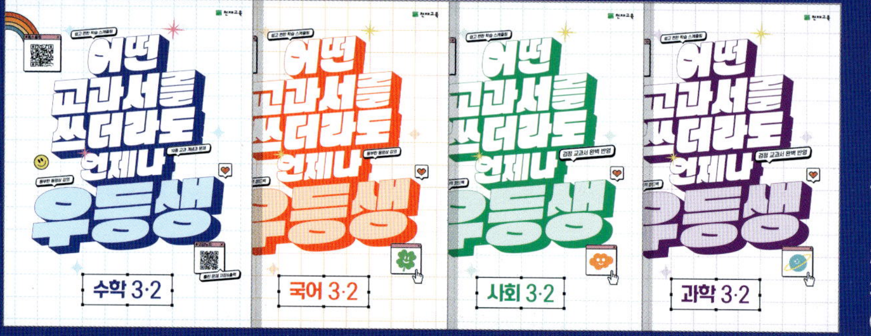